中国被动式低能耗建筑年度发展研究报告
（2019）

住房和城乡建设部科技与产业化发展中心
（住房和城乡建设部住宅产业化促进中心）
北京康居认证中心　编
天津格亚德新材料科技有限公司

中国建筑工业出版社

图书在版编目（CIP）数据

中国被动式低能耗建筑年度发展研究报告．2019/住房和城乡建设部科技与产业化发展中心（住房和城乡建设部住宅产业化促进中心），北京康居认证中心，天津格亚德新材料科技有限公司编．—北京：中国建筑工业出版社，2019.10
ISBN 978-7-112-24303-7

Ⅰ.①中… Ⅱ.①住… ②北… ③天… Ⅲ.①生态建筑-建筑工程-研究报告-中国-2019 Ⅳ.①TU-023

中国版本图书馆CIP数据核字（2019）第211217号

本书为中国被动式低能耗建筑年度发展研究报告（2019），主要介绍了我国被动房在2019年国内研发所取得的研究成果，阐述重要技术和产品如何应用，重点介绍了已获得德国能源署、住房和城乡建设部科技与产业化发展中心及北京康居认证中心共同认证的被动式低能耗建筑示范项目，以及有代表性的示范项目的实践案例等内容。

本书适于欲从事被动式低能耗建筑的开发、设计、施工、监理等行业管理人员、科研人员以及实践者参考阅读。

责任编辑：唐　旭　贺　伟　杨　晓　李东禧
责任校对：党　蕾

中国被动式低能耗建筑年度发展研究报告（2019）
住房和城乡建设部科技与产业化发展中心
（住房和城乡建设部住宅产业化促进中心）
北京康居认证中心　　　　　　　　　　　　编
天津格亚德新材料科技有限公司

*

中国建筑工业出版社出版、发行（北京海淀三里河路9号）
各地新华书店、建筑书店经销
北京锋尚制版有限公司制版
天津图文方嘉印刷有限公司印刷

*

开本：787×1092毫米　1/16　印张：23　字数：389千字
2019年10月第一版　　2019年10月第一次印刷
定价：198.00元
ISBN 978-7-112-24303-7
（34799）

版权所有　翻印必究
如有印装质量问题，可寄本社退换
（邮政编码100037）

编委会 | EDITORIAL BOARD

主　　编　高立新
执行主编　张小玲

编委会成员　高立新　张小玲　马伊硕　牛　犇　鄂卫华　曹恒瑞
　　　　　　高　庆　郝生鑫　杜　迪　陈　旭　陈秉学

主编单位
住房和城乡建设部科技与产业化发展中心
（住房和城乡建设部住宅产业化促进中心）
北京康居认证中心
天津格亚德新材料科技有限公司

支持单位
被动式低能耗建筑产业技术创新联盟

前言 | FOREWORD

被动式低能耗建筑迎来了春天

随着2010年春天的来临，被动房在中国的年建造总量已经由以往的百万级向千万级发展，中国已迎来了被动房的春天。被动式房屋以极低的能耗和极佳的室内舒适环境获得了市场和老百姓的青睐。北京、天津、河北、河南、山东、山西、江苏、浙江、湖北、青海、湖南、湖北、辽宁、黑龙江、福建、江西、西藏等省市已经开始被动房建设。项目涉及严寒、寒冷、夏热冬冷、夏热冬暖和青藏高原各个气候区。建筑类型包括居住、办公、学校、幼儿园、宾馆、展览馆、厂房等。北京、天津、河北、山东、河南、宁夏等省市，以及石家庄、保定、张家口、衡水、海门、青岛、郑州、开封、宜昌等城市颁布鼓励被动房发展的支持政策。

被动房已由小规模的试点示范转向大规模建设。河北、山东、河南、北京、浙江已经有了较大规模的居住小区，单体项目的最大建造量已经超过100万平方米。以石家庄为例，2018年被动房的建造量远超普通建筑，已经列入被动房建设项目的总量已达172万平方米。除了新建项目，对既有建筑进行被动式房屋改造也已悄然展开。

我国已逐步建立被动房的标准体系。2018年颁布实施了《国家标准图-被动式低能耗建筑-严寒和寒冷地区居住建筑》，极大地方便了设计施工单位掌握被动房的标准工法。河北、黑龙江、山东、河南、青岛已相继颁布被动式低能耗建筑标准。"被动式低能耗建筑产业技术创新战备联盟"已经开始编制防水卷材、塑料窗、保温材料、新风系统等产品标准。随着中国被动房的发展，逐步建立起来的《被动式低能耗建筑产品选用目录》已经有119家生产企业的19类290项产品，涵盖了门窗、保温、卷材、排油烟机等对被动房建造产生至关重要的产品种类。

我国被动房建造技术已经一步步走向成熟。2009年以前，没有几家厂商能够生产出被动房建造所需的部品部件，今天众多厂商能为被动房的发展提供最基本的材料和产品保障。建设者已经不再机械地照搬照抄德国标准，而是追求因地制宜、充分利用自己的资源禀赋、以最小的投入，获取最好的效果，以致带有里程碑式的被动房屋不断涌现。2017年建造完成的北京昌平沙岭农宅给农民带来了巨大的惊喜，舒适度极高的室内环境和极少的能源消费让农民开心过上了幸福生活。参加2018年国际太阳能十项全能竞赛的"爱舍"装配式被动房，已经实现了对外输出的能源大于建筑本身消耗的能耗。同年，用5个月时间完成的"苏州同里嘉苑"既有居住建筑改造项目，被人们称为"自己会发热的房屋"。建筑面积达7万平方米的被动房单位项目"株洲创业广场"已建成投入使用。

我们有理由相信，被动房的春天必将是美好的！璀璨的！

目录 | CONTENTS

前言

专家观点

推广农宅被动房是功在当代利在千秋的伟大事业　　　　　　　　　张小玲 /002

我国亟待建立系统门窗材料产业发展体系　　　　　　　　　　　　张小玲 /014

论全面推广被动式低能耗建筑的紧迫性　　　　　　　　　　　　　陈守恭 /018

从德国建筑节能的要求及变化看中国未来门窗市场发展　　　　　　刘军 /022

优化与规范被动房用建材的建议与思考

　　　　　　　　　　龚春平　袁志欣　臧凡　彭超　曾春燕　周俊钧　邢铭琪 /030

重大技术突破

建筑玻璃光热性能解读及现场检测概述　　　李晓杰　韩影　贾立丹　宋圆美 /040

基于对零和式油烟净化器的分析　　　　　　　　　　　　　　　　杨肇 /047

工程案例

昌平沙岭新村农宅被动房示范项目能耗和费用分析　　　　　　　　高庆 /058

北京市小户型超低能耗居住建筑技术研究　　路国忠　刘月　尹志芳　郜伟军 /072

基于节能视角的苏州同里湖嘉苑被动房改造认证项目分析

　　　　　　　　　　　　　　　　　　　　　　韩家祥　龚蓓蓓　刘家明 /084

神农湾酒店被动房设计初探　　　　　　　　　　　　　　　　　　刘冀宣 /090

被动式建筑技术在特高压变电站建筑中的应用研究

　　　　　　　　　　　　　　　　　　　张桂林　赵士永　汪妮　赵炳军 /096

超低能耗外墙聚苯板保温涂饰系统在大型公共建筑的实践

牛彦磊 丰朴春 李景轩 /114

浅析被动式低能耗建筑的区域性建设

——青岛绿色建设科技城的实践和标准化探索　　田力男 高波 赵青 /122

南通三建超低能耗装配式专家公寓楼示范工程　　周炳高 矫贵峰 何称称 /133

济南汉峪海风·海德堡被动式超低能耗绿色建筑示范项目实践研究

刘洋 /153

技术产品应用

被动式超低能耗建筑外遮阳的施工管理　　吴亚洲 贺国年 李亚楠 /164

关于暖边间隔条节能与耐久性能指标的探讨　　王中 贾立丹 刘丰源 /176

铝窗系统在被动式建筑中大量应用的可行性　　沈乐维 /184

保温材料对被动式铝合金门窗热工性能的影响　　赵及建 吕艳艳 杨连飞 /191

浇注式隔热铝合金型材在受力弯曲情况下的形变规律　　何振程 /203

被动房室内新风管道优化设计　　杜迪 陈旭 /211

被动式超低能耗建筑门窗安装墙体洞口热桥分析　　魏贺东 赵及建 张福南 /222

浅谈被动式超低能耗建筑保温系统的应用技术　　田天 约翰·罗赫特 /229

被动式建筑用改性沥青防水卷材相关检测技术研究

袁志欣 龚春平 臧凡 彭超 李男男 /236

如何满足被动式低能耗建筑外窗需求

——胜达 TOP-BEST 88MD 门窗系统　　张秀亮 刘秀云 /242

节能建筑屋面防水系统的合理设置　　　　　　　　　李伶　李小群 /260

高能效全热热回收空调对被动房节能的探讨　　　　　　　张凌云 /268

被动式低能耗建筑外保温系统冬季内部冷凝问题研究

霍伟业　陈占虎　马国栋 /273

节能性与结构耐久性俱佳的新型暖边系统

——Ködispace 4SG　　　　　　　　　　　　　李晶 /280

一种防火保温性能优越的高闭孔率改性酚醛板

裴奉镐　周秀焕　闵志媛　郭宏亮　李明　俞京爱 /287

被动式低能耗建筑发展大事记　　　　　　　　　　　　295
被动式低能耗建筑产品选用目录（第七批）　　　　　　297
被动式低能耗建筑产业技术创新联盟名单　　　　　　　357
后记　　　　　　　　　　　　　　　　　　　　　　　360

专家观点

推广农宅被动房是功在当代利在千秋的伟大事业

张小玲

北京康居认证中心　主任　教授级高工

习近平同志在党的十九大报告中提出了实施乡村振兴战略,农业农村农民问题是关系国计民生的根本性问题,必须始终把解决好"三农"问题作为全党工作重中之重。我国经济已由高速增长阶段转向高质量发展阶段,人民生活不断改善。随着城镇化进程中农业人口向城镇的转移,农村人口愈来愈少,一些乡村变得破败萧条。在中国特色社会主义进入新时代,意味着近代以来久经磨难的中华民族迎来了从站起来、富起来到强起来的伟大飞跃过程。如何实现缩小城乡区域发展差距和农民与居民生活水平差距,农宅是重要的影响因素。这里的"农宅"内涵包括农宅质量、室内环境、使用年限、对农民生活方式的影响和对周边环境的影响。

当今中国北方农村有一个普遍的现象,就是一旦农民有钱了,一定要在城里买一套楼房住。撇开攀比因素,有一很重要的原因就是普通农宅的性能远不如城里的住房。城乡差别体现在住房的舒适性。农宅同城里的居民住宅相差甚远。农宅没有集中的供暖设施,冬天家里不暖和,农民为了冬季取暖,付出了辛苦的劳动和更多的花费,而这些劳动是住在有集中供暖设施房屋中的居民不需要付出的。

中国第一个农宅被动房工程沙岭新村位于北京市昌平区延寿镇原沙岭村村东,用地面积16797.5m^2,共计18栋,每户建筑面积200m^2,总建筑面积7198.38m^2,于2017年9月建造完成(图1),2017年10月农民搬入新居。经过两年的运行,在由农户自行选择室内温度和生活方式情况下,冬季实测温度20~25℃,农户普遍使用电炕,其实际使用能耗低于北京市超低能耗建筑示范工程规定的限值。该项目获得北京市超低能耗建筑示范工程奖励资金,即每平方米1000元的补贴。

农民住进了中国第一个农宅被动房,已经过了两个冬季和夏季的考验。项目建成之后,北京康居认证中心一直对该项目进行室内环境和能耗的测试跟踪。两年来的数据表明,农宅被动房不仅极大改善了农民的居住环境和降低了使用能耗，同时带来了良好的经济效益和社会效益。农宅被动式房屋是农民脱贫致富和农村振兴的有效手段，北京昌平沙岭新村被动房使农民走上了健康富裕之路，使村庄人口回流呈现繁荣，使干群关系和谐融洽，使绿水青山得以保护，使农民的幸福感获得极大提高。可以说，农宅被动房是农民脱贫致富和农村振兴的有效手段。

图1　沙岭新村农宅被动房

1　农宅被动房是农民脱贫致富和农村振兴的有效手段

1.1　极大地改善了农民的居住环境

农宅室内环境的改善表现在温度、湿度、室内空气品质和室内无结露发霉现象。北京康居认证中心近年对北京、河北农宅调查结果表明：农宅普遍冬季室内温度不足18℃，甚至有些农宅冬季温度不足10℃；沙岭旧村处在山坳里，农宅为农民自建房（图2）。冬季里家家通过烧炕取暖，大多数人家室内温度不足10℃，室内阴冷潮湿。离沙岭新村不远的一些普通农宅，冬季室内温度常常在10℃以下。2017年12月14日这一天，距沙岭不远的农户家里温度显示只有6℃。我国房屋无论在城市和乡村，室内结露发霉是常见现象（图3），农民对此习以为常。

图2 沙岭旧村农民自建房

图3 农宅屋顶结露发霉

2017年10月沙岭村村民从旧宅搬入新村被动房后,北京康居认证中心对其室内环境和能耗进行了监测。沙岭新村农宅呈现了被动房特有的冬暖夏凉特征。同原有农宅相比,这三方面发生了根本性变化:一是农户可以根据自己的需求,选择室内温度。实测结果表明:农民按自己的需求选择冬季的采暖温度,冬季室内温度控制在18~25℃(图4),夏季室内最高温度为27℃,无须开启空调系统。二是室内湿度常年保持在40%~60%范围内,一改从前室内阴冷潮湿或是过于干燥的状态。三是常年开启的新风系统时时向室内输送新鲜空气,室内二氧化碳含量常年控制在1000ppm以下,室内的PM2.5<30;在重度雾霾的天气里,室内空气仍可保持优质水平。

2019年7月24日北京最高温度已达36℃,室外相对湿度70%,天气让人闷热难耐。而坐在沙岭被动房中,让人有一种凉爽宜人感觉。虽然不用空调制冷,室内温度显示只有27℃,相对湿度50%。

图4 沙岭新村冬季一农户将室内温度控制在25℃

1.2 帮助农民摆脱贫困

自沙岭村民移居到被动房后,家家户户摆脱了贫困。在一次采访中,一位农民自豪地说,"我们已经过上了共产主义社会,(取暖)不花什么钱,冬天屋里还这么暖和。共产主义就应该是这样吧!"被动房在帮助农民脱贫致富中起到的作用主要有以下几点。

(1)采暖费少了

虽然沙岭旧宅冬天室内温度大多数在10℃以下,但农民却负担着比城里人更高的采暖费用。房屋面积大约70平方米的房屋,烧商品煤的农民,冬季买煤的费用大约是5000元左右。一位87岁的老人,冬季轮流在三个儿子家居住,1个月轮流一次,24小时开启空调以保持家里有20℃以上的温度,一个冬季的电费竟高达1万元。

当农民从旧村搬到新村被动房后,什么时候启动采取暖措施、家里采暖温度是多少完全由住户决定。农民一般自11月10日至第二年3月20日启动采暖系统。这个时间比北京市规定的采暖时间长了10天。当冬季室内温度设定为18℃时,采暖系统不启动,也就意味着无需花钱采暖。表1是沙岭农户能耗统计表。农户们200m^2的住房,在冬季室内温度由农户自行选择,实际温度范围18~25℃的情况下,采暖所用天然气费用728~1421元/户·年,即3.64~7.11元/m^2·年。

表1 沙岭农户能耗统计表

样本户	燃气 m^3/年	炊事+生活热水等非采暖用燃气m^3/年	采暖用燃气数,m^3/年	采暖用燃气费用		采暖一次能源消耗	电 kWh/年	年总用能费用 元/年	年总一次能源用量 kWh/(m^2·a)
				元/年	元/m^2·年	kWh/(m^2·a)			
1	792	295.65	496.35	1131.68	5.66	29.51	2146	2835.84	79.28
2	513	160.6	352.4	803.47	4.02	20.95	3205	2708.04	78.58
3	709	233.6	475.40	1083.91	5.42	28.26	3126	3117.00	89.04
4	795	171.55	623.45	1421.47	7.11	37.07	1678	2618.04	72.57
5	429	109.5	319.5	728.46	3.64	18.99	1984	1930.44	55.27
6	726	189.8	536.20	1222.54	6.11	31.88	2206	2714.16	76.25

注:燃气费用为2.28元/m^3,电费为0.48元/kWh。

（2）获得了可留给子孙的财产

农民自行建造的普通农宅的使用寿命大约是15~20年。由于建筑材料性能差、构造错误等原因，这样的房子在15年以后变得破烂不堪，只好重新建。农民辛辛苦苦积攒下的钱又投到建房上面了。而被动式房屋有极长的使用寿命，被认为是永远不坏的房子。合格的被动房，它的大修时间是在建成时间40年以后。普通农宅同被动房相比，如果说普通农宅属于低值易耗品，被动房就是一笔可传承给子孙的财富。

（3）助农户获得房产收入

沙岭村民自己不用的房屋已经被一家公司统一租用，用于经营民宿。每户农民获得了一笔可观的收入。这笔收入足够使农民脱贫致富。而传统的旧农宅却无人问津。能被市场青睐，被动房优越的性能功不可没。对于经营者来说，同传统房屋相比它有以下好处：一是室内空气品质好，室内没有灰尘，不受雾霾影响。二是管理成本低，采暖空调费用低，在人们享受高舒适度的情况下，其费用最多是传统建筑的20%左右。三是极大地延长了可经营的时间。北京一些处在郊区的民宿冬季不开业。而被动房随时可用。即使在冬季，人们可随时入住并获得很舒适的室内环境。四是好打理。被动房灰尘少，室内没有结露发霉现象，即使长时间不住人的房间也会有清新的空气。

1.3 降低了农民的日常劳动强度

备足冬天的柴禾和烧炕这两件事是北方农民特有的日常劳动，也是农民不愿意生活在农村的原因之一。被动房使农民降低了日常劳动强度。住在被动房的村民再不用上山砍柴了，不用烧炕了。过去沙岭村民，为了房子冬季取暖，必须天天烧炕，每天需要烧掉大约50公斤柴禾。不管冬天室外有多冷，人们也需要在寒风中填柴烧炕（图5）。

除此之外，不需要天天打扫室内灰尘了。能够进入到被动房的灰尘非常

图5 火炕室外填柴口

少，即使一个月不清理灰尘，仍然看不出来室内家具的落尘。

1.4　村民病痛得到缓解，人们可以随时洗个澡了

沙岭地处山坳，旧屋阴冷潮湿，村民多患有风湿痛。搬入被动房后，人们反映，风湿痛得到了很大的缓解。一位村民过去腰痛得直不起来，在被动房过了一个冬季之后，腰直起来了，恢复了劳动力。住到被动房的人们普遍反映身体变好，譬如皮肤病消失了，易得感冒的人很少感冒了，心脏病人去医院的次数减少了等等。可以说被动房对保障人们身体健康，减轻农民看病负担起了积极作用，同时带来的对劳动力的保障和降低医疗的支出为降低整个社会成本做出了贡献。

1.5　农民回流了

沙岭变得有人气了。在搬入沙岭新村被动房之前，城里有房的村民往往选择在城里住，尤其是冬天。沙岭村显得冷冷清清。而现在的沙岭村在天气最热和冬季时节里一定是人最多的时候。城里有房的村民说，城里有暖气的楼房不如村里被动房舒服，还是住在村里的房子好。沙岭村呈现明显的村民回流现象，实现了农村从破败到繁华转变。

1.6　对保护青山起了积极作用

沙岭村民在搬入被动房之前，每家在非采暖季（4~10月）平均每天烧25kg柴禾，采暖季（11~3月）每天烧50kg柴禾，36户村民一年要烧掉约461700kg柴禾。用村民的话来说，山上就看不见两年以上的柴苗。村民搬到被动房再也不用上山砍柴了，对保护生态环境起到良好作用。

1.7　改变了农民的生活方式

农村的生活方式同城市有很大不同。日常生活中，住在传统农宅的村民需要自己解决取暖、燃料等城里人不需要考虑的问题，承担着比城里人更多

的家务劳动。而住在被动房农宅的村民，免除了砍柴、烧炕这些祖祖辈辈必须要做的劳动，享受着温暖舒适的室内环境。在自己家里的温度由自己决定这件事上，比只能在国家规定采暖期才能享受室内供暖的城里人更有幸福感。在过去村民冬季在家洗澡是一个奢望，因为室内温度不足10℃。而现在沙岭村民，同城里人一样，随时可以痛快洗个热水澡。被动房帮助农民摆脱了日常繁重的家务劳动，其生活方式也发生了巨大变化。

1.8 村民得到了实实在在的获得感

沙岭村村民的生活发生了根本的改变。村民描述自己生活的改变：不用准备过冬的燃料了，屋子舒服了，两口子不吵架了（没有烟味了），村民回流了，每天可以洗澡了，屋里没有灰尘了，采暖费节省了，病痛也得到缓解。这里的"两口子不吵架"指的是男性村民大多有吸烟的习惯，新村被动房中有新风系统可以实现及时把烟排出室内，室内闻不到烟味，因而女主人不再抱怨男主人在屋子里吸烟，所以两口子不吵架了。

缓解了群众同干部关系。沙岭村民能够住进被动房同村干部的努力是分不开的。村民们感激村干部所做的努力，促进了社会的和谐。

2 农宅节能是我国节能减排保护资源的重要组成部分

我国农村居住建筑总面积为241.77亿平方米，能耗为8.86（ $kgce/m^2$ ）[①]。我国农宅建设普遍由农民自行建造。南方的农宅普遍没有采暖设施，建筑能耗处在较低水平。北方农宅自己选择采暖方式，其室内环境和采暖方式有很大差别。譬如，电、煤、柴禾、天然气都可能是采暖燃料；冬季室内环境可能达到18℃以上，也可能不足10℃。虽然农宅能源消耗难以统计，但是巨大的农宅总量，决定了我国农村住宅建造所耗费的建造资源和北方农宅冬季采暖所耗能源必然是巨大的。

---

① 中国建筑能耗研究报告（2018）研究报告。

2.1 北京农村住宅建筑节能现状和超低能耗农宅的潜力分析

根据北京市可持续发展促进会和清华大学研究结果，北京市农村居住建筑未实施节能措施单位平方米采暖原煤消耗33.5kg。按照户均建筑面积122.2平方米，每户的采暖煤耗4.1吨。实施节能措施后户均节煤1.45吨/户，即实施节能措施户均采暖煤耗为2.65吨。截至2015年，已实施节能措施住户共计585136户，该部分住户的采暖煤耗总量155.06万吨。未实施节能改造住户共计909511户。未实施节能措施的年采暖总能耗为372.90万吨。北京市农村居住建筑采暖能耗合计527.96万吨。

北京市农宅实施超低能耗后，以使用空气源热泵和电暖气两种情况分析，详见表2~表5。

1. 采用空气源热泵（COP为2.8）

其已实施节能措施住户的能耗将从现在的2.65吨/户降到0.31吨/户，节能率88.30%，未实施节能改造住户的能耗将从现在的4.1吨/户降到0.31吨/户，节能率为92.44%。北京市超低能耗农宅采暖耗电量为7.14kWh/m²·年，电费为3.57元/m²·年；新风耗电量为118.26kWh/m²·人·年，电费59.13元/人。

2. 采用电暖气

其已实施节能措施住户的能耗将从现在的4.1吨/户降到0.88吨/户，节能率66.79%，未实施节能改造住户的能耗将从现在的4.1吨/户降到0.88吨/户，节能率为78.53%。北京市超低能耗农宅采暖耗电量为20kWh/m²·年，电费为10元/m²·年；新风耗电量为118.26kWh/m²·人·年，电费59.13元/人。

表2 北京市实施超低能耗农宅前后采暖能耗

类别	户数	建筑面积（m²）	实施超低能耗前采暖能耗		实施超低能耗后采暖能耗			
					空气源热泵		电暖气	
			吨/户	kg/m²	吨/户	kg/m²	吨/户	kg/m²
节能户[①]	585136	71,503,619	2.65	21.6	0.31	2.57	0.88	7.2
普通户[②]	909511	111,142,244	4.1	33.5	0.31	2.57	0.88	7.2

① 即实施节能措施户。
② 未实施节能改造住户。

表3 北京市实施超低能耗农宅后采暖的节能减排量

类别	当前耗煤量（万吨）	实施超低能耗后能耗（万吨）		节能量（万吨）				二氧化碳减排量（万吨）	
		空气源热泵	电暖气	空气源热泵		电暖气		空气源热泵	电暖气
				节能量	节能率	节能量	节能率		
节能户	155.06	18.14	51.49	136.92	88.30%	103.57	66.79%	379.27	286.89
普通户	372.90	28.19	80.04	344.71	92.44%	292.86	78.53%	954.85	954.85
合计	527.96	46.33	131.53	481.63		396.43		1334.12	1241.74

表4 北京市实施超低能耗农宅后采暖用电量和电费

实施超低能耗后采暖需热量（kWh）	实施超低能耗后采暖能耗			
	空气源热泵		电暖气	
	耗电量（kWh/m²·年）	电费[①]（元/m²·年）	耗电量（kWh/m²·年）	电费（元/m²·年）
20	7.14	3.57	20	10

表5 北京市实施超低能耗农宅后每人全年新风用电量和电费

实施超低能耗后新风需求（m³/h）	耗电量（Wh/m³）	全年计算时间（h）	全年耗电量（kWh/m²·人·年）	电费（元/度）	全年电费（元/人）
30	0.45	8760	118.26	0.5	59.13

如果北京市农宅能够满足北京市超低能耗农宅的标准，将形成每年400万吨的节能能力和每年减排1100万吨二氧化碳的能力，并缓解大气污染；同时极大提高农村住宅室内舒适度，为农民节省采暖费用，延长农村住宅的使用寿命。

2.2 我国北方农宅被动房节能减排潜力预测

中国农村居住建筑面积的总量为241.77亿平方米，北方城镇集中供热单

[①] 电费按0.5元/kWh。

位面积能耗16.60（kgce/m²）[①]。假设只有四分之一属于正常使用的北方农村居住建筑被建设成被动房农宅，则将实现每年节省9000万吨标准煤，减排2.5亿吨CO_2的能力。

2.3 农宅被动房是保护资源的有效手段

北京市昌平区延寿镇沙岭村超低能耗建筑单方造价3772.49元/m²。被动房最终核实的增量成本是1700元/m²，沙岭被动房的建设成本略高（表6），主要原因是建筑在按普通建筑完成主体结构后才改成被动房，额外增加了本不该发生的费用。譬如：重新开挖地基、重新搭脚手架、采取防结露发霉材料措施等等。

表6 北京市昌平区沙岭村超低能耗建筑总费用汇总[②]

序号	项目名称	造价（元）	建筑面积（m²）	单方造价	备注
一	建设工程费用	26192452.91	7198.38	3638.66	
1	原合同内费用	13500000	7198.38	1875.42	含小市政费用
2	超低能耗建筑费用	12692452.91	7198.38	1763.24	含改造费用
二	建设工程其他费用	963390	7198.38	133.83	
1	勘察费	300000	7198.38	41.68	
2	测绘费	17390	7198.38	2.42	
3	设计费	220000	7198.38	30.56	
4	监理费	150000	7198.38	20.84	
5	审计费	276000	7198.38	38.34	
	合计	27155842.91	7198.38	3772.49	

建造普通农宅被动房造价可以控制在3500元/m²。如果从投资的资金回报

[①] 中国建筑能耗研究报告（2018）研究报告。
[②] 由"北京京园诚得信工程管理有限公司"提供。

上评价是否应该建设被动房，会得出回报期过长的结论。单从节约能源费用计算，约增30%～35%成本，即1000～1200元/m²。通过节省采暖费需要30多年才能回收增量成本。但是被动房是永久性建筑，使用寿命是普通建筑年限的几倍甚至10倍以上。如果考虑农村50年就要翻盖房子，实际上50年已经回收建筑成本。50年以后免费使用。以后相当于每隔50年赚回这栋被动房的建造成本，同时节省出等量的建造资源和减少90%以上的温室气候排放。

如果中国农村居住建筑面积的总量为241.77亿平方米全部为被动式房屋，将可以实现每50年节省出241.77亿平方米建筑资源的能力，并且让农户享受同沙岭村被动房一样的室内环境。

3 我国推广农宅被动房面临的挑战和建议

在农村实施被动房对十九大要求的"实行最严格的生态环境保护制度，形成绿色发展方式和生活方式，坚定走生产发展、生活富裕、生态良好的文明发展道路，建设美丽中国，为人民创造良好生产生活环境，为全球生态安全做出贡献"具有现实意义。但在我国推广农宅被动房面临着巨大的挑战，应尽快采取措施推动我国被动房的建造。

3.1 向被动房农宅提供建造资金解决增量成本

缺乏建造资金可能是经济不发达地区农民的最大障碍。沙岭村民过上了"共产主义"生活要特别感谢北京市和昌平区两级政府，给沙岭村重建补足了从普通农宅升级为被动房农宅的增量成本。该项目按《北京市超低能耗建筑示范工程项目及奖励资金管理暂行办法》可获北京市财政1000元/m²，总计712.8万元的补贴；昌平区财政补足了超出1000元/m²增量成本的部分即772元/m²，总计550万元。如果没有政府给予的补贴，他们还要砍柴烧炕，重复过去的生活。以目前的技术水平，被动房农宅的增量成本应该在1000～1500元/m²之间。

有条件地区利用各种渠道对于农民建房给予一定的资金扶持可以起到雪中送炭的作用。如果资金受限可以采取按户补贴的方式，达到建得起面积较小的被动房的目的。一个40平方米的被动式房屋可以让一家人温暖过冬。

3.2 向农民普及被动房基本理念知识

我国绝大部分的农民不了解什么是被动房，也就不可能给自己盖被动房。一些有钱的农民可以花很多钱用在装饰装修上，或是追求建筑面积的增加，但不知道把钱用于提高建筑热性能和改善室内环境品质上。向农民普及被动房的基本知识，让他们了解被动房给生活带来的好处很有必要。

3.3 培训专业的设计和施工队伍

被动房建造需要专业的设计施工队伍。我国目前从事过被动房建设的设计和施工单位还很少。建筑从业人员不掌握被动房设计建造方法的现象十分普遍。甚至很多人没见过被动房所用的一些关键材料产品，更不掌握关键构造节点的做法以及材料产品的性能要求。系统地开展被动房的技术培训已迫在眉睫。

习近平同志在作十九大报告时说，中国共产党的初心和使命，就是为中国人民谋幸福，为中华民族谋复兴。积极推动农宅被动房的建设，让农民享受到中国发展所带来的获得感是我们建设者该有的担当。

参考文献

[1] 国家统计局. 中华人民共和国2016年国民经济和社会发展统计公报. 2017.

[2] 中国建筑节能协会专业委员会. 中国建筑能耗研究报告（2018）.

我国亟待建立系统门窗材料产业发展体系

张小玲

北京康居认证中心　教授级高工

随着我国经济的发展，建筑节能的标准也在不断提升。其反映到对门窗性能的要求提高，即表现为传热系数K值在不断降低。但在建筑工程中，门窗质量普遍存在着不尽如人意的情况。其原因既有门窗本身的问题，也有门窗与建筑连结的构造问题。一个好的门窗所用的材料和构造都应该是正确的。通常，人们往往非常重视门窗的气密性、水密性、抗风压和传热系数指标，而忽略型材构造、五金、玻璃配置、密封材料同门窗与墙体的连接材料的性能。我国绝大多数工程门窗的价格低于500元/m^2，如此低的价格是不可能购买到性能良好的门窗的。这些问题会在房屋使用的过程中表现出门窗与外墙之间在暴风雨中渗漏、室内结露发霉和能量损失过大的问题。同德国、瑞典、奥地利这些被动式低能耗建筑已经普及的国家相比，我国的门窗工程质量与之存在着很大差距。这几年随着被动房的发展，市场上已经接受了2000元/m^2以上的高性能门窗。但是，大多数建筑师并不把为建筑选择和配置门窗合适的性能当作一件必不可少的工作来做。可以说，我国既未形成系统门窗所必需的关键材料理论体系，更没有建立相应产业。

系统门窗的使用是保障房屋实现良好室内环境的关键因素，系统门窗构造不但是室内建立良好热工环境的基础，同时也是降低建筑物维护成本和确保建筑具有较长使用寿命的基本条件。为了提升建筑工程质量，以及随着被动房在我国的迅猛发展，我国的建筑市场必须实现从普通门窗向系统门窗的转变。

同系统门窗相比，我国普通建筑工程门窗产品比较简单。传统门窗所涉及的产品和材料仅包括门窗框、中空玻璃（或真空玻璃）和聚氨酯发泡胶（图1）。而系统门窗关键产品和材料包括：门窗框材、中空玻璃（或真空玻璃）、防水透气膜、防水透气膜、预压膨胀密封带、防腐隔热副框、窗台板、粘接剂。我国对于系统门窗概念形成时间较短，除了门窗型材和中空玻璃（或真空玻璃）较成熟外，其他关键材料发展尚处在初级阶段。中空玻璃所需的高性能关键密封材料多产自德国和美国。可以说，我国尚没有形成系统门窗完整产业，其关键材料主要依赖进口。

我国建筑工程门窗安装过程过于简化和粗糙。一般门窗的步骤：一是安装门窗型材；二是用聚氨酯填充窗框与外墙的缝隙；三是将玻璃装到门窗框中。这种门窗与外墙的密封性完全依赖聚氨酯是否充满门窗与外墙之间的缝隙和聚氨酯本身的性能。其构造存在着以下几种风险：一是工程质量完全依赖工人的技能和责任感；二是在暴风雨情况下，存在雨水会通过外墙与门窗之间的缝隙渗漏的风险；三是门窗洞口周围存在较严重的热桥；四是现场安装玻璃，窗体本身的性能难以保证；五是玻璃极易在安装时破损；六是没有形成窗口与周边保温系统的可靠连接构造，周边保温系统较易损坏；七是不能实现门窗完美的隔音降噪性能；八是门窗整体性能和寿命得不到可靠保证。

系统门窗的出发点是基于如何确保门窗在建筑工程中完美地发挥作用，这就要求不但要考虑门窗本身的性能，还要考虑如何实现门窗与外墙之间的可靠性连接（图2），以及正确安装工艺。

图1　普通外窗的安装方式

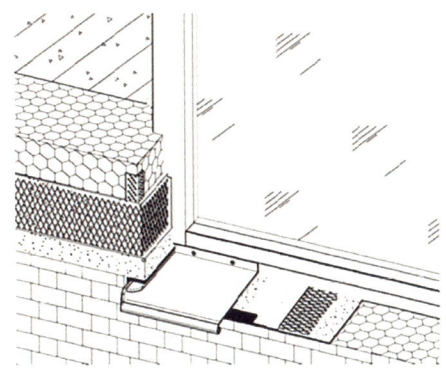

图2　系统门窗的安装方式

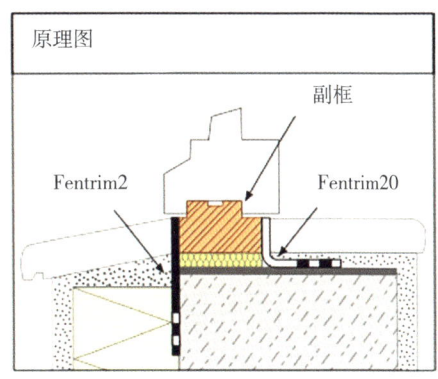

我国系统门窗,从目前的普通门窗要达到国外发达国家的高质量的系统门窗水平,还有很长的路要走。

关键产品和材料性能有待提高:高性能中空玻璃(或真空玻璃)的使用寿命和性能取决于密封系统。而我国还在普遍使用着铝合金或是性能低劣的黑色"橡胶"条。理论上讲,一个合格的被动房竣工后第一次大修时间应该在40年以后。我国的中空玻璃普遍只有10年左右的使用寿命,而高性能中空玻璃(或真空玻璃)有30年以上的使用寿命。因此,推动行业将高性能中空玻璃(或真空玻璃)的使用寿命普遍提高到30年以上,改变门窗企业选用中空玻璃(或真空玻璃)以成本为先的现状,将对普遍提升我国建筑门窗性能有重大的推进作用。

关键材料产品标准缺失:系统门窗所用防水隔汽膜、防水透气膜、预压膨胀密封带、防腐隔热副框、粘接剂等产品基本上只在被动房工程中使用。工程中这些产品材料尚无标准可依。被动式低能耗建筑产业技术创新战略联盟"依据国家标准图"被动式低能耗建筑——严寒和寒冷地区居住建筑通过北京康居认证确定产品供应商的性能指标。标准是指导企业生产和应用的必要条件。好的标准可对行业健康发展起到良好的推动作用。我们可以在现有欧洲成熟的标准体系上,通过与国外机构的合作,迅速制定出符合我国气候特征的标准体系。

高性能产品的应用受到了现行国家标准的限制:门窗系统关键材料大多在我国处于起步阶段,绝大多数关键原材料产品依靠国外进口。在高性能的材料产品研发方面,德国、瑞士、瑞典等国居于国际领先地位。我国甚至对某些材料和产品的研究从没有涉足过,导致出现了国家标准限制了高性能产品应用的现象,也就不足为奇。譬如:TPS/4SG中空玻璃产品是国际上作为新一代中空玻璃的产品在幕墙中被大量应用,但其在我国玻璃幕墙应用遇到了麻烦。原因是现行国家幕墙标准对热融性材料作了限制性应用的规定。按现行幕墙标准的规定,TPS/4SG中空玻璃产品就不可以应用于幕墙工程中。

一些关键材料与产品有了突破性进展:自2013年中国开始建设被动房起,人们开始关心建筑的无结构性热桥、气密性和构造的耐久性。国内的研究机构和企业开始了对关键材料的研发,一些材料取得了突破性进展。其中两个较重要的产品已经投入市场。一是由发泡聚氨酯废料压制而成的高强度防腐隔热副框块,已经由上海华峰普恩研制成功并投入市场。这一材料是门窗系统与外墙体系连接实现无热桥构造的关键材料；二是中材科技集团南京玻纤院研发的高性能的防水透气膜、防水透气膜和粘接剂已经推向市场。其性能已经非常接近国外产品指标。希望这两种材料可由国内厂商生产之后，能带动市场价格有较大幅度的降低。

生产企业的车间条件需要得到改善：同国外的生产条件相比，我国企业的生产条件需要得到较大的改善。但高性能产品离不开良好的加工条件。生产合格的门窗需要稳定的生产工艺。一个好的门窗产品需要经过十几道加工工序，才能达到被动房所需要的性能要求。譬如：生产出顶级的门窗所需要的深加工玻璃，其生产车间温度、湿度、洁净度等都要满足一定要求，否则会在使用过程中出现玻璃平整度不够，随外界温度变化而引起的变形弯曲等瑕疵。反映到建筑本身，可能会产生映象物体发生变形的现象。

基础产业需要得到发展：一些人认为门窗行业属于传统行业，属于低端行业，没有高科技属性。但作为保障建筑性能起关键作用的系统门窗所需的关键材料需要强大的产业支撑。譬如，如果精细化工产业不发达，门窗所用的密封条就做不出来；如果加工精度不够，门窗热工性能就难以保证；如果木材深加工不能赋予木材具有不腐、不燃、不蛀的性能，我国的木门窗企业的产品质量就不能达到欧洲先进产品的水平。这些基础产业对于高质量建筑是必不可少的支撑产业，应该得到支持和发展。

门窗生产企业需要引导建筑业的发展：欧洲技术领先的门窗生产企业向市场不断推出新技术、新产品和新的设计理念，为建筑师提供了新的表现形式，从而门窗企业起到了引领建筑业发展的作用。相比之下，中国门窗企业还停留在满足客户需求的状态。

总之，我国亟待建立系统门窗材料产业发展体系，为我国实现建筑领域的高质量发展打下坚实的基础。

论全面推广被动式低能耗建筑的紧迫性

陈守恭

德国被动房研究所代表　博士　高级工程师

1　被动式低能耗建筑时代来临

2015年，中国向国际社会提出的气候保护承诺，确定到2030年的自主行动目标：（1）2030年总排放达到峰值，单位国内生产总值二氧化碳排放比2005年下降60%~65%；（2）到2020年，城镇新建建筑中绿色建筑占比达到50%。2016年2月发改委与住建部联合提出《城市适应气候变化行动方案》进一步明确指示："提高城市建筑适应气候变化能力……积极发展被动式超低能耗绿色建筑。"

中国住房与城乡建设部和德国交通、建筑和城市发展部合作，引入被动房理念已近10年，被动式超低能耗建筑从小范围试点走向了规模化发展。

2　冬冷夏热地区被动房效益更高

被动房研究所专门针对被动房在中国各气候区适用性进行了研究。选择9个城市，以一栋相同的典型参考建筑，对比在不同地点满足被动房标准所需的配置及其效益。结果显示，都能以现有技术及产品满足，并获得可观效益。

以寒冷和冬冷夏热地区的代表城市北京和上海进行对比，应可破除一些偏见。根据计算，北京的供暖制冷除湿总能量需求，被动房较标准房降低81.1kWh/（$m^2·a$），上海则为降低73.6kWh/（$m^2·a$），虽略低于北京（约为90%），效益也很高，并非如一般成见所言"不值得做"。考虑到北京能耗以冬季供暖为主，上海以夏季制冷为主，前者有多样能源选择，后者则大部分依赖昂贵的电力。如再进一步考虑上海投入的增量成本较低，则即使不经详细计算，也可以得出大致的判断：以建设被动房的投入产出效益而言，上海可能不亚于北京。

上海2017年用电最高负荷为3268万千瓦,发生于7月中。与前述北京2018年1月用电高峰1926万千瓦相比,高出70%。两地用电高峰分别对应空调制冷与供暖的高峰期。上海常住人口数与GDP均比北京高约10%,与用电高峰差异不成正比,其原因至少部分在于前述制冷与供暖对电力依赖程度不同。即在上海建被动房不仅节能减排效果近于北京,减轻电网负荷的效果甚至将更为显著。

冬冷夏热地区虽然冬季室外气温高于北方,住宅内热舒适度却普遍远低于北方供暖地区,以致每年要求供暖的倡议不断。目前建筑能耗平均低于北方,实为牺牲冬季舒适度以及健康换得的表面现象。随着经济发展,当居民宁愿承担采暖费用以获得舒适度时,能耗与电力负荷即将急剧增加。而在现有建筑保温质量低下,采暖设备效率不彰的条件下,能量浪费或将更胜于北方。使用者或者不堪经济负荷而继续忍受,或者为供暖付出不必要的过高代价,同时还加重环境负担。在全面迈向小康社会的前提下,让所有人民不分南北共享一致的室内舒适度标准,例如20~26℃,应该是政策的目标。与其考虑集中供暖,不如加速被动式建筑建设。在此地区被动房将使采暖需求大幅降低,冬季舒适度大幅提高,而只需承担更少供暖费。良好的保温与热回收也同时显著降低了夏季空调费用,消弭尖峰电力负荷。

3 南方建筑是开着门的冰箱

更南方的冬暖夏热地区,虽没有冬冷夏热地区的难熬冬寒,漫长的湿热夏季则使空调不停运转,主动制冷不可或缺。经济越发达,城市热岛效应越明显。以现有建筑保温气密水平,不啻是开着门的冰箱,无谓的浪费明显。而此地区建造被动房只需更少的一次性投入,然后以更低的制冷需求,有机会通过可再生能源弥补大部分缺口。

4 一年建出一个三峡电站

如前所述,建筑节能是针对大气污染防治紧迫任务的真正主要治本之道。遏制生产或能源转型,效益都不如被动式建筑节能。

虽然建筑无论新建或改建都需较长时间,不是一蹴可就。也正因如此,必须尽早开始。中国一年新建建筑约20亿平方米，如果都建成被动房，以供暖需求限值每年15千瓦时／平方米，比一般常规建筑平均节能如以80％计，每平方米每年节能60千瓦时，一年节能1200亿千瓦时，超过三峡水电站全年发电量。等于一年建成一个三峡电站。反过来说，晚一年推行高标准，就等于损失一个电站。一旦错失良机，日后改造，都是事倍功半。从全球角度来看，中国每年新建建筑超过世界上其他地区总和。中国执行新标准，节能也超过其他地区之和。中国的行动，全球翘首以盼。

被动房的效益，远不止上述节能减排战略和可持续发展目标的实现，还包括：

（1）离峰用电，大幅减少电网电力负荷；

（2）显著提高和改善居住环境的健康性与舒适性，例如雾霾的隔离与过滤；

（3）与可再生能源的更好结合；

（4）促进能源和经济结构调整；

（5）提高建筑质量与价值，延长建筑物使用寿命；

（6）降低长期建筑成本；

（7）带动建筑产业升级和转型（超精装修）。

5　全球变革刻不容缓

中国已经累积了十分丰富的被动房经验，不必观望欧洲国家实施新标准的成效，可在不久的未来，例如在2021年之前或更早，推动新的中国国家标准。至少在与德国气候条件相近的寒冷气候区基本的被动房技术都可援引，市场上基本材料与设备的国产化大步前行，很快就会以中国制造效率、市场规模带来明显的成本下降，乃至技术上的创新。

被动式低能耗建筑已成为全球主流趋势，并即将由大多数国家以法令强制推动。将引起建筑根本性的变革。中国作为世界第一建筑大国，在这一场变革中不仅不能落后，还应以全球市场着眼，成为领军者。要迎向这场变革，全方位的配合必须立即展开。

在政策制定方面，应将推动被动房提高的国家战略层级，从根抓起，全面关照：

（1）应认识到被动式低能耗建筑巨大的环境保护、长期经济和人民福祉意义，提倡宣导环保意识、可持续循环经济价值观。

（2）认识到被动房初期增量投资成本虽然提高，但全生命周期的成本其实更低的长期获利的经济特性，鼓励银行推出相应的融资方案，减轻开发商与购房者的压力与风险，提高其积极性。

（3）认识到被动房要求的建筑质量提升的必要性，相应合理放宽以现有建筑为计算基础的定额及限价等方面限制。

（4）排除、修改不利于建筑高效节能发展法令、规范，例如保温层厚度计入容积率或使用面积的问题。

（5）引导建筑产业以节能减排、降低营运成本、提升质量、提升舒适度、提升建筑寿命创造新的商业价值，进入长期获利经营模式。

在技术层面，虽说被动房技术已经基本解决，并不表示可以忽视其与中国建筑习惯差异的特殊问题，或没有对现有技术或产品继续优化与发展的可能。被动式建筑的发展势如滚雪球，任何微小瑕疵都会被迅速放大。对被动房的实施，在全面推广的同时，也必须严格把关。面对被动房技术新材料、新施工方式带来的新技术挑战，不必一味拒绝，因噎废食。也不必一味盲从，粉饰太平。而是增强风险意识，防患于未然，认清新问题，积极解决，化挑战为机遇。对被动房技术的疑虑，举其大者例如：

（1）高楼建筑外墙保温材料脱落风险及消防隐患；

（2）断桥窗户本身及其安装方式的结构安全性；

（3）中式厨房明火、高功率的使用习惯带来的氧气不足风险。

以上所举问题，除非特殊情况，都在现有的技术可掌控的范围内。重要的是设计、施工、产品质量的把关。包括：

（1）配合被动式节能需要，对相关规范进行修改、补充、完善；

（2）对施工、材料、设备、从业人员实行严格检验监督，坚决扫除伪劣产品；

（3）加紧人才培养。

从德国建筑节能的要求及变化看中国未来门窗市场发展

刘军

泰诺风保泰（苏州）隔热材料有限公司　总工

摘　要：随着建筑节能逐步进入后75%的更高标准要求，2017年9月12号，国务院发布《关于开展全面质量提升行动的指导意见》以来，与建筑相关的行业全面面临产品升级及企业转型的契机。2018年的建筑市场对很多企业来说是艰难的一年，但对于能够对市场变化提前预测并及时转型的企业来说却是丰收的一年。为什么会出现如此大的反差呢？本文希望通过解读国内标准变化，参照德国市场变化情况，加以客观地分析，给业界同仁提供一些借鉴，有不足之处还请业界同仁批评指正。

关键词：德国建筑节能要求及变化；中国门窗市场发展

1　中国国家及地方标准要求的变化

　　2016年3月，住房和城乡建设部标准定额司要求全国幕墙门窗标准化技术委员会（以下简称"标委会"），组织行业内的专家组成一个研发工作组，主要是针对我国当前门窗性能不高，建筑"穿个大棉袄，漏个肚脐眼"的现象，因地制宜地提高我国门窗性能的绿色指标，大幅度提高我国门窗隔热、隔声、气密性能等指标，使我国门窗性能达到国际同等气候区的领先水平（如2020年北京的门窗保温性能达到1.0W/m^2℃左右），决定以门窗节能性能为突破口，同步提高门窗的安全性、耐久性和舒适性。标委会随即成立了"编制建筑门窗标准关键技术指标发展报告"工作组，工作组经过一年多的时间，调研、搜集及整理了全球33个先进国家关于门窗性能的所有要求，并完成了工作报告提交给住房和城乡建设部标准定额司，拟定按照要求"一步到位"、执行"分步实施"的原则推进国内关于门窗的所有性能指标的大幅度提升。

　　在住房和城乡建设部的大力推进下，国内部分省市纷纷出台关于门窗的地方技术法规和规程，纷纷提高门窗的各项性能指标，截止于目前已经出台的省市包括北京、上海、江苏、浙江、福建、河北等，正在组织编制或意见征求阶段的省市包括天津、安徽、湖北、湖南等。这些修订后的地方标准最明显的变化可归结为以下几点：(1) 节能指标要求大幅度提高，如福建要求门窗传热系数达到3.0W/m²℃；(2) 对标准化门窗及系统化门窗提出明确的要求；(3) 对门窗的安装工艺及施工提出明确的要求；(4) 对门窗的耐久性及使用寿命提出了明确的要求。

值得特别一提的是，北京的节能指标要求从目前的节能75%的1.5~2.0 W/m²℃直接提高到1.1W/m²℃，而且取消了平衡计算法，也就是说所有门窗折合成标准窗的节能指标必须达到1.1W/m²℃。这个指标要求，与住建部设想的2020年北京门窗节能指标达到德国2016年同期水平的要求相比是只高不低的。在国内，我们一直在谈论德国的门窗市场技术指标要求变化以及德国关于门窗标准的要求变化。那么，德国的门窗市场究竟是如何发展、目前的市场分布及发展趋势如何？要回答这些问题，我们要首先了解德国市场门窗的品种、价格、市场占有率及市场演化的情况，来预测中国未来市场的变化。

2　德国门窗市场发展演变

2017年，德国门窗幕墙协会VFF及德国玻璃协会BF联合发表了一份报告，该报告分为六个部分，分别为：(1) 不同类型窗户的节能性能；(2) 德国的现代化潜力；(3) 新窗户的成本效益；(4) 投资于高质量而非更换最低标准的成本效益；(5) 新窗户的额外好处；(6) 更换窗户的意义。对本文有引用意义的表如下，包括表1~表3。

表1　2016年德国市场库存门窗的数量

品种	玻璃配置	樘（百万）
种类1	单层玻璃窗	17
种类2	双层玻璃窗	44
种类3	非镀膜中空玻璃窗	205
种类4	单层Low-E中空玻璃窗	289
种类5	三层中空玻璃单Low-E窗	55
合计		610

这些类型的窗户在德国整个门窗发展历史周期中，分别在哪个阶段使用？门窗的性能如何？如表2所示。

表2 不同窗户的传热系数及太阳得热因子SHGC

门窗种类	主要安装年代	平均U值W/($m^2 \cdot K$)	平均太阳的热因子SHGC%
单层玻璃窗	截至1978	4.7	87
双层玻璃窗	截至1978	2.4	76
非镀膜中空玻璃窗	1978—1995	2.7	76
单层Low-E中空玻璃窗	1995—2008	1.5	60
三层中空玻璃（双Low-E）窗	自2005开始	1.1	50

那么，在德国，不同类型的门窗的市场价格及市场分布如何？对比欧盟ENEV标准最低性能要求，实际市场上销售的门窗是否与国内市场一样，仅仅满足标准要求即可？表3给出了德国门窗种类及对比最低标准要求之间的差异。

表3 德国门窗种类及对比最低标准要求之间的差异

更换窗市场处于三层中空玻璃（Uw=0.95W/($m^2 \cdot K$)，太阳得热因子SHGC=62%）替代依据ENEV标准规定的门窗（Uw=1.3W/($m^2 \cdot K$)，太阳得热因子SHGC=60%）					
窗框材料	市场占比%	每樘价格	按照ENEV每樘价格	价格差异	节省额外的成本€/kWh
木	15	638	556	82	0.036
铝木	9.2	789	711	78	0.034
PVC	57.8	479	403	76	0.033
铝	18.0	926	846	80	0.035
不包括铝的住宅窗户加权平均	82.0	543	466	77	0.034
所有窗户类型加权平均	100.0	612	534	78	0.034

从表3中，我们能够了解到，在德国市场实际销售的门窗产品不论价格、性能方面都比欧盟标准ENEV的最低要求高10%左右。比如，欧盟标准ENEV要求2016年门窗的节能指标为1.3W/（m²·K），而德国实际市场上（包括零售市场和工程市场）销售的产品的U值约在1.1W/（m²·K）~1.2W/（m²·K）之间。另外，在德国市场上，市场份额最多的是PVC窗，大约占比为57.8%，而铝合金窗（德国的铝合金窗全部是断桥铝合金，本文将不重复表述）的市场占比为18%。这与德国的气候条件、窗户洞口尺寸、建筑类型、高度等因素有关。去过德国的人能够看到，德国的居住建筑高度基本是多层以下建筑，而且窗户洞口基本是标准洞口，采用的窗户也多数是单框单扇的开启窗，因此塑料窗比较普遍。多数商业建筑由于洞口尺寸大，窗户分格大，多数采用断桥铝合金窗。至于从德国20世纪70年代开始实施建筑节能以来，整个门窗市场的种类及配置玻璃的种类、市场占有率变化情况如何，调查报告给出了自1977年一直到2016年德国建筑市场上不同类型的门窗及配置玻璃的演变情况。

从调查表中可以看出，德国从1971年开始执行建筑节能标准，经过了8年时间的改进直到1979年，门窗所用玻璃仍然是单层玻璃与双层玻璃共存，在铝合金型材方面，采用的断桥铝合金型材仅占10%的比例，大部分仍然是普通铝合金型材。又经过了10年时间，到1989年，玻璃已经全部用中空玻璃，普通铝合金型材也全面退出市场。从建筑节能要求开始的3.7W/（m²·K）到1989年的2.8W/（m²·K）整整用了20年的时间。随着节能要求的提高，从1989年到1995年短短6年的时间，德国市场对门窗K值的要求就提高到了2.0W/（m²·K），提高的幅度接近30%。从1996年开始到2000年，德国的门窗标准再次由2.0W/（m²·K）提高到1.3W/（m²·K），再次提高了35%。一直到2007年，暖边中空玻璃开始采用，经过短短5年时间，暖边中空玻璃在门窗市场的占比已经超过50%的市场份额。到目前为止，德国门窗市场上，整窗U值要求在1.2W/（m²·K）~1.3W/（m²·K）之间。在产品配置方面，暖边中空玻璃的市场份额已经超过63%，多腔PVC型材、隔热铝合金型材及木型材的U值低于1.4W/（m²·K）也已经成为必然配置。

目前中国的门窗市场从材料的技术水平、设计水平及市场分布态势来看，与1989年的德国十分类似，但是从目前国内节能标准要求以及质量提升行动要求来看，却与2000年后的德国发展类似。以德国门窗市场演变作为参照,我们可以得出结论,未来中国门窗市场将由三层中空玻璃、暖边充气中空玻璃、大系列高节能型材主导整个市场应用的局面,但是按照目前的市场状况,我们需要注意以下三个方面的问题:

(1)构成门窗型材的材料性能、框架型材构造设计过程中的各种要素分析将成为框架型材是否能够满足高质量应用的关键因素;

(2)暖边中空玻璃将成为建筑门窗的标准配置,但是中国目前市场的情况,需要对暖边材料的性能、不正当使用出现的问题有清醒的认识,否则将会导致对暖边产品失去信心;

(3)中空玻璃不充氩气将无法满足节能指标的要求,但是一旦中空玻璃充了氩气,那么按照国内目前的材料性能及加工质量,是否能够满足高质量的要求,将在未来一段时间内成为行业质疑的主要话题。

由于篇幅有限,下面仅就暖边中空玻璃谈一下个人的看法。

3 暖边中空玻璃

暖边中空玻璃是相对于传统金属间隔条中空玻璃而言的,ISO标准ISO10077中有明确的定义叫作热改进间隔条,标准中规定 $\Sigma(d \times \lambda) \leq 0.007$,其中$d$是间隔条的壁厚尺寸,$\lambda$是间隔条材料的导热率。中国建材行业标准JC/T 2453-2018标准是由笔者主笔的,在此标准中,对于暖边中空玻璃暖边性能的界定,除了可以按照ISO标准进行理论计算外,还可以通过测试暖边中空玻璃边缘的等效导热系数的大小来测试得到,理论上来说,暖边中空玻璃的等效导热系数应该介于0.15~0.9W/($m^2 \cdot K$)之间。行业标准的制定,为行业内外及客户选择确定暖边中空玻璃给出了明确的指导,为行业的发展做出了贡献,但是也存在一定的不足,最大的不足之处在于暖边中空玻璃间隔条的材料无法明确限定不能使用PVC材料。由于国内标准制定的现状,我们在缺少实验数据支撑、缺少实际案例作为参照的条件下,只能参照国外相关标准来确定国内标准的各项指标。但是国外受到歧视性法规的约定,任何有文字的材料都不能明确规定不能使用某特定材料。所以,在编写JC/T 2453-2018标准时,我们无法明确将PVC材料排除在标准材料选择之外,因此给国内行业造成了中空玻璃间隔条可以采用PVC材料这样的误解,也导致了暖边中空玻璃在应用中出现了很多问题。

为什么中空玻璃不能采用PVC材料作为间隔条材料，采用PVC材料会有什么害处？其实，PVC材料仅仅是一种代表，最关键的是不能采用具有在光老化作用下产生挥发物的材料作间隔条的材料。因为中空玻璃周边是密封的，腔体内部的空气基本属于静止不动的气体，太阳光通过中空玻璃进入室内时，会通过玻璃折射、空气折射后进入室内侧，如果空气的分子直径相同，那么折射率会一致。但是如果边缘采用了具有挥发物的间隔条，在太阳光照射下会挥发出高分子气体，这些气体的分子直径与空气不同，因此其对光线的折射率也不同，就会在边缘产生光线交叉干涉。如果使用白玻，由于透射率较好，人们肉眼无法分辨。当采用Low-E玻璃做中空玻璃原片时，尤其是超白Low-E玻璃做中空玻璃原片时，在Low-E玻璃高反射、高光选择性（较白玻）作用下，干涉效应将放大，最终导致门窗边缘部分出现光干涉乱纹，学术上称之为偏振效应，见图1。这种效应会对门窗的外观造成极大的影响，对门窗的使用寿命也会带来损失，因此选择暖边间隔条材料时一定要慎重！

图1　偏振效应

暖边中空玻璃能给用户带来什么好处？

（1）暖边中空玻璃可以提高中空玻璃与窗框接触部位室内的环境温度，可以降低窗户室内表面结露的可能，从而可以减轻室内装修面的污染和墙体发霉的可能，改善室内环境。在室外-20℃、室内20℃的标准条件下，传统铝间隔条中空玻璃边部温度为-4.5℃，而在相同条件下，将传统铝间隔条更换成泰诺风的暖边TGI间隔条，则中空玻璃室内侧相同位置表面温度则达到0.6℃，高出5℃。在保证不结露的前提下，在冬季北方室内的温度保持16℃不变的条件下，室内相对湿度可以从23.07%增加到35.12%，室内居住舒适度提高很多。

（2）暖边中空玻璃可以降低中空玻璃边部与玻璃中心的温度差，减少玻璃在应用过程中玻璃自爆和热应力炸裂的可能性。中国太多建筑工程出现钢化玻璃自爆以及镀膜、中空玻璃热应力炸裂的现象，虽然这些现象的出现有玻璃本体内部存在着硫化镍杂质、氧化铝杂质等因素，但是应用过程中的诱导因素导致产品出现问题的原因却很少有人研究，这就导致了各种问题的发生。为了减少建筑中空玻璃提早失效，采用暖边中空玻璃是很经济的解决方案之一。

（3）暖边中空玻璃可以降低整窗的U值达$0.2W/m^2℃$。目前在门窗行业，很多人存在理解上的误区，即：只要设计好门窗型材的U值和中空玻璃的U值，二者按照面积加权计算就能够得到整窗的U值。实际上这是一个误区，通过门窗U值的计算公式，我们能够清楚地了解到，门窗型材与玻璃接触部位的线性传热系数对整窗U值也有很大的影响，依据窗户分隔尺寸的大小及型材U值的好坏，线性传热系数可以影响整窗的U值，影响程度为从$0.2W/m^2℃$到$0.8W/m^2℃$，这对整窗U值设计是十分重要的因素。

如何选择暖边中空玻璃？《玻璃幕墙工程技术规范》JGJ 102中第3.4.1条明确规定：玻璃幕墙采用中空玻璃时，除应符合现行国家标准《中空玻璃》GB/T 11944的有关规定外，还应符合下列要求。

（1）中空玻璃气体层厚度不应小于9mm。

（2）中空玻璃应采用双道密封。第一道密封应采用丁基热熔密封胶，其性能应符合现行行业标准《中空玻璃用丁基热熔密封胶》JC/T 914的规定。隐框、半隐框玻璃幕墙和点支式玻璃幕墙用中空玻璃的第二道密封胶应采用硅酮密封胶，其性能应符合现行国家标准《中空玻璃用硅酮结构密封胶》GB 24266的规定；框幕墙用中空玻璃的第二道密封胶可采用聚硫密封胶、聚氨酯密封胶或硅酮密封胶。

（3）中空玻璃的间隔框可采用金属间隔框或金属与高分子材料复合间隔框，间隔框可连续折弯或插角成型，不得使用热熔型间隔胶条。间隔框中的干燥剂宜采用专用设备装填。

因此类似TPS胶条在内的热熔丁基类暖边中空玻璃产品的应用范围就被限制于居住建筑，大多数公共建筑由于多数设计成幕墙，是无法从法理上采用暖边中空玻璃的。这个结果与目前在欧美市场上的应用类似，虽然在国内部分幕墙类项目上偶尔采用上述产品制作的中空玻璃，但这是在用户不了解的情况下采用的，一旦了解了国内的标准要求，这种玻璃是无法大范围在国内得到应用的。

作为铝条替代产品的以泰诺风TGI间隔条为代表的暖边间隔条在应用时，必须要考虑内部气体的保持率，按照中国国家标准GB/T 11944标准及欧盟标准EN 1279的要求，中空玻璃内部充入的气体保持率必须保证每年渗漏率低于1%。如果不能保证间隔条连续折弯或者如SWISSPACER类采用角部焊接方式进行组框的间隔条，不能使角部外侧气体保护膜的连续性，那么将无法保证中空玻璃内氩气的渗漏满足标准要求，中空玻璃的使用性能将受到影响，性能大打折扣。

优化与规范被动房用建材的建议与思考

龚春平 袁志欣 臧凡 彭超 曾春燕 周俊钧 邢铭琪
中国建材检验认证集团股份有限公司

摘 要：被动房具有高质量、高寿命、低能耗、舒适等诸多优点，国内外都视它为未来建筑的发展目标。考虑到被动房的特质，需对现行建材产品指标进行调整，并加入与被动房特点相关的新的指标要求，同时提高建材的质量和寿命。因此，严格控制原料、优化工艺参数，并制定被动房用相关建筑材料的标准势在必行。

关键词：被动房；低能耗；建筑材料；检测标准

1 被动房的定义及特点

被动式房屋[1]的概念最早是由德国达姆施塔特被动房研究所提出的，1991年第一座被动式房屋在德国达姆施塔特市建成。

被动房[2]是将自然通风、自然采光、太阳能辐射和室内非供暖热源得热等各种被动式节能手段与建筑围护结构高效节能技术相结合建造而成的低能耗建筑。设计合理的被动房室内的空气质量、温湿度和通风换气都是优于传统建筑的，体感舒适度大幅度提升，甚至有调查表明住在被动房里的住户生病明显减少，身体健康状况得到改善，譬如感冒次数明显减少，风湿疼痛明显减轻等[3]。

2 国内外发展现状

瑞典、德国、丹麦、奥地利、比利时是发展被动式低能耗建筑较好的国家。2011年德国提出的目标是自2021年起所有的新建建筑将建成（近）零能耗，比利时自2015年起所有建筑将按被动式房屋标准建造。2009年12月18日欧盟的决议是最大限度地利用建筑潜在的能源，自2020年起所有新建建筑必须达到近零能耗建筑的标准。即新建筑要做到零排放、所需能源由再生能源替代，最大限度地发掘其内在的能源潜力。

我国的被动式低能耗建筑仍处于"打基础、促发展"的阶段，研究不同气候的试点示范项目，研究不同气候区的相关标准，同时研究适用于不同气候区的技术支撑体系，待试点成熟后再大规模推广。

3 被动房在建材领域遇到的问题

目前国内外评价被动房的主要指标包括气密性、采暖和生活热水用能、采暖负荷、室内舒适度指标、建筑物总用能、制冷负荷、除湿需求等。被动房概念的提出对我国的建材质量也提出了更高的要求。我国建材行业面临的突出问题表现在四个方面[4]：门窗系统产品、门窗系统配套材料、外墙外保温系统配套材料、防水卷材系统产品。

3.1 门窗系统产品

门窗是建筑围护结构的组成部分，同时也是外围护结构中保温最薄弱的环节，门窗能耗累计占了建筑能耗的一半。因此，门窗节能性能是被动房达到节能指标的关键。被动房用门窗最关键的两个指标是密封性能和保温性能，而北京最新的外窗保温节能要求仅达到德国1995年的水平[5]，见表1、表2。

表1 德国规范中对外窗保温性能的限值 [W/(m^2·K)]

年代	1977	1982	1995	2002	2009	2012	2020（计划）
UW	3.5	2.8	2.0	1.7	1.3	1.1	0.8

表2 北京市节能标准对外窗保温性能的限值 [W/(m^2·K)]

年代	1986	1997	1999	2004	2013
KW	6.4	4.0	3.5	2.8	2.0

我国河北省工程建设标准《被动式低能耗居住建筑节能设计标准》DB 13（J）/T 177-2015中对被动房用门窗系统材料性能规定[6]见表3。

我国在中德合作的河北秦皇岛被动式低能耗住宅示范项目"在水一方"[7]中取得了宝贵经验，认为可以通过选择不同的真空玻璃、玻璃钢、塑钢或者木型材组合的整窗部品均可达到被动房对外窗传热系数U≤0.8W/（m²·K）的要求，也要选择好的型材才能保证门窗型材和玻璃边缘不发生结露现象，杜绝地表风和冷辐射的现象，创造舒适的居住环境。为了实现被动房门窗更好的气密性和保温性能，建议被动房门窗系统中所用玻璃和型材严格控制所选用的玻璃结构和型材的热传导系数，并制定对应该地区合理的标准要求值，同时通过规范门窗系统的结构更好地控制门窗系统的气密性和保温性。

表3 门窗用材料指标要求

检测项目	性能指标	试验方法
玻璃传热系数，W/（m²·K），≤	0.8	GB/T 22476
玻璃太阳能总透射比，≥	0.35	JGJ/T 151
玻璃的光热比，≥	1.25	JGJ/T 151
外门窗型材传热系数，W/（m²·K），≤	1.3	GB/T 8484
外门窗传热系数，W/（m²·K），≤	1.0	GB/T 8484

3.2 门窗系统配套材料

目前我国门窗系统所需要的密封材料、隔热垫板、密封条的产品质量较差，性能稳定的厂家少之又少。被动房需要性能稳定并且寿命高的密封胶条，因此很难满足，同时需要采用优质原料、优化生产工艺。

被动式房屋的外窗应采用三道耐久性良好的密封材料密封。《被动式低能耗居住建筑节能设计标准》DB13（J）/T 177-2015中规定[6]外围护结构门窗洞口处外墙与窗框之间宜用防水隔汽膜和防水透气膜组成的密封系统密封，室内一侧使用防水隔汽膜，室外一侧使用防水透气膜。在外围护结构的门窗洞口处，门窗框与外墙表面宜安装预压膨胀密封带。《被动式低能耗建筑——严寒和寒冷地区居住建筑》GB 16J908-8[8]中规定相应的产品性能要求见表4和表5。与相关产品的现行产品指标比较，该指标更为关注材料的耐久性，并对透汽和隔汽性能有了更为严格的要求，被动房用门窗系统密封材料指标应提高这两方面的要求。

表4 预压膨胀密封带材料指标要求

检测项目	性能指标
氧指数，%，≥	30
抗暴风雨强度	I型：最大承受至300Pa
	II型：最大承受至600Pa
耐久性	经过30次-40℃~70℃高低温循环，满足抗暴风雨强度要求

表5 洞口密封材料指标要求

检测项目	室外一侧防水透气膜	室内一侧防水透气膜
厚度，mm，≤	0.7	0.7
单位面积质量，g/m^2，≤	200	250
拉伸断裂强度，N/50mm，≥	纵向：450	纵向：500
	横向：60	横向：80
断裂伸长率，%，≥	纵向：10	纵向：10
	横向：60	横向：50
透湿率，g/(m^2·s·Pa)	≥4.0×10^{-7}	≤9.0×10^{-9}
阻湿因子	≤9.0×10^2	≥5.0×10^4
水蒸气扩散阻力值sd值，m	≤0.5	≥30

3.3 外墙外保温系统配套材料

我国企业可以生产品质较为优良的保温材料、网格布、聚合物砂浆，由于受到我国建筑防火规范的影响，目前建筑市场主要的保温材料包括岩棉板/条、聚苯板（B1级）、石墨聚苯板（B1级）、挤塑聚苯板（B1级）、真空绝热板、聚氨酯板（B1级）等。针对真空绝热板外覆阻气膜较薄、易损伤漏气，板缝间易产生热桥的特点，《被动式低能耗建筑——严寒和寒冷地区居住建筑》GB 16J908-8[8]中对真空绝热板提出了穿刺后导热系数的要求，同时要求在被动式建筑外保温系统中真空绝热板不宜单独使用，当使用双层真空板作为保温层时，应错缝铺装，且应采用聚氨酯胶粘剂粘贴；针对岩棉板/岩棉条的易吸水粉化的特点，对岩棉板/岩棉条的酸度系数、尺寸稳定性、憎水率提出了更高的要求，具体指标要求详见表6和表7。

表6 真空绝热板的指标要求

项目		性能指标（被动房）	性能指标（JG/T 438-2014）
导热系数，W/(m·K)	Ⅰ型	≤0.008	≤0.005
	Ⅱ型	≤0.010	≤0.008
	Ⅲ型	—	≤0.012
穿刺后导热系数，W/(m·K)	Ⅰ型	≤0.020	无要求
	Ⅱ型	≤0.040	

表7 岩棉板/条的指标要求

项目	性能指标（被动房）	性能指标（JG/T 483-2015）
酸度系数	≥2.0	≥1.8
尺寸稳定性	≤0.10	≤0.2
憎水率	≥99	≥98.0

聚苯板（B1级）、石墨聚苯板（B1级）和挤塑聚苯板（B1级）等保温材料，具有质量轻、导热系数低、吸水率低、强度高等特点，在传统的外保温系统中已经得到广泛的应用。被动房对外墙、屋面的传热系数要求为严寒地区不大于0.10W/(m²·K)，寒冷地区不大于0.15W/(m²·K)，严于传统外墙保温系统建筑对传热系数的要求即0.30W/(m²·K)~0.45W/(m²·K)。即使被动房对窗口、间缝等易发生热量损失地方的防热桥处理更为严格，若将聚苯保温材料应用于被动房建筑必将增加使用厚度，所以应充分考虑材料使用厚度对单体燃烧性能的影响。一般材料厚度越大，600s总热释放量会越大，越难达到B1级要求。

被动房作为低能耗建筑，对锚栓的热工性能和防热桥构造有新的要求。GB 16J908-8中规定锚栓的部分性能指标见表8和表9，与普通建筑上用锚栓性能比较，被动房用锚栓增加了单个锚栓对系统传热增加值与防热桥构造的指标要求，同时锚栓的金属螺钉应采用不锈钢或经过表面防腐处理的金属材料制成，制作塑料钉和塑料套管的材料不得使用回收的再生材料。

表8 锚栓的指标要求

检测项目	性能指标
单个锚栓对系统传热增加值，W/(m^2·K)，≤	0.002
防热桥构造	锚栓有塑料隔热端帽，或由玻璃纤维增强的塑料钉阻断

表9 岩棉板锚栓的指标要求

检测项目	性能指标		
	混凝土（C25）基层墙体	实心砌体基层墙体	蒸压加气混凝土砌块基层墙体
抗拉承载力标准值，kN，≥	1.20	0.80	0.60
防热桥构造	锚栓有塑料隔热端帽，或由玻璃纤维增强的塑料钉阻断		

为了有效防止外墙保温墙体开裂、破损引发外墙渗漏，提高外保温系统的保温、防水和柔性连接能力，保证系统的耐久性、安全性和可靠性，被动房要求在门窗、洞口需配备门窗连接线条、滴水线条等配件。GB 16J908-8中对玻纤网塑料连接线条的指标要求见表10。

表10 玻纤网塑料连接线条的指标要求

项目	性能指标
落锤冲击	落锤质量1kg，锤头半径30mm，冲击高度20cm时，试样不被破坏
耐寒性	-35℃，48h，无气泡裂纹、麻点等外观缺陷
耐热性	50℃，48h，无气泡裂纹、麻点等外观缺陷
防老化性	500h，老化后测量 $\Delta E \leq 5$，$\Delta b \leq 3$
网格布与护角拉力（平均值）（N/50mm）	≥80

3.4 防水卷材系统产品

被动房要求厂商提供的是屋面卷材防水保温系统，这个系统包含防水隔汽层、保温材料、防水透汽层和施工辅材，使用寿命达50年以上。国家建筑标准设计图集16J908-8[8]中规定屋面保温材料宜选用抗压强度高、尺寸变形小、防水性能好的产品，屋面隔汽层材料应选用耐碱铝箔面层玻纤胎自粘改性沥青防水卷材。

《被动式低能耗建筑——严寒和寒冷地区居住建筑》GB 16J908-8[8]中规定隔汽卷材、保温材料、防水卷材的性能指标见表11~表13。考虑到被动房高寿命自供能源等特点，应对用于被动房使用的防水卷材提出更高的要求。如标准应在耐久性和浸水性方面提出更高的要求，同时为了确保被动房气密性、减少维修保养次数、降低火灾隐患以及为了能够满足被动房所需屋面卷材防水保温系统的使用需求，建议增加SBS防水卷材水蒸气当量空气层厚度、连接部位滑动试验、外部防火性能和燃烧性能等的相关要求。

表11 隔汽卷材指标要求

检测项目	1.2mm厚耐碱铝箔面玻纤胎自粘性改性沥青隔汽卷材	2.5mm厚耐碱铝箔面层玻纤胎自粘性改性沥青隔汽卷材
水蒸气扩散阻力值 S_d值，m，≥	1500	1500
拉力值，N/50mm，≥	纵向：400 横向：400	纵向：800 横向：800
断裂伸长率，%，≥	纵向：2 横向：2	纵向：35 横向：35
撕裂强度（钉杆法），N，≥	纵向：80 横向：100	纵向：200 横向：150
接缝剪切强度，N/50mm，≥	300	300
耐热性	90℃无流淌滴落	100℃无流淌滴落
不透水性	30min，0.3MPa，不透水	
低温柔性	-20℃，无裂缝	

表12 保温材料（聚氨酯发泡胶）指标要求

检测项目		性能指标
密度		30±5
燃烧性能等级		B₂级
粘结强度，kPa，≥	铝板	80
	PVC塑料板	80
	水泥砂浆板	60
发泡倍数，≥		标准值-10

表13 防水卷材指标要求

检测项目		性能指标
拉伸力，N/50mm，≥	底层	纵向：1000
		横向：1000
	面层	纵向：700
		横向：500
断裂伸长率，%，≥	底层	纵向：2
		横向：2
	面层	纵向：35
		横向：35
不透水性		30min，0.3MPa，不透水
耐热性		100℃，≤2mm，无流淌、滴落
低温柔性		-20℃，无裂缝

4 结论

我国正在积极推动被动房项目，但是不能盲目模仿国外的模式，要根据我国不同地区的气候和科技经济水平来量身定制我国的被动房发展指标和路线。被动房具有节能、舒适两大优点，因此被动房用的几乎绝大多数建材都需要加入或调整气密性和保温性能的相关指标要求。另外，被动房还有一个很关键的指标就是寿命高，从而对建材的耐久性提出了更高的要求。而我国建材质量参差不齐，因此规范好建材行业，并制定相应的被动式建筑用建材标准势在必行。

参考文献

[1] 路德维希·隆恩，茜比勒·罗斯曼，厉峻超. 2015被动式房屋技术发展现状和未来趋势 [J]. 动感（生态城市与绿色建筑），2015（z1）：30-39.

[2] 张小玲. 我国被动式房屋的发展现状 [J]. 建设科技，2015（15）：16-23.

[3] 文林峰，张小玲，周炳高等. 中国被动式低能耗建筑年度发展研究报告 2017 [R]. 中国建筑工业出版社.

[4] 张小玲. 中国发展被动式房屋的建议与思考 [J]. 建设科技，2016（17）.

[5] 易序彪. 被动房与节能门窗的研究应用 [J]. 建设科技，2014（12）：23-28.

[6] 被动式低能耗居住建筑节能设计标准 DB 13（J）/T 177-2015 [S].

[7] 刘甜甜. 被动房门窗解决方案 [J]. 门窗，2014（10）:13-16.

[8] 被动式低能耗建筑—严寒和寒冷地区居住建筑 GB 16J908-8 [S].

重大技术突破

建筑玻璃光热性能解读及现场检测概述

李晓杰[1] 韩影[1] 贾立丹[2] 宋圆美[1]
1 中国建材检验认证集团秦皇岛有限公司；
2 秦皇岛玻璃工业研究设计院有限公司

摘　要：随着我国对建筑节能的要求不断深入，节能玻璃在建筑上的应用越来越广泛，我国不同地区相继发布了相关的建筑节能设计要求，同时也发布了相关的节能玻璃产品标准及测试方法标准。光学性能和热工性能作为建筑节能玻璃最主要的节能特征指标，这些指标能否达到设计要求或标准要求至关重要，本文从建筑玻璃光热性能指标及现场检测方面进行了简要的解读和概述。

关键词：建筑玻璃；光热性能；现场检测

1 引言

无论是既有建筑还是新建建筑，玻璃是其围护结构中必不可少的元素之一。随着人们对居住环境要求的不断提高，对建筑玻璃的要求已不仅仅是采光，更多地追求建筑玻璃的阳光调节、遮阳或保温隔热等性能。建筑玻璃的结构也从单一的平板玻璃发展成钢化玻璃、夹层玻璃、镀膜玻璃、中空玻璃等一种产品或几种产品的组合。

2 建筑玻璃光热性能概述

为了使建筑玻璃能够具有更好的阳光调节、遮阳或保温隔热的功能，我们对建筑玻璃提出了光学性能和热工性能的要求，具体性能见图1。

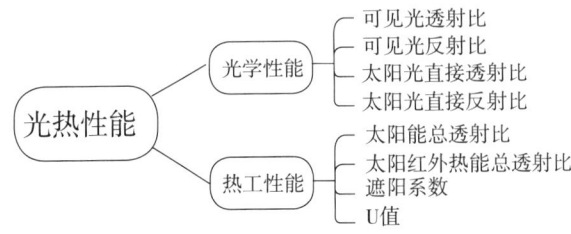

图1　建筑玻璃光热性能指标

3 不同光热性能对建筑的影响

（1）可见光透射比

可见光透射比是在380~780nm波段内，透过建筑玻璃的光通量与投射到其表面的光通量之比，表征进入到室内可见光的多少。该值的选择应视地区和季节而定，至少在白天不开照明灯的情况下能保证室内正常的工作和生活。在选择节能建筑玻璃时，最好选择对可见光波段有较高的透射而对红外线波段有较高反射的玻璃。

（2）可见光反射比

可见光反射比是在380~780nm波段内，建筑玻璃反射的光强度与入射光强度的比值。在现代建筑玻璃幕墙中，应将可见光反射比控制在一定范围内，可见光反射比过高，会对周围建筑形成"光污染"。

（3）太阳光直接透射比

太阳光直接透射比是在300~2500nm波长范围内，透过建筑玻璃进入室内的太阳能强度与投射到建筑玻璃表面太阳能强度的比值。太阳光直接透射比是太阳能总透射比的重要组成部分，其值过高，会造成室内的太阳得热越多。太阳光直接透射比的取值应视地区而定。

（4）太阳光直接反射比

太阳光直接反射比是在300~2500nm波长范围内，建筑玻璃反射的太阳能强度与入射太阳能强度的比值。太阳光直接反射比应控制在一定范围内，其值过高会对周围环境形成"热污染"，在凹形玻璃幕墙上尤为明显。

（5）太阳能总透射比

太阳能总透射比是在300~2500nm波长范围内，通过建筑玻璃的太阳辐射室内得热量与投射到建筑玻璃外表面上的太阳辐射量的比值。太阳能总透射比包括两部分，一部分是建筑玻璃的太阳光直接透射比，另一部分为建筑玻璃吸收太阳辐射热后，向室内二次辐射的热量。其数值越高，说明通过建筑玻璃进入室内的太阳热越多。在夏季，为了保持室内舒适的温度，必须对建筑玻璃太阳能总透射比进行限制，以降低空调负荷，减少能源消耗。

（6）太阳红外热能总透射比

太阳红外热能总透射比是指在780~2500nm波长范围内，通过建筑玻璃的太阳辐射室内得热量与投射到建筑玻璃外表面上的太阳辐射量的比值，包括

780~2500nm波长范围内太阳光直接透射比和建筑玻璃吸收太阳辐射热后,向室内二次辐射的热量。与太阳能总透射比相比,太阳红外热能总透射比主要考虑了近红外线的透过和吸收,摒弃了可见光波段透射及吸收的影响,更加准确地反映了通过建筑玻璃进入室内的太阳热能。由于镀膜玻璃具有阳光调节功能,使建筑玻璃在380nm~780nm的可见光波段内具有较高的透过率,满足日常办公和生产对光线的需求;在780~2500nm波段内具有较低的透过率,达到隔热的目的。镀膜中空玻璃用太阳红外热能总透射比来表征其节能指标更加合理。

(7)遮阳系数

遮阳系数表征建筑玻璃遮挡室内太阳辐射得热的能力,为在反向入射条件下,通过建筑玻璃的太阳能总透射比与相同条件下相同面积的3mm的普通透明平板玻璃的太阳能总透射比的比值。其值越小,说明建筑玻璃阻挡阳光热量向室内辐射的性能越好。在南方的夏季,遮阳系数越小越好,透过建筑玻璃进入室内的太阳辐射得热越少,越能够降低空调制冷能耗;在北方的冬季,遮阳系数越大越好,透过建筑玻璃进入室内的太阳辐射得热越多,越可以提高室内温度,减少供暖带来的能耗。

(8)传热系数(U值)

传热系数(U值)是指在稳定传热条件下,围护结构两侧空气温差为1度(K或℃),单位时间通过单位面积传递的热量,单位是瓦/(平方米·度)。U值表征了建筑玻璃的保温隔热性能,传热系数越小,室内与室外的热量传递越少,说明建筑玻璃越节能。降低传热系数,将有效地降低建筑能耗。

4 我国对建筑玻璃光热性能的要求

在选择建筑玻璃时,并不是颜色越深越好,也不是辐射率越低越好,而是要对光热指标进行综合考虑,根据不同地区的地理位置和自然环境,选择合理结构、合理配置的建筑玻璃。比如在北方的严寒地区和寒冷地区,建筑玻璃对太阳能总透射比和太阳红外热能总透射比的数值要求较高,以保证室内能够获得更多的太阳辐射能量;同时还要求有较低的传热系数,以减少室外更多的冷空气进入室内,并减少室内热空气的损失;在较为炎热、太阳辐射热较高的南方,则需要较低的遮阳系数和太阳红外热总透射比,以达到避免室内太阳光直射和过多的太阳辐射热进入室内的目的；同时也需要较低的传热系数，以达到降低室内和室外的热量通过辐射、对流和传递的方式进行交换的目的。在降低遮阳系数的同时，还要保证有尽可能高的可见光透射比，使更多的可见光进入室内，以保证室内环境明亮，降低白天需要开灯照明带来的能源浪费。

为了响应国家对建筑节能的要求，使建筑更加节能和舒适，我国不同地区相继发布了相关的建筑节能设计要求标准。部分地区节能设计标准见表1。

表1 部分地区建筑节能设计标准

地区	标准名称	标准编号
北京	北京市居住建筑节能设计标准	DB 11/891-2012
上海	上海公共建筑节能设计标准	DGJ 08-107-2012
	上海居住建筑节能设计标准	DGJ 08-205-2011
天津	天津市居住建筑节能设计标准	DB 29-1-2013
	天津市公共建筑技能设计标准	DB 29-153-2010
重庆	重庆市工程建设标准—居住建筑节能50%设计标准	DBJ 50-102-2010
	重庆市工程建设标准—居住建筑节能65%设计标准	DBJ 50-071-2010
	重庆市工程建设标准—公共建筑节能（绿色建筑）设计标准	DBJ 50-052-2013
广东	夏热冬冷地区居住建筑节能设计标准	TG J75-2012
	公共建筑节能设计标准（广东省实施细则）	DBJ 15-51-2007
辽宁	辽宁省居住建筑节能设计标准	DB 21/T 1476-2011
	辽宁省公共建筑节能（65%）设计标准	DB 21/T 1899-2011
浙江	浙江省公共建筑节能设计标准	DB 33/1036-2007
安徽	安徽省居住建筑节能设计标准	DB 34/1466-2011
	安徽省公共建筑节能设计标准	DB 34/1467-2011
河北	河北省工程建设标准-居住建筑节能设计标准	DB 13（J）63-2011
	公共建筑节能设计标准-河北省工程建设标准	DB 13（J）81-2009

同时我国多部委也相继出台了相关标准和技术规程，对建筑玻璃的光热

性能指标进行了约束,提供了测试方法和计算方法。部分节能玻璃标准和技术规程见表2。

以《被动房透明部分用玻璃》JC/T 2450-2018为例,不同地区对建筑玻璃光热性能的要求见表3。

表2 部分节能玻璃标准和技术规程

标准或规范名称	标准或规范编号
被动房透明部分用玻璃	JC/T 2450-2018
建筑用节能玻璃光学及热工参数现场测量技术条件与计算方法	GB/T 36261-2018
建筑玻璃应用技术规程	JGJ 113-2015
建筑门窗玻璃幕墙热工计算规程	JGJ/T 151-2008

表3 不同地区对建筑玻璃光热性能的要求

气候带	传热系数K W/m²·K	可见光透射比 τv	太阳红外热能总透射比gIR	太阳能总透射比g	光热比LSG
严寒地区	≤0.70	≥0.60	≥0.20	≥0.45	≥1.25
寒冷地区	≤0.80	≥0.55	≥0.15	≥0.35	≥1.25
夏热冬冷地区	≤1.00	≥0.55	≤0.15	≤0.40	≥1.40
夏热冬暖地区	≤1.20	≥0.50	≤0.12	≤0.35	≥1.50
温和地区	≤1.50	≥0.55	≤0.15	≤0.40	≥1.40

5 建筑玻璃现场光热性能检测及其优势

随着我国对建筑节能要求的不断深入,建筑节能玻璃的应用越来越广泛,建筑节能玻璃的种类及配置也越来越多。为了检测建筑节能玻璃的各项光热性能是否符合设计要求,以及验证实际安装使用的建筑玻璃与检测样品之间的一致性,在原有建筑玻璃光热性能实验室检测技术的基础上,实现了现场检测技术及试验装置。

相比实验室检测,现场检测具有不限检测场地、不限玻璃是否安装上墙、不限玻璃尺寸、不限玻璃结构等诸多优势。光学性能实验室检测与现场检测比对情况见表4。

建筑玻璃光热性能现场检测情况见图2。

表4 光学性能实验室检测与现场检测比对表

项目	实验室检测	现场检测
检测场地	实验室	工程现场或建筑玻璃存放处（建筑玻璃未安装或已安装上墙均可）
检测样品尺寸	小规则尺寸	尺寸不限
检测样品结构	单片玻璃	单片玻璃或中空玻璃
结果获得方式	测试单片玻璃数据，根据环境条件和工具软件计算中空玻璃数据	直接读取单片玻璃或中空玻璃数据
检测/计算依据	GB/T 2680-94、ISO 9050:2003、JGJ/T 151-2008	GB/T 2680-94、ISO 9050:2003、JGJ/T 151-2008
检测项目	可见光透射比、可见光反射比、太阳光直接透射比、太阳光直接反射比、太阳能总透射比、太阳红外热能总透射比、遮阳系数、U值	可见光透射比、可见光反射比、太阳光直接透射比、太阳光直接反射比、太阳能总透射比、太阳红外热能总透射比、遮阳系数、U值

图2 建筑玻璃光热性能现场检测

参考文献

[1] 建筑玻璃可见光透射比、太阳光直接透射比、太阳能总透射比、紫外线透射比及有关窗玻璃参数的测定GB/T 2680-94 [S].

[2] 姚健,闫成文,叶晶晶,周燕.外窗遮阳系数对建筑能耗的影响 [J]. 建筑节能,2008,36(2).

[3] 建筑用节能玻璃光学及热工参数现场测量技术条件与计算方法GB/T 36261-2018 [S].

基于对零和式油烟净化器的分析

杨肇

英国培朴肯有限公司

摘　要：随着社会经济的快速发展，人们对生活质量的要求不断提升，油烟机已经成为人们厨房用具的必备装置之一。人们为了有效排除烹饪过程中所产生的油烟，积极加强对油烟机的研究和开发，并引入新的技术和功能，从而有效降低厨房中的油烟。油烟机在实际应用时，其主要原理是通过相应的装置将厨房产生的油烟排到室外，但是由于该过程会导致出现室内空气负压，同时在夏季开空调和冬季开暖气时，室内相应的冷气和暖气会被排出户外，造成极大的能源损耗，对此要积极进行完善。本文主要从抽油烟机应用现状的角度出发，阐述零和式油烟净化器结构概况，并从零和式油烟净化器概况、零和式油烟净化器外排油烟系统、内循环吸油烟系统以及厨房和餐厅用油烟净化系统几个方面进行讨论，论述零和式油烟净化器应用原理，分别对内循环吸油烟系统应用原理、零和式油烟净化器的风幕作用、外排油烟系统应用原理以及静音系统和节能系统进行分析，最后阐述了零和式油烟净化器的工作流程及优势、效果分析，并从不同角度进行分析，从而为零和式油烟净化器结构及应用原理研究提供参考。

关键词：应用原理；能源浪费；低碳环保

1　零和式油烟净化器概况分析

1.1　零和式油烟净化器技术背景分析

烹饪油烟的基本组成：（1）燃料燃烧尾气；（2）食材溢出物（VOCS）；（3）油脂气化、裂解、挥发物；（4）油雾（水蒸气与油脂化合物）。

油烟中的主要有害成分：（1）食材溢出物，包含酰胺类、烯、醛类、苯并类等200多种致癌物，溶于油脂和水，表现为气味性物质；（2）燃料燃烧尾气，包含氮氧化物、一氧化碳；（3）油雾\VOCS载体。

油烟与PM2.5及雾霾的关系如下：（1）油烟中的食材溢出物主要是有机挥发物，简称VOC，表现为气味性物质，颗粒物直径小于2.5微米，为可入肺颗粒物，通过呼吸系统直达血液循环系统。绝大多数食材溢出物为致癌物，所以油烟机、集成灶首先要排除这类物质，以免烹饪过程中的原生型PM2.5对居家造成伤害；（2）油烟中的VOC是形成雾霾的重要组份。实验1：通过对北京朝阳区某居民小区空气取样进行理化分析，油烟析出物占VOCS总量的27%。实验2：在格林尼治大学热动力试验室对炒制例盘回锅肉油烟排放量与POLO1.6升排量轿车排放尾气对比试验，得出结论——中餐烹饪一盘回锅肉的VOCS排放与POLO车在40公里／小时车速下行驶48公里排放的污染物总量相当；（3）油烟中含有一种苯并芘的化学成分，这种物质不仅是强致癌物也是一种神经毒素，严重影响胎儿、婴幼儿的智力发育。100%排净油烟是保护居家成员的身体健康和生活安全的需要。

另外，现行的油烟机和集成灶在处理烹饪油烟时将油烟与空气混合气体从室内排向户外，当门窗紧闭时，油烟机和集成灶工作会造成室内空气负压，同时会将室内的暖气或冷气排出户外，造成极大的能源损耗。以冬夏两季为例，油烟机和集成灶在工作时，假设室内外温差15℃，油烟机和集成灶的排量为1200立方米/小时，油烟机或集成灶工作1小时浪费的冷气或暖气能量为：$Q=cm\Delta t$，$c=1000J/(kg·℃)$，$m=1.29kg/m^3 \times 1200m^3=1548kg$，$\Delta t=15℃$，油烟机或集成灶1小时造成的环境能耗为$Q=2.322\times 10^7$焦耳，3600000焦耳的热量约合1度电。在这种情况下，油烟机和集成灶工作造成室内环境能耗约等于6.45度电。一般油烟机和集成灶使用时的直接电耗不超过0.5度电／小时，油烟机和集成灶1小时的环境能耗是它自身能耗的10多倍，油烟机和集成灶没有有效的过滤措施，油烟中的有害颗粒物直接排向户外污染空气，还有噪声污染也比较严重。

1.2 零和式油烟净化器的构成分析

零和式油烟净化器主要包括两个系统，分别为内循环吸油烟系统和外排油烟系统。内循环吸油烟系统主要包括风幕增压风机16、风幕气流出风口14、连接风道、静压箱3、风量分配调节器7、AI控制器2、吸油烟风机9、过滤器11、冷凝板等；外排油烟系统包括过滤器11、风量分配调节器7、外排风口止逆阀1和排烟管、AI控制器2、增压箱5、增压风机6、静压箱3、吸油烟风机9、冷凝板等；两个系统构成零和式油烟净化器的主体。

- 重大技术突破 -

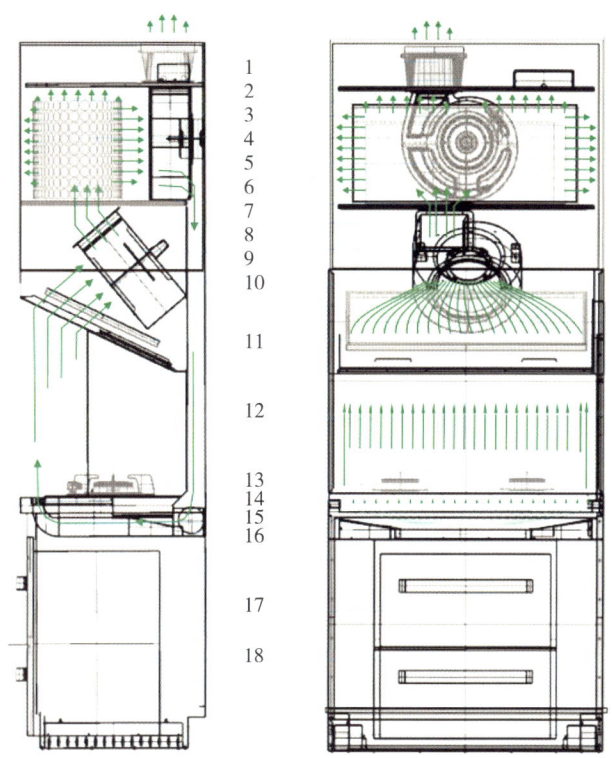

图1 零和式油烟净化器结构示意图

1 外排风口止逆阀 2 AI控制器 3 静压箱 4 气流分布式消声器 5 增压箱 6 增压风机 7 风量分配调节器 8 吸油烟风机出风口 9 吸油烟风机 10 净化后的气流 11 过滤器 12 风幕气流 13 灶具 14 风幕气流出风口 15 风幕气流布风器 16 风幕增压风机 17 嵌入式厨电 18 灶台

1.3 零和式油烟净化器能效坐标曲线、实测数据和基本功能

零和式油烟净化器具有比油烟机、集成灶更加优秀的吸排油烟效果和综合性能：（1）100%吸排尽油烟；（2）对室内空气零损耗，环境能耗几乎为零，综合能耗不到油烟机、集成灶的十分之一；（3）油烟通过过滤，机体内无需清洗，油烟对大气的污染降到最低；（4）不会发生油烟工作倒灌和停机倒灌；（5）无噪声污染。

在实际应用中，居民烹饪使用的灶具一般为双灶头，总功率通常不大于8千瓦，模拟中餐烹饪双灶头同时爆炒产生的实际油烟发生量，经实验室测定总量不超过5m³/min。零和式油烟净化器的外排风量（油烟发生量）为0~5m³/min，结合实验数据分析，系统流量大约在5~10m³/min时能效最高，即

049

风幕流量为5m³/min时，见表1和图2。

表1 零和式油烟净化器能效测试（按国标GB 17713实验方法）

机种名 Machine Name		520变频电机2019.1.11				数据编号NO.			1	
m³/min	Pa	Pa	Pa	Pa	RPM	A	W	%	m³/(min*W)	m
测点数Count		11				风机面积Area（cm²）			254.47	
额定电压Voltage（V）		220				额定频率Frequency（Hz）			50	
测试员Operator		37.1				实验日期Date			20190111	
测试结果Result										
室温 Temperature（℃）		25.7		大气压 Atmospheric Pressure（Pa）		101780		湿度 Humidity（%）	65.9	
测点	风量Qv	静压Ps6	静压换算Ps2n	全压Pfb	全压换算	转速	电流	功率	全压效率	能效值	孔板直径
1	0	1054.09	1069.79	1054.09	1069.79	0	1.35	249.64	0	0	0
2	7.18	680.51	681.08	684.01	694.2	0	1.47	280.45	29.39	0.03	0.087
3	8.59	587.77	582.63	592.86	601.69	0	1.51	291.38	29.56	0.03	0.099
4	10.38	502.79	489.97	510.23	517.83	0	1.54	301.05	29.77	0.03	0.113
5	11.91	398.97	378.2	408.76	414.84	0	1.6	314.46	26.18	0.04	0.128
6	13.2	293.92	265.46	305.95	310.51	0	1.65	327.65	20.85	0.04	0.145
7	14.36	204.68	168.89	218.91	222.17	0	1.7	339.13	15.68	0.04	0.165
8	15.18	133.13	91.7	149.03	151.25	0	1.72	346.79	11.03	0.04	0.188
9	15.4	81.11	37.62	97.48	98.94	0	1.76	353.9	7.18	0.04	0.213
10	15.73	48.59	2.69	65.67	66.65	0	1.78	358.6	4.87	0.04	0.242
11	15.72	25.86	0	42.91	43.55	0	1.78	358.72	3.18	0.04	0.275
最大风量（m³/min）：	15.72	最大静压（Pa）：	1069.79	7立方风量时的静压：（Pa）	687.88	7立方风量时的全压效率（η）	28.88	7立方风量时的主电机功率：（W）	279.91		

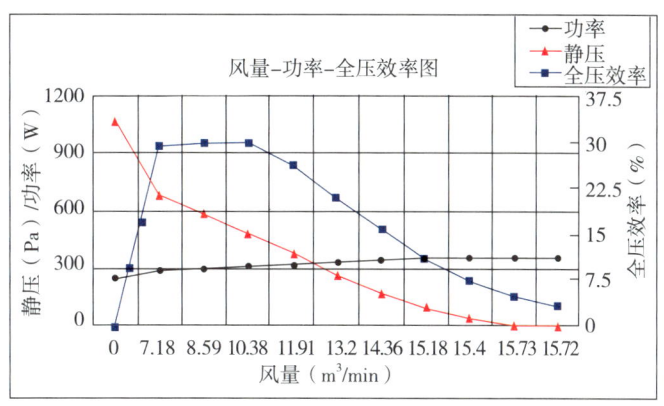

图2 风量、风压和功率能效曲线

2 零和式油烟净化器内循环吸油烟系统功能分析

内循环吸油烟系统工作时，吸油烟风机叶轮在电机的驱动下做功，将电能转换成气流的动能和势能，动能表现为气流的动压，势能为气流的静压。动压和静压共同作用，在吸油烟风机的进风口向外一定区域内形成一定的负压风场，负压风场越强，吸油烟效果越好。同时负压风场形成一定强度和完整的动量边界，这个罩状动量边界在灶台和吸油烟风机之间形成吸油烟有效负压区。

同时内循环吸油烟系统利用经过过滤后、从吸油烟风机排出的、由风量分配调节器分流的气流经风幕风机增压后在锅灶周边形成风幕，风量分配调节器在AI控制器的控制下使风幕流量为衡量，风幕所需的部分能量是吸油烟风机做功后的二次能源。

内循环吸油烟系统产生的吸油烟有效负压区与内循环吸油烟系统形成的风幕共同作用，实现以下作用：第一，抑制油烟扩散、防止油烟逸逸，实现系统100%吸净油烟；第二，隔离油烟与室内空气混合，防止室内空气排向户外，避免装置工作造成室内冷气和暖气大量流失而造成的能源浪费；第三，风幕气流为正压强，包裹加速油烟快速向吸油烟风机运动，可大大节省吸油烟风机的能耗；第四，风幕气流来自吸油烟机排放的气流，使排油烟系统外排流量近似于油烟的绝对发生量，外排风量变得极小，整个装置工作产生的空气动力性噪声极低，使零和式油烟净化器的工作处于静音状态。

3 零和式油烟净化器外排油烟系统功能分析

外排油烟系统工作是将灶台上产生的经过过滤后的油烟气流量完全排到户外，气流外排遭遇的阻力与烟管和公共烟道的长度、管径、粗糙度、气流流速和密度等因素密切相关。

$$R_m = \frac{\lambda}{4R_s} + \frac{V^2}{2}\rho$$

R_m ——管道单位长度阻力；

V ——流速；

ρ ——密度；

λ ——摩擦阻力系数；

R_s ——风管半径。

从上述方程不难看出，外排油烟系统工作不仅与自身工况（如流速、气流密度）有关，还与所处的工作环境有关，如烟管和公共烟道的长度、高度、直径、内壁粗糙度等。外排油烟系统的工作状态要随油烟发生量和排放阻力的变化而变化，这对外排油烟系统的动力控制系统提出了更高的要求。

零和式油烟净化器外排油烟系统采用双动力串联，即系统工作时，在AI控制器的控制下，吸油烟风机完成对油烟气流做功后，增压风机对相当于油烟发生量的外排气流做绝对增压，增压风机将电能完全转化为外排气流的静压，以获得外排气流克服管道阻力所需的最低势能，即在最低能耗下实现外排系统100%排净油烟。

4 零和式油烟净化器节能和静音功能分析

零和式油烟净化器包括节能措施，将吸油烟风机排出的气流作为风幕介质。首先，避免室内空气被排除到户外，避免装置工作造成室内环境能源的浪费；其次，充分利用吸油烟风机对油烟做功后的势能和动能为风幕所利用；最后，节能措施的应用大大降低了零和式油烟净化器的流送流量，使本系统的自身动力能耗大大降低。所以，零和式油烟净化器产品的综合能耗不到现在油烟机和集成灶的十分之一，将为广大的用户提供更为健康、低碳、环保、安全的家居生活保障。此外，零和式油烟净化器由油烟过滤层、静压箱和风幕系统组成静音系统。过滤材料膨化纤维大量的毛细管对零和式油烟净化器动力机械噪声和空气动力性噪声有非常强的阻尼吸音效果，纤维本身在气流通过时发生的微震荡对噪声也起到阻尼消声作用；静压箱将气流动压装换成静压的同时有效降低空气动力性噪声；风幕系统的应用，在大大降低零和式油烟净化器流量的同时也减少了空气动力性噪声。上述为零和式油烟净化器静音系统的原理。

5 零和式低碳油烟机绿色低碳功能分析

零和式油烟净化器是建立在充分研究油烟发生与扩散机理的基础之上，并结合各种厨房结构和公共烟道阻力状况而设置的。在AI控制器的实时控制下，吸油烟风机风量等于增压风机风量与风幕风量之和，增压风机风量为烹饪产生的油烟发生量，风幕风量为在烹饪产生最大油烟量的情况下保证吸油烟风机工作时产生吸油烟有效负压区、抑制油烟扩散、防止油烟逃逸所需的最小空气介质流量。以上配置使零和式油烟净化器在最低能耗下彻底吸净油烟，克服过滤油烟、排烟管道及建筑公共烟道的阻力排净油烟，同时不消耗室内空气，避免装置工作对室内冷气、暖气的浪费，将环境能耗降到最低，实现零和式油烟净化器绿色低碳功能。

6 零和式油烟净化器过滤功能分析

零和式油烟净化器由油烟过滤器实现过滤功能。过滤器过滤层采用专有工艺技术制造的透气性好、阻燃膨化纤维制成的滤网，过滤材料分布均匀、过滤孔径根据油烟中的液固颗粒物尺寸设置，材料厚度达25mm。由于这种材料膨化后形成大量毛细管，比表面积大，具有超强的吸附力，通过过滤，实验测定，能100%除去油烟中的凝结性油脂、尘埃、纤维和水雾，使装置内的动力叶轮和装置内腔始终清洁如新，从而保证所有动力装置高效运行。此外，通过过滤，油烟中的油脂被滤材吸附，能大大减轻油烟直排对大气的污染。作为专业研究人员必须指出，油脂凝结在油烟机和集成灶的风机叶轮表面，叶轮的离心作用为什么不能将油脂排除，主要是因为一方面经过高温处理后的油脂黏度增加,另一方面油脂与油烟中的固形物颗粒掺杂之后发生化学触变性,风轮在离心力的作用下运转,油脂瞬间固化,牢牢粘附在风轮表面,破坏风轮的动平衡,造成油烟机和集成灶使用效率、使用寿命的降低和噪声的增加。

7 零和式油烟净化器工作原理和工作流程探究

7.1 零和式油烟净化器工作原理分析

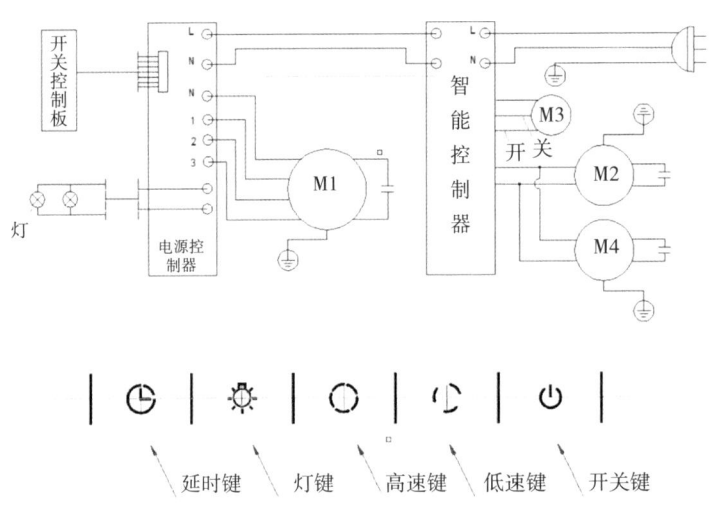

图3 零和式油烟净化器控制原理图

图3中,零和式油烟净化器由吸油烟风机(M1)、增压风机(M2)、风幕增压风机(M3)、风量分配调节器(M4)和AI控制器共同构成装置动力系统。打开开关面板上的开关键,开启电源,开启锅灶烹饪,内循环吸油烟系统和外排油烟系统开始工作。当锅灶未产生油烟时,AI控制器通过连续感知、计算、反馈、执行指令,控制吸油烟风机(M1)、风幕增压风机(M3)和风量分配调节器(M4)工作,使内循环吸油烟系统产生的风幕流量与设置流量一致;当灶台产生油烟时,AI控制器根据油烟发生量的变化和感知排烟管与公共烟道阻力控制所有动力装置按指令工作,使风幕流量保证为设置衡量(如5m³/min),外排烟气流量实时等于烹饪时灶台油烟发生量;当灶台没

有油烟发生时，AI控制器停止M3工作；当结束烹饪关闭电源时，AI控制器立即关停M3，指令M4关闭内循环风道，同时AI控制器延时控制M1和M2使相当于风幕质量和残存在机体内的烟气完全排出户外后，将整个零和式油烟净化器关闭。根据AI控制器发出的指令对增压风机（M2）工作。吸油烟风机工作，气流被吸进吸油烟风机进风口，在吸油烟风机进风口外形成吸油烟有效负压区，被吸进的气流经过吸油烟风机的叶轮做功产生动压和静压，流出吸油烟风机出风口的气流被风量分配调节器分成两股气流，分别通过外排油烟进风口和风幕气流排风口流进增压箱3和静压箱。气流进入增压箱后增压风机对气流做进一步增压，获得更高的动压和静压后，吹开带止逆风阀的外排出风口上的阀片进入排烟管，最后被排进公共烟道或排向户外；进入静压箱的气流从风幕气流进风口经连接风道、风幕出风道，在风幕出风口上方形成前风幕和侧风幕，风幕气流在自身动压、静压作用和吸油烟风机工作在其进风口外形成吸油烟有效负压区的共同作用下被吸进吸油烟风机。外排风力作用下开启，同时关闭电源，吸油烟风机和增压风机停止工作，随即智能控制器关闭电动止逆风阀，同时关停增压风机（M2）和风幕风机（M4）。

7.2　零和式油烟净化器工作流程分析

在日常烹饪过程中，灶台上的灶头及炊具中生成油烟，油烟在自身热动力、吸油烟风机工作产生的负压和风幕、气流的共同作用下，风幕气流与油烟在负压区内混合，后经冷凝板导流沿分布在冷凝板周边的吸风口流入过滤层，烟气经过滤层过滤后，烟气中的固态颗粒物和液态颗粒物等凝结性物质被过滤材料吸附，过滤后的烟气被吸入吸油烟风机，进入吸油烟风机的烟气中不再有凝结性的物质粘附到吸油烟风机的风轮上，烟气通过吸油烟风机做功，排出吸油烟风机的烟气获得了较高的流速和静压；流出吸油烟风机出风口的气流进入静压箱，在静压箱中气流将部分动压转换成静压后，被风量分配调节器分成两股气流，分别通过外排油烟系统进风口和风幕气流排风口流进增压风机和风幕风道。气流进入增压箱后增压风机对气流做进一步增压，获得更高的静压后，克服管道阻力，最后被排进公共烟道或排向户外；进入风幕连接风道的气流经过风幕增压风机增压，在风幕出风口上方形成前风幕和侧风幕，风幕气流在自身动压、静压作用和吸油烟风机工作在其进风口向外区域形成吸油烟有效负压区的共同作用下被吸进吸油烟风机。烹饪结束，开启开关面板上的延时键，直到零和式油烟净化器停止工作。

参考文献

［1］贺志强，王嫚鸽，张海潮等. 风幕式油烟机风幕吹风方向和吹风来源全球专利技术分析［J］. 河南科技，2017，15（14）:59-60.

［2］梁永能，邓志高，区长钊. 管道排气扇和外排式吸油烟机风量测量孔板的设计［J］. 家电科技，2014，57（25）:58-60.

［3］高敏. 行业发展前景向好，市场高端化趋势明显——2011年1~7月吸油烟机、燃气灶市场分析［J］. 电器，2016，52（11）:70-70.

［4］佚名. 2017年10月全国及城市吸油烟机前10名市场占有率（%）及均价（元）［J］. 现代家电，2018，43（21）:63-63.

工程案例

昌平沙岭新村农宅被动房示范项目能耗和费用分析

高庆

北京康居认证中心

摘　要：本文介绍了北京昌平沙岭新村农宅被动房示范项目，通过采用被动式先进技术设计，结合对被动式农宅能耗计算和分析，得出农宅优化设计方案。通过农户入住后的体验和实际耗电与消耗燃气记录分析，同时分析了采暖用燃气的消耗量和费用，证明被动式农宅在室内环境、节能和费用方面都达到了良好效果。

关键词：农宅被动房；室内环境；能耗；费用

1 项目概况

昌平沙岭新村农宅被动房示范项目是我国寒冷地区第一个农宅被动式低能耗建筑示范项目（图1）。项目位于北京市昌平区，共18栋36户，每户面积为200m²，一栋2户，每栋被动房处理面积为400m²，总建筑面积达7198.38m²。建筑共2层，首层层高3.3m，第二层层高3.0m，建筑高度为7.65m，建筑体形系数为0.46，建筑为框架结构。

该项目由住房和城乡建设部科技与产业化发展中心提供全面的被动房设计施工指导和技术方案的制定。该项目不仅在很大程度上体现了被动房农宅

图1　沙岭新村被动房农宅项目

的节能效果，而且极大地提高了居住环境质量和舒适度。

该示范项目建设单位是北京长鑫建筑有限公司。项目建设得到被动式低能耗建筑产业技术创新战略联盟的大力支持，供应商如表1所示。

该示范项目气密性测试结果表明：在50帕压差下，其换气次数为0.49，符合被动房N50≤0.6的换气次数要求。

表1 参与建设单位供应商

供应商名称	供应产品
德尉达（上海）贸易有限公司（德国威达）	防水卷材
大连华鹰玻璃股份有限公司	门窗玻璃
温格润节能门窗有限公司	外窗型材
大连实德科技发展有限公司	外窗型材
北京北方京航铝业有限责任公司	门窗制作安装
德国博仕格有限公司	门窗密封材料和保温隔热垫板
博乐环境系统（苏州）有限公司	新风系统
中亨新型材料科技有限公司	真空保温板
青岛科瑞新型环保材料有限公司	隔汽膜
利坚美（北京）科技发展有限公司	外墙外保温系统

2 建筑各系统主要技术措施

2.1 外墙外保温系统

该项目一层采用聚苯板外墙外保温系统，外墙采用250mm厚石墨聚苯板带做保温层，石墨聚苯板导热系数为0.031W/（m·K），墙体传热系数为0.123W/（m²·K）；二层采用40mm厚HVIP真空绝热板，保温板均是两层错缝铺设，并采用专用锚固件和专用抹面砂浆，铺压耐碱玻纤网格布和增强网加以防护配备系统必需的所有配件，如窗口连接线条、滴水线条、护角线条、伸缩缝线条、预压防水密封带，从而提高了外保温系统保温、防水和柔性连结的能力，保证了系统的耐久性、安全性和可靠性。

2.2 外门窗系统

外窗采用高效保温塑钢窗,整窗传热系数K为 0.90W/(m²·K),玻璃使用双Low-E中空充氩气的三玻两腔中空玻璃,玻璃结构为4+14(TPS)+4单银Low-E+14(TPS)+4单银Low-E,玻璃K值为0.71W/(m²·K),得热系数g值为0.5。整个外门窗系统采用了无热桥构造系统安装,窗框2/3被包裹在保温层里,形成无热桥的构造,窗框与外墙连接处采用防水隔汽膜和防水透气膜组成的防水密封系统,应用了门窗连接线和成品滴水线条作为防水,窗台设计了金属窗台板,窗台板设有滴水线造型,既保护保温层不受紫外线照射导致老化,也能导流雨水,避免雨水对保温层的侵蚀破坏。

2.3 防水系统

底板和屋面均使用德国威达公司改性沥青防水卷材,底板保温层使用250mm厚XPS保温板,与地上保温连续,向下延伸至-1.00m处,地板传热系数为0.128W/(m²·K),屋顶采用300m厚EPS保温材料,传热系数为0.107 W/(m²·K)。室5内侧和室外侧都使用防水卷材,并且两层防水卷材包裹保温材料后交圈连接。

2.4 新风系统和供暖系统

新风系统采用博乐环境系统(苏州)有限公司高效新风热回收设备,通过回收利用排风中的能量降低供暖制冷需求,实现超低能耗的目标,机组最大新风量为 450m²/h,可实现按需分档控制,满足室内人员对新风量的需求。机组设置全热交换芯,显热交换效率85%。冬季采暖方式采用燃气壁挂炉加热地暖的方式供暖,壁挂炉配置温度控制器可以自主设定室内温度。

3 建筑主要参数

该项目建筑计算条件如表2所示。

表2 建筑计算条件

项目	项目	冬季	夏季
环境参数	室内设计温度，℃	20	26
	空气调节室外计算温度，℃	−9.9	33.5
	极端温度，℃	−18.3	41.9
	室外空气密度，kg/m³	1.3112	1.1582
	最大冻土深度，cm	66	—
采暖/制冷期参数	计算日期，月/日	10/25 ~ 4/5	6/1 ~ 8/31
	采暖/制冷计算天数，d	163	92
	计算方式	采暖、制冷期连续计算热、冷需求	
设备参数	设备工作时间，h	24	24
	通风系数回收率，%	75	50
换气参数	通风系统换气次数，h⁻¹	0.19	0.19
	换气体积，m³	940	940
	小时人流量，次/h	4	4
	开启外门进入空气，m³/次	3	3
内部热源参数	套内人数，人/套	男2，女2，儿童2	男2，女2，儿童2
	人体显热散热量，W	男：90；女：76.50	男：61；女：51.85
	人体潜热散热量，W	男：47；女：39.95	男：73；女：62.05
	灯光照明密度，W/m²	7（同时使用系数0.5）	7（同时使用系数0.5）
	设备散热密度，W/m²	1	1

4 能耗计算结果分析

通过对项目建筑逐时热平衡能耗计算与分析，得出建筑能耗指标如表3所示。

如图2所示，通过能耗分析计算得出最大制冷负荷为20.92W/m²，其中由外墙屋面楼板传热、外窗传热、外窗辐射、人体、灯光照明、电热设备、新风建筑各组成部

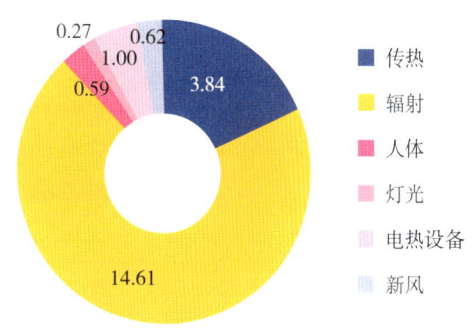

图2 夏季制冷负荷构成图

分构成总制冷负荷。经分析,其中外窗辐射值对整个制冷负荷影响最大,为14.61W/m²,占比70%(表4),由此得出外窗和玻璃对整个建筑热负荷的影响很大。

表3 建筑能耗指标表

项目	热/冷负荷W/m²	热/冷需求 kWh/(m²·a)
采暖	14.36	16.10
制冷	20.92	22.18

表4 制冷负荷构成表

项目	出现时点	组成	计算值
峰值冷负荷	12:00	传热	3.84
		辐射	14.61
		人体	0.59
		灯光	0.27
		电热设备	1.00
		新风	0.62
得热总计			20.92
冷负荷			20.92

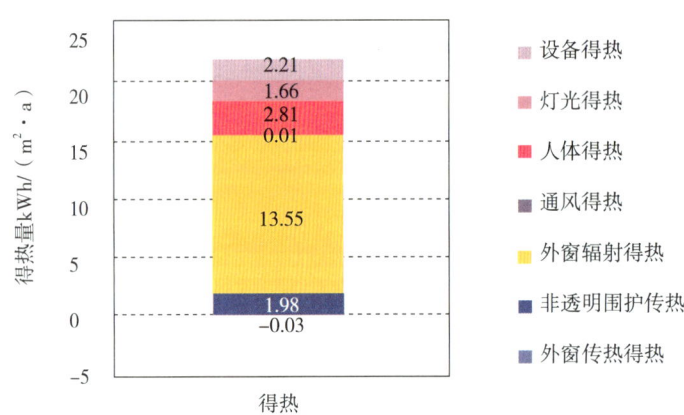

图3 制冷需求建筑各系统构成图

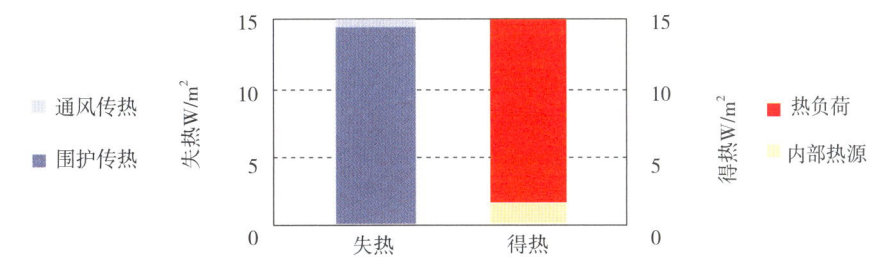

图4 热负荷构成分析图

图3为制冷期能量构成,计算得出总的制冷需求为22.18 kWh/($m^2 \cdot a$),外窗辐射得热为13.55kWh/($m^2 \cdot a$),占比61%。

如图4所示,通过通风和外围护传热损失热量与内部热源的热量分析,计算得出冬季采暖期热负荷为14.36W/m^2,其中外围护结构失热为14.51W/m^2,占比最大,通风失热1.56W/m^2(占比较小,新风系统主要使用热回收功能,损失热量较少),计算内部热源供热为1.71W/m^2,见表6。

表5 夏季冷需求建筑各系统能量得失参数表

得热 [kWh/($m^2 \cdot a$)]		占比(%)
外窗传热得热	−0.03	0
非透明围护传热	1.98	9
外窗辐射得热	13.55	61
通风得热	0.01	0
人体得热	2.81	13
灯光得热	1.66	7
设备得热	2.21	10
总得热	22.21	100
总散热	−0.03	
散热利用率	95.2%	
冷需求	22.18	

表6　热负荷参数表

失热（W/m²）		得热（W/m²）	
围护传热	14.51	内部热源	1.71
通风传热	1.56		
失热总计	16.07	得热总计	1.71
热负荷			14.36

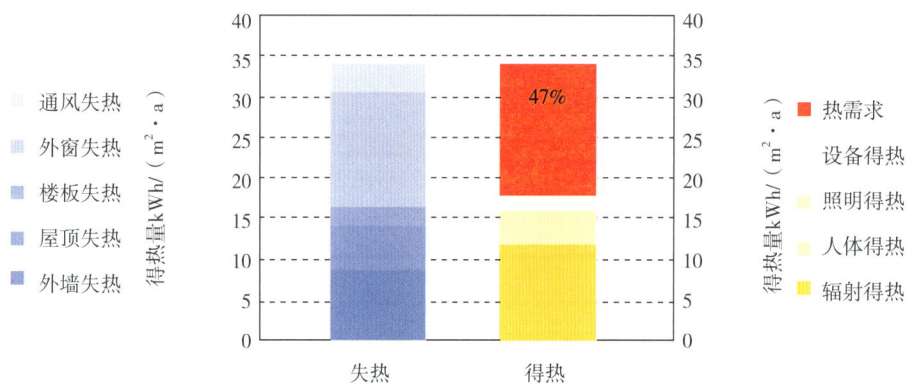

图5　采暖期热需求构成图

表7　冬季采暖期热需求各系统能量得失参数表

失热kWh/（m²·a）		得热kWh/（m²·a）	
外墙得热	8.74	辐射	26.42
屋顶得热	5.37	人体	5.04
地板得热	2.32	照明	3.44
外窗得热	14.11	设备	3.91
通风失热	3.45	得热利用率	46.1%
失热总计	33.99	得热总计	17.89
热需求			16.10

图5为采暖期能量构成图，通过计算得出总的制热需求为16.10kWh/（$m^2·a$），其中外窗传热失热为14.11kWh/（$m^2·a$），外墙传热失热为8.74kWh/（$m^2·a$），屋顶传热失热为5.37kWh/（$m^2·a$），地板失热为5.16kWh/（$m^2·a$），通风失热为3.45kWh/（$m^2·a$），见表7。通过计算数据，分析得出冬季热需求构成中，外维护结构传热因素影响较大，通风失热因素影响较小。

5 各入住农户用电和燃气数据及费用分析

表8为各入住农户用电和燃气数据记录分析表，分析了各住户每天用电度数和费用及每天用燃气与费用分析，日期是2017年11月11日至2018年3月20日。红色列为各住户每天用电和燃气（包括采暖和炊事、生活热水用燃气）的费用，表中给出了平均每天电和燃气数及费用。表9为春夏季非制暖期（2018年3月20日至2018年8月25日）每天用电和燃气数及费用。表10给出了2018年1月26日至2019年1月26日年用电和燃气数及费用。

以1号和12号农户为例，分析得出住户冬季采暖用燃气数和费用。如1号住户，表10中给出2018年1月26日至2019年1月26日一年间用燃气总数为757m^3，其中由表9中非采暖期每天平均燃气数为0.71m^3，计算得出一年由非采暖消耗的燃气数为0.71×365=259.15m^3，所以采暖用燃气数为757–259.15=497.85m^3，采暖用燃气费用为497.85×2.28=1135元/年。对于12号农户，用同样的计算方法，得出年采暖用燃气数为578.2m^3，年采暖用燃气费用为1318元/年。表11分析了1号和12号住户的采暖用燃气数和费用。

以1号住户情况的室内环境和能耗调查数据为例，表12至表14为其记录表和室内环境调查表。记录表记录了房主以前住房和用能情况（表12），家用电器情况（表13），以及室内环境和用电、燃气调查情况（表14），其中包括温度、湿度、CO_2、PM2.5、VOC、电表数、燃气表数、人数，是否洗澡，新风是否开启，控制温度等。农户每天填写记录表，其中截取了冬天采暖期的一周内每天用电数和燃气数分析，见表15和表16。通过记录表分析出冬天室内温度能保持在20~21℃，湿度在50%~60%，CO_2浓度≤1000，PM2.5处于1~100，VOC处于优良状态。实际记录证明冬天的室内环境处于优化和舒适的状态。

表8 冬季采暖期每天用电和燃气数及费用参数分析表

序号	人数	入住时间(用电时间)	开暖气时间	登记时间	电(度)	煤气(m³)	电炕	控制温度(℃)	入住情况	每天用电度数(度)	每天燃气数(m³)	每天电费(元)	每天燃气费(元)	每天电费+燃气费(元)	备注
1	4	2017.10.29	2017.11.11	2018.3.20	1225	785		20	入住	8.69	6.09	4.17	13.87	18.04	家用电器多，有时用电梯
2	3		2017.11.11	2018.3.22	1101	1134			入住	7.70	8.66	3.70	19.74	23.43	常开窗开门
3	2	2017.10.29	2017.11.11	2018.3.21	1397	877	1	21	入住	9.84	6.75	4.72	15.38	20.10	施工期间常接家电，经常使用电炕
4	2	2017.11.5	2017.11.11	2018.3.21	434	779	1	23	入住	3.21	5.99	1.54	13.66	15.21	间断性使用电炕
5	2	2017.11.5	2017.11.11	2018.3.21	1205	481	4		入住	8.93	3.70	4.28	8.44	12.72	出差1个月开电炕忘关了，平常只周末住，电炕使用率高，常来客人，春节人多
6	4	2017.10.29	2017.11.11	2018.3.20	1500	755	1	21	入住	10.64	5.85	5.11	13.34	18.45	
7	8	2017.10.29	2017.11.11	2018.3.20	2380	844		21	入住	16.88	6.54	8.10	14.92	23.02	有新生小孩，电热水器24小时开，使用率高，工程施工也会使用家里电
8	1	2017.10.29	2017.11.11	2018.3.20	622	785		21	入住	4.41	6.09	2.12	13.87	15.99	
9	2	2017.11.1	2017.11.11	2018.3.21	114	1995		20	入住	0.83	15.35	0.40	34.99	35.39	
10	2	2017.10.29	2017.11.11	2018.3.21	550.2	847		18	入住	3.99	6.52	1.91	14.86	16.77	
11	1	2017.11.1	2017.11.11	2018.3.20	629.7	951	4	20	入住	4.60	7.32	2.21	16.68	18.89	4个电炕，平时用1个
12	2	2017.10.29	2017.11.11	2018.3.20	995	778		20	入住	7.06	6.03	3.39	13.75	17.14	

表9 非采暖期每天用电和燃气数及费用参数分析总表

序号	人数	入住时间（开始用电时间）	上次登记时间	登记时间	电（度）	煤气（m³）	空调（电扇）	最高温度（℃）	入住情况	电度数（天）	燃气数（天）	每天电费（元）	每天燃气费（元）	每天电费+燃气费（元）	备注
1	4	2017.10.29	2018.3.20	2018.8.25	3142	897	刚装1	29	入住	12.21	0.71	5.86	1.63	7.49	家用电器多
2	3		2018.3.22	2018.8.25	2106	1260	刚装1		入住	6.48	0.81	3.11	1.85	4.97	新风循环不好
13	5	2018.6.1		2018.8.25	354	143	刚买电扇1	29	新入住	4.12	1.66	1.98	3.79	5.77	家里有1个小孩
3	2	2017.10.29	2018.3.21	2018.8.25	2871	946	1		入住	9.45	0.44	4.54	1.01	5.54	反应湿度大时较热
5	2	2017.11.5	2018.3.21	2018.8.25	1904	522	刚装1	29	入住	4.48	0.26	2.15	0.60	2.75	电热水器洗澡
12	2	2017.10.29	2018.3.20	2018.8.25	1900	860	刚装1	29	入住	5.76	0.52	2.77	1.19	3.96	

表10 年用电和燃气总数与每天用电和燃气数及费用参数表

序号	人数	入住时间（开始用电时间）	初始电表数	初始燃气数	到期电（度）	到期煤气（m³）	年用电总数（度）	年燃气总数（m³）	入住情况	每天用电数（度）	每天用燃气数（度）	每天电费（元）	每天燃气费（元）	每天电费+燃气费（元）
1	4	2017.10.29	741	471	4842	1228	4101	757	入住	11.24	2.07	5.39	4.73	10.12
6	4	2017.10.29	961	468	4094	1282	3133	814	入住	8.58	2.23	4.12	5.08	9.20
12	2	2017.10.29	620	530	2805	1298	2185	768	入住	5.99	2.10	2.87	4.80	7.67

表11　采暖用燃气数和费用分析表

序号	非采暖期平均每天天然气（m³）	非采暖年共用燃气数（m³）	采暖用燃气数（m³）	年采暖燃气费用（元）
1	0.71	259.15	497.85	1135
12	0.52	189.8	578.2	1318

表12　1号被动房农宅示范项目住户房主以前住房和用能情况（住小楼）

住房面积	200多平方米
室内温度	十几度，最高十六七度
取暖方式	烧煤、空调
费用情况	5000元煤，加空调费用

表13　1号住户家用电器使用情况

家用电器类型	台数	家用电器类型	台数
冰箱	3	电视机	3
洗衣机	1	热水器	1
排油烟机	1		
照明配置	换灯	烧水电壶	2
新风	1	电磁炉	1
		电饼铛	1
电脑	1	电饭煲	1

表14　昌平区延寿镇沙岭村超低能耗农宅项目室内环境及用电和燃气调查表

日期	分段时间	温度	湿度	CO_2	PM2.5	VOC	电表数	天然气表数	人数	是否洗澡	新风是否开启	控制温度
2017年12月19日	早8:00	20.5	59	550	2	0.18	397	257	2		开	
	中12:00	21.5	57	501	17	0.18		259	2		开	
	晚20:00	21.4	52%	471	29	0.18		260	3		开	
填表人	照明：3小时 分钟 冰箱：24小时 分钟 排油烟机： 小时 分钟 洗衣机： 小时 分钟 电脑： 小时 分钟 电视机：2小时 分钟											
2017年12月20日	早8:00	20.5	53	507	0	0.15	403	260	2		开	
	中12:00	21.2	55	554	2	0.18	404	260	2		开	
	晚20:00	21.3	57	554	1	0.18	405	261	3		开	
填表人	照明：3小时 分钟 冰箱：24小时 分钟 排油烟机： 小时 分钟 洗衣机： 小时 分钟 电脑： 小时 分钟 电视机：3小时 分钟											

续表

日期	分段时间	温度	湿度	CO_2	PM2.5	VOC	电表数	天然气表数	人数	是否洗澡	新风是否开启	控制温度
2017年12月21日	早8:00	20.7	59	615	20	0.20	414	262	2		开	
	中12:00	21.5	55	618	37	0.17			4		开	
	晚20:00	21.8	66	674	90	0.30	421	267	6		开	
填表人	照明：小时 分钟			冰箱：24小时分钟	洗衣机：1小时分钟		排油烟机：2小时分钟		电脑：小时 分钟		电视机：3小时 分钟	
2017年12月22日	早8:00	20.9	59	649	6	0.20	424	267	3		开	
	中12:00	21.6	63	791	12	0.50	425	267.2	2		开	
	晚20:00	21.5	62	790	35	0.30	426	268	5		开	
填表人	照明：小时 分钟			冰箱：24小时分钟	洗衣机：1小时分钟		排油烟机：2小时分钟		电脑：小时 分钟		电视机：3小时 分钟	
2017年12月23日	早8:00	20.8	57	872	42	0.43	434	270	4		开	
	中12:00	21.0	56	543	18	0.23	434	270	3		开	
	晚20:00	20.9	58	740	69	0.25	435	270	3		开	
填表人	照明：3小时 分钟			冰箱：24小时分钟	洗衣机：小时 分钟		排油烟机：2小时分钟		电脑：小时 分钟		电视机：小时 分钟	
2017年12月24日	早8:00	20.5	57	669	0	0.21	442	274	3		开	
	中12:00	21.1	59	651	19	0.37	443	274	5		开	
	晚20:00	21.1	57	604	8	0.21	443	274	3		开	
填表人	照明：3小时 分钟			冰箱：24小时分钟	洗衣机：小时 分钟		排油烟机：2小时分钟		电脑：小时 分钟		电视机：小时 分钟	
2017年12月25日	早8:00	20.6	55	588	1	0.21	451	279	3		开	
	中12:00	21.2	56	608	25	0.36	452	280	5		开	
	晚20:00											
填表人	照明：3小时 分钟			冰箱：24小时分钟	洗衣机：小时 分钟		排油烟机：2小时分钟		电脑：小时 分钟		电视机：小时 分钟	

表15 冬季2017年12月19日至12月25日一周内用天然气量情况

第 天	早8:00电表数	与前一天的差值
1	257	
2	260	3
3	262	2
4	267	5
5	270	3
6	274	4
7	279	5
平均值		3.7

表16 冬季2017年12月19日至12月25日一周内用电量情况

第 天	早8:00电表数	与前一天的差值
1	397	
2	403	6
3	414	11
4	424	10
5	434	10
6	442	9
7	451	9
平均值		9.2

6 总结

该农宅被动房示范项目通过采用被动式先进技术设计，结合对被动式农宅能耗计算和分析，得出农宅优化设计方案。通过农户入住后的体验和实际耗电与消耗燃气记录分析，同时分析了采暖用燃气的消耗量和费用，证明被动式农宅无论从室内环境、节能还是费用上都达到了很好的效果。农村住宅室内环境的突出问题是冬季室内温度较低，农村住宅以独立式单体建筑为主，体型系数较大，再加上保温普遍不良及采暖方式落后，造成大量农宅能耗大且室温低，也成为家庭经济的负担。在农村地区建造被动式超低能耗住宅，或将现有农宅改造成被动式超低能耗建筑，可以妥善解决农村过冬难等问题。

被动式低能耗建筑从材料和构造上对整体建筑质量有多方面的保障措施；经过严格的冷凝防潮测算，必须采用系统供应商提供的配套完整的、相容性良好的外墙外保温系统。以上保障措施使房屋内部结构受到了较好的保护，免受风雨侵蚀，且建筑结构基本上全年处于20~26℃，从而大大延长房屋使用寿命，大大减少翻修等问题。这样既减少了资源的浪费，也减轻了农民翻新房子的负担，还提高了农民的生活质量。

北京市小户型超低能耗居住建筑技术研究

路国忠[1,2] 刘月[1,2] 尹志芳[1,2] 郜伟军[3]

1 北京市被动式低能耗建筑工程技术研究中心；
2 北京建筑材料科学研究总院；3 金隅砂浆有限公司

摘 要：超低能耗建筑强调以被动式为主的方式来实现建筑的超低能耗，并提供舒适的室内环境。主要依赖高性能围护结构、新风热回收、气密性、可调遮阳等建筑技术，但实现被动式超低能耗的难点主要在技术的适宜性。如何通过关键技术的合理设计实现建筑在非机械、不耗能或少耗能的条件下，满足供暖制冷的能源需求。本文结合北京市气候特征，对超低能耗建筑关键技术进行研究，力图对超低能耗建筑技术的推进做出积极探索。

关键词：优良外保温系统；高效节能窗；热回收新风系统；气密层；无热桥设计

1 引言

超低能耗建筑是以超低的建筑能耗值为约束目标，具有高保温隔热性能和高气密性的外围护结构及高效热回收的新风系统，同时能够满足室内舒适性环境的建筑。

超低能耗建筑的基本原则是在冬季通过最小化热损失并最大化获取阳光，明显降低供暖需求；而在夏季通过被动窗、遮阳及朝向优化最小化获取热能，降低制冷能耗。超低能耗建筑宜采取被动优先、主动优化的技术措施，达到采暖制冷能耗的良好平衡，实现超低能耗的目标。

超低能耗建筑的基本规定是通过充分利用场地的自然资源，采取合理朝向；建筑应满足自然通风和自然采光的要求，同时降低通风和照明能耗；建筑的电器等用能设备应为符合国家相关标准的节能设备；建筑的体形系数不应大于0.4；同时外窗宜设置遮阳[1]。

本文结合北京市气候特征，对超低能耗建筑关键技术进行研究，通过新型保温墙板、高效热回收新风系统、可再生能源利用技术等新材料、新产品、新技术的集成与示范应用，建立适合北京市的超低能耗建筑技术体系，力图对超低能耗建筑的技术推进做出积极探索。

2 优良的外保温系统

从我国建筑热工设计分区来看,北京市属于寒冷地区,冬季寒冷干燥,夏季高温多雨。建筑应满足冬季保温要求,同时兼顾夏季防热。

超低能耗建筑优良的外保温系统既要有良好的保温性能,同时要满足现行规范的防火要求。因为在建筑中不透明围护结构热损失占建筑热损失可达70%以上,所以加强不透明围护结构的保温性能,降低其K值,可有效减少建筑能耗;同时外保温材料燃烧性能要满足《建筑设计防火规范》GB 50016-2014中的要求;外保温系统和细部节点的断热桥保温处理应做到精细化施工[2]。

通过对示范项目的调研,课题组研发了满足超低能耗建筑要求的岩棉条A级外保温系统、改性石墨聚苯板B1级外保温系统和装配式预制夹心墙板系统。

2.1 岩棉条外保温系统

岩棉条外保温系统采用传热系数 λ≤0.045W/(m²·K)、抗拉强度≥130kPa、酸度系数≥1.9、厚度为250mm的岩棉条,由粘锚结合、以粘为主,层间加托架的双网体系构成见图1所示。

 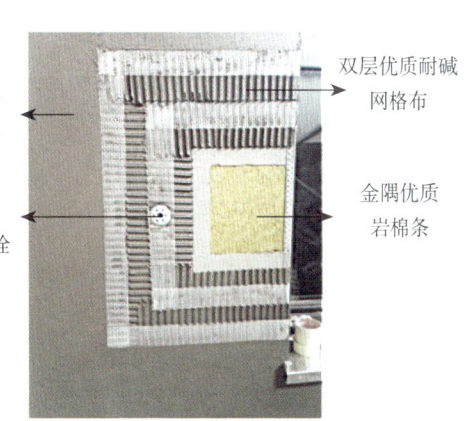

图1 岩棉条外保温构造图

表1 不同保温厚度对能耗的影响分析

岩棉条厚度（mm）	200		250		300		330	
有无外遮阳	无	有	无	有	无	有	无	有
传热系数	0.23		0.19		0.15		0.14	
热需求kWh/m²	7.01	8.02	6.30	7.15	5.65	6.36	5.41	6.07
冷需求kWh/m²	27.25	20.63	27.11	20.48	26.99	20.35	26.94	20.30

在确定岩棉条外保温系统构成及施工工艺后，通过建立模型进行模拟计算分析保温层厚度对建筑能耗的影响，进行耐候性试验测试系统的耐久性，通过抗风压、抗垂挂试验测试系统的安全性，同时考虑安装（层间托架）及施工方式对能耗的影响。

（1）保温厚度对能耗的影响

分别采用200mm、250mm、300mm、330mm四种岩棉条厚度构成的外墙保温系统对系统的冷热需求进行比较分析，如表1所示。在考虑外遮阳影响、传热系数不同的情况下，四种厚度的外墙保温系统对冷需求几乎无影响。当保温层厚度增加至300mm及以上时，外墙保温层岩棉条厚度对热需求的影响较低。因此综合考虑，外保温系统采用厚度为250mm的岩棉条。

图2为建筑全年采暖能耗与外保温岩棉条厚度的关系曲线。当岩棉条厚度由200mm增加至330mm时，传热系数从0.2W/（m²·K）降低至0.12W/（m²·K），而建筑全年采暖能耗仅降低0.08kWh/（m²·a）。因此从建筑能耗和经济性的角度，岩棉条厚度为250mm比较合理。

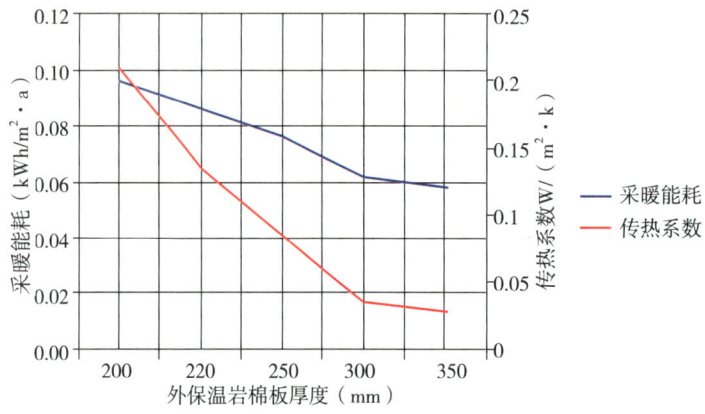

图2 采暖能耗随外保温岩棉条厚度的变化

（2）耐久性

为了验证250mm厚岩棉条外保温系统在模拟自然条件下的耐久性，参照标准进行了大型的耐候性试验，如图3所示。试验中对岩棉条外保温系统进行了热雨循环80次、冷热循环5次的耐候性测试。

试验结果表明，250mm厚岩棉条外保温系统满足《外墙外保温施工技术规程》JGJ 144的要求。试验后，热成像照片显示颜色比较均匀，在内外温差较大（50℃）的情况下，岩棉条之间没有热桥现象，保温隔热，耐候性良好。

（3）安全性

通过抗风荷载实验来验证250mm厚岩棉条外保温系统在模拟负风压条件下的安全性，如图4所示。试验采用的岩棉条垂直板面抗拉强度大于130kPa，理论计算是安全的。试验墙通过了大型抗风压实验，证明是安全的。

通过抗剪切实验来验证250mm厚岩棉条外保温系统在自然条件下的抗垂挂能力，如图5所示。实验结果表明，托架可有效减小岩棉条外保温系统的纵向位移，提高了系统的抗剪切能力和稳定性。

（4）层间托架对能耗的影响

托架方案为在每两层楼增加一层托架，托架横向间距800~1000mm。托架尺寸为L（长）×50mm（宽）×5mm（材料厚），传热系数为50W/（m²·K）；保温隔热垫片（复合材料），厚度5mm，传热系数为0.024W/（m²·K）。

模拟计算安装层间托架对保温系统传热性能的影响，通过模拟结果可知托架挑出长度在保温层厚度的2/3左右时，对系统的传热系数影响很小，如图6所示。同时，托架一定要采用隔热垫块做断热桥处理。

图3　岩棉条外保温系统耐久性试验

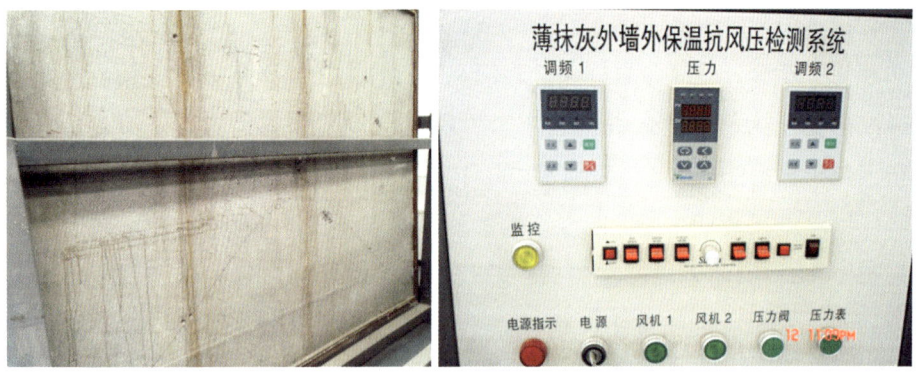

图4 外保温系统抗风荷载实验

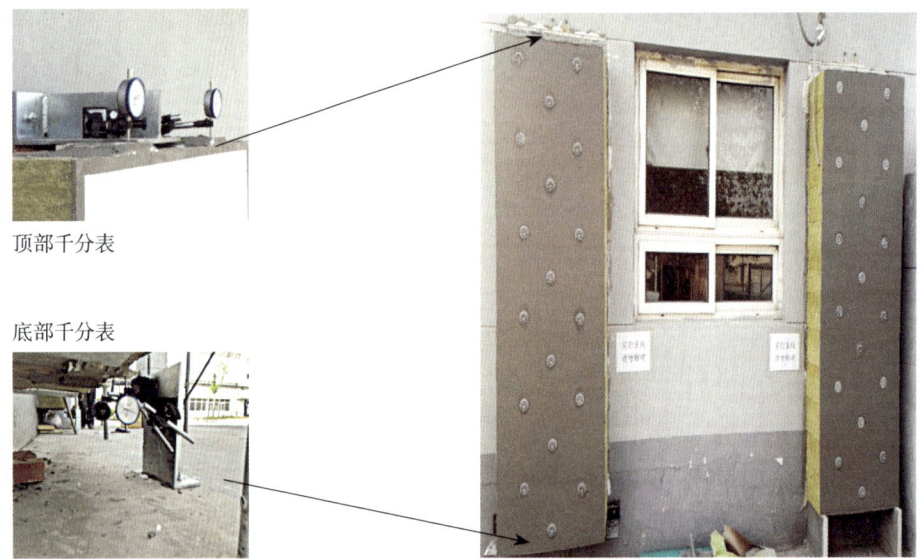

图5 抗垂挂试验墙体

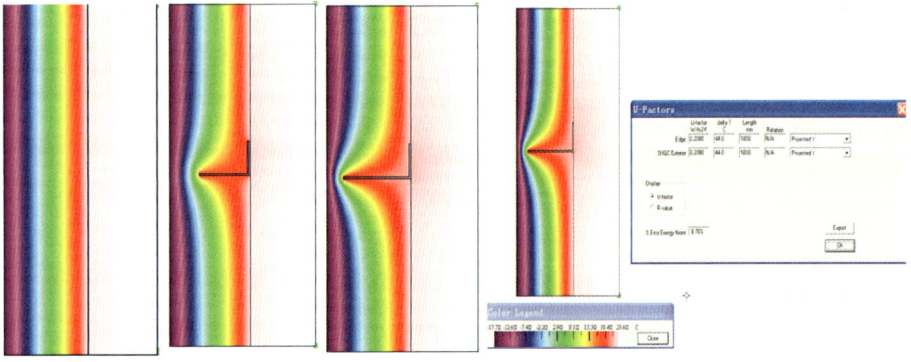

图6 层间托架对能耗的影响

2.2 改性石墨聚苯板+岩棉防火隔离带外保温体系

课题组研发出了超低能耗建筑用改性石墨聚苯板，其保温性能好，导热系数低λ≤0.032W/(m·K)，燃烧性能为难燃B1级，产烟量低、熔融滴落物不具有引燃性、燃烧后不会产生有毒气体、氧指数高，如图7所示。物理力学性能优异，其垂直于板面方向的抗拉强度达到0.24MPa。

该系统采用传统的薄抹灰系统，按照《建筑设计防火规范》GB 50016-2014要求，设置了防火隔离带。改性石墨聚苯板宜采用双层粘贴，具有企口的板材可单层粘贴。图8为该外保温体系的施工细节图。

图7 改性石墨聚苯板

图8 改性石墨聚苯板+岩棉防火隔离带外保温体系

3 高效节能窗系统

超低能耗建筑的设计、施工及运行以建筑能耗值为约束目标，因而，节能窗部分应采用隔热性能、遮阳性能及气密性能更高的外窗系统，同时还要满足无热桥的设计与施工。

综合来看，用于超低能耗建筑的外窗有铝合金门窗、塑钢门窗、铝包木门窗等，以铝木复合节能窗为主，开发了高效节能窗系统。

3.1 铝木复合节能窗

铝木复合节能窗的框型材采用78mm厚落叶松指接集成材，松木类的集成材导热系数值为0.13W/（m·K）；外附20mm铝框，内填难燃高效保温材料，可将传热系数由1.8W（m^2·K）降低至1.3W/（m^2·K），如图9所示。

铝木复合节能窗的玻璃部分采用三玻两腔-中空-真空+Low-E的复合玻璃，玻璃的配置5+18A（暖边）+5V5。主要性能指标为：传热系数0.516W/（m^2·K），光热比1.41，太阳能总透射比0.522。

铝木复合节能窗玻璃间隔采用暖边间隔条，SWISSPACER ADBANCE舒贝舍普通型暖边间隔条，导热系数λ值为0.290W/（m·K）。

如图10所示，节能窗框扇搭接的密封采用了四道密封胶条的设计，形成的三个密封腔室有利于减少气体的对流，大大提高整窗的气密性。四道密封比三道密封的节能窗具有更好的密闭性能，水密性和抗风压性能分别提升一个等级，六道锁点更增加了被动式铝木复合窗的抗风压性。

综上，高效节能窗的设计主要考虑型材类型及结构、复合玻璃配置、密封和锁点设置等方面。主体结构为木型材，塑料连接卡扣固定铝合金型材，窗框木型材与铝框中间填充高效难燃保温材料，有效降低了窗型材的传热系数。窗玻璃系统采用三玻两腔-中空-真空+Low-E玻璃，暖边间隔条，提高了窗玻璃的保温性能。采用四道密封胶条，提高节能窗密闭性；六道锁点，提高整窗抗风压性能。

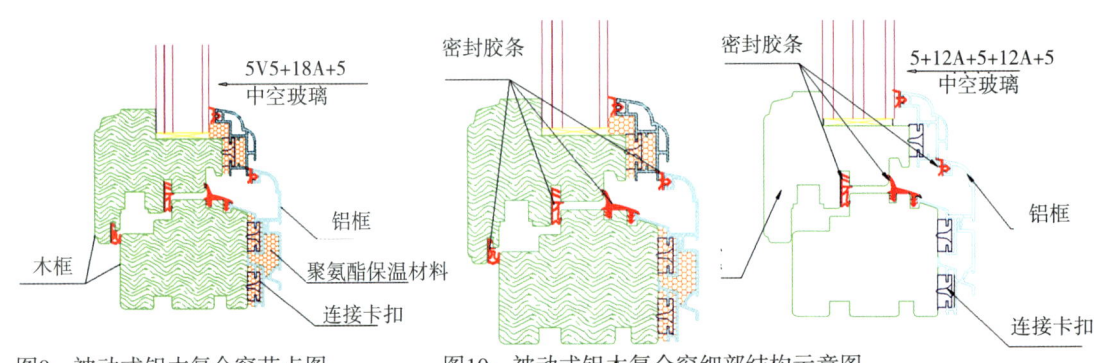

图9 被动式铝木复合窗节点图　　图10 被动式铝木复合窗细部结构示意图

— 工程案例 —

经检测，铝木复合窗窗框传热系数1.3W/（m²·K），整窗传热系数0.8W/（m²·K），气密性8级，水密性6级，抗风压性9级，为目前窗的最高等级；抗结露因子10级，空气隔声性能4级。产品通过了德国被动房屋研究所的PHI认证和住建部科技与产业化发展中心康居产品认证。

3.2 节能窗的安装

超低能耗建筑的东西向房间应考虑太阳日晒，为降低夏季制冷能耗，应做活动式外遮阳系统。遮阳应采用外悬式安装方式，将窗户安装在保温层内，窗户内侧粘贴防水隔汽膜、外侧粘贴防水透气膜。

安装方式不同，热桥线性传热系数和窗的安装传热系数差异较大，经模拟计算，当窗户装在砌体上导致保温层中断时，整窗的线性将由0.005W/（m²·K）增加至0.15W/（m²·K）。节能窗的安装细节如图11所示。

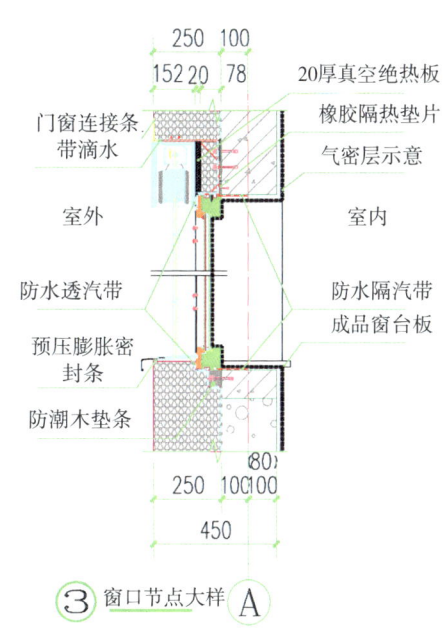

图11 节能窗的安装

3.3 耐火窗的配置

超低能耗建筑用耐火窗配制如表2所示。

经检测，整窗传热系数K为0.9W/（m²·K），气密性8级，水密6级，抗风压9级，抗结露因子10级，空气隔声性能4级，露点-60℃，耐火完整性>0.5h。

表2 耐火窗配置

产品名称	玻璃配置	型材	密封胶	密封胶条	耐火性能
78型耐火窗-1	5+18A（暖边）+5V5+夹胶玻璃	真空加压阻燃木材	阻燃密封胶	耐火密封胶条	>0.5h（35min）
78型耐火窗-2	5+18A（暖边）+5V5+铯钾玻璃	真空加压阻燃木材	阻燃密封胶	耐火密封胶条	>0.5h（32min）

4 高效热回收新风系统

在高气密性的超低能耗建筑内,为用户提供新鲜空气是不容忽视的。过滤空气中的颗粒物,可以为住户提供清洁的新鲜空气,合理的气流组织保证了送风的舒适度;安装高效热回收装置的新风系统,可将排风能量预热(冬季)/预冷(夏季)新风,从而降低能耗。高效热回收新风系统包括集中式、半集中式和分户式。

超低能耗建筑无散热器采暖,为防止冬季室内温度过低,新风系统出风温度必须满足最低要求;为保证超低能耗建筑室内温度舒适性,应始终保证新风出口温度在17℃以上。对于风机能耗,要求在输送单位体积空气时风机电耗Ws的值不高于$0.45W/m^3 \cdot h$。从安全性考虑,新风热交换器必须采取防冻措施。尤其当新风温度低于0℃时,热回收装置排风侧由于含湿量较高,凝结的水汽有可能结冰,因此新风应有预热等防冻措施。

4.1 系统布置形式

高效热回收新风系统布置形式目前有集中式、半集中式和分户式。

集中式新风系统:采取集中布置一套或者多套冷热源,新风通过管道输送至各个房间的方式。集中新风系统通常由新风机组与配套的辅助能源系统组成,通常采用集中式新风机组+集中式辅助冷热源系统。常用于大型公共建筑的中央空调系统,风管占用部分层高,且风机输送距离长,能耗较高,该方式便于集中管理与控制。

半集中式新风系统:每层一台新风机组为每户提供新风,每户设置一台冷热源一体机,根据每户的温度条件,补充新风系统带来的热损失及冬夏季的冷热需求。新风一体机通过公共管道向各户送新风,统一通过各户的卫生间回风并通过热交换回收热量。对于集中管理的公共租赁住房和部分公共建筑,可采取半集中式的布置方式。

分户式新风系统:分户式系统新风机组集成新风及制冷制热功能通常采用空气源热泵作为辅助能源,由新风冷热源一体机、室外机等组成。超低能耗居住建筑多采用分户式新风系统,分户式系统具有设备紧凑、布置简便、输送距离短、噪音低等特点。

4.2 辅助能源形式

由于极低的能源需求，超低能耗建筑制冷/采暖的辅助能源有多种形式，比较常见的有空气源热泵辅助制冷/采暖和地道风辅助预冷/预热新风等。

空气源热泵集制冷/制热功能于一体，设备紧凑，系统布置简单，在超低能耗建筑中得到广泛应用。

对于有条件布置土壤换热器的项目，地道风也可以作为新风预冷/预热的辅助能源。

5 完整连续的气密层

气密层是指建筑中无缝隙的可阻止气体渗漏的围护层。超低能耗建筑中优良的气密性可有效降低采暖负荷、提高人员的居住舒适度、避免室内结露发霉、减少噪音和空气污染，因此通过在建筑内围护结构形成完整连续的气密层来严格控制建筑内外空气的无组织流动。在建筑所有平、剖面图纸上，铅笔可沿气密层连续完整地走通，中间无中断，如图12所示。

现浇混凝土或经过20mm以上抹灰处理后的砌体外墙可视作气密层。在门窗安装、管道穿外墙及气密层上的插座等则需要采取专门的处理措施，并绘制节点详图（图13）。

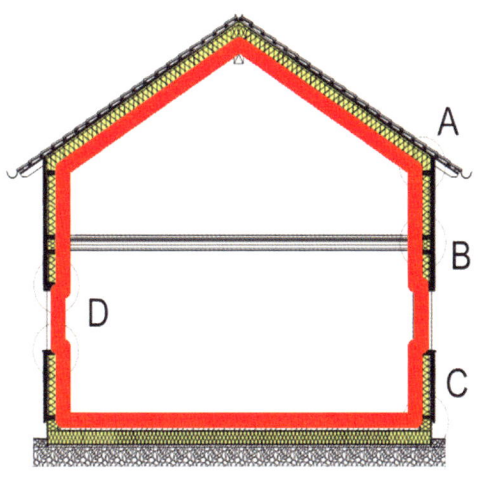

图12 建筑气密层示意图

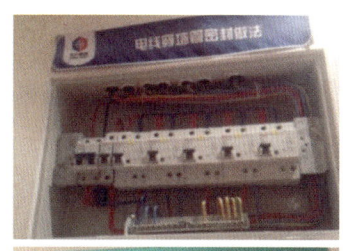

图13 细部节点气密性处理措施

6　无热桥设计方法

建筑施工中常见的热桥包括结构性热桥、系统性热桥和几何热桥。

结构性热桥：建筑的结构构件梁、柱、板等穿透保温层导致保温层不连续或者减薄引起的热桥，应尽量消除。

系统性热桥：固定外保温系统的锚栓、金属连接件，以及固定各类设备、下水管的支架等。系统性热桥一般不可避免，但一定要断热桥处理。

几何热桥：几何结构变化导致局部传热系数增大引起的热桥，如阴阳角及屋顶女儿墙处的保温隔热处理。如图14～图19所示。

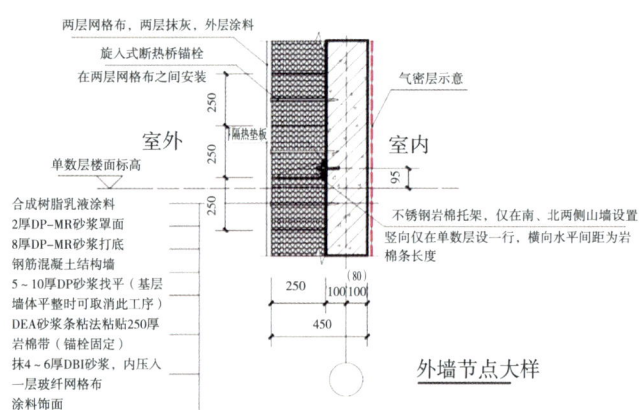

图14　外墙外保温节点

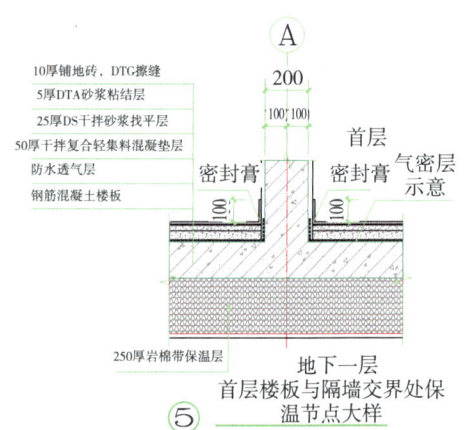

图15　首层楼板与隔墙交界处保温节点

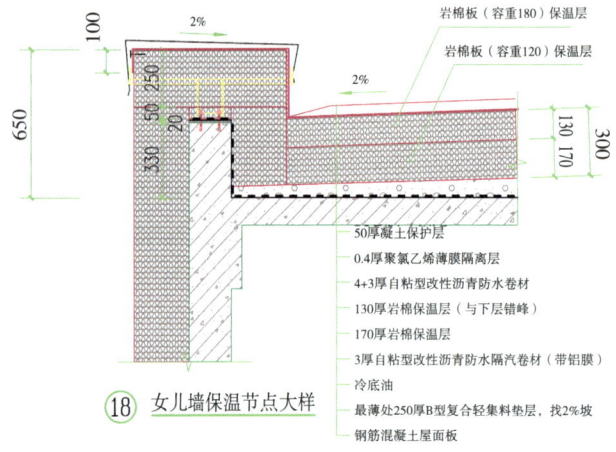

图16　女儿墙保温节点

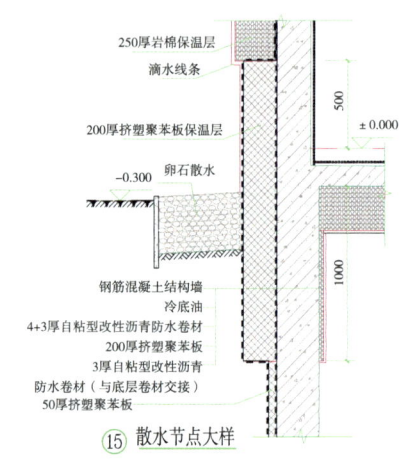

图17　散水保温节点

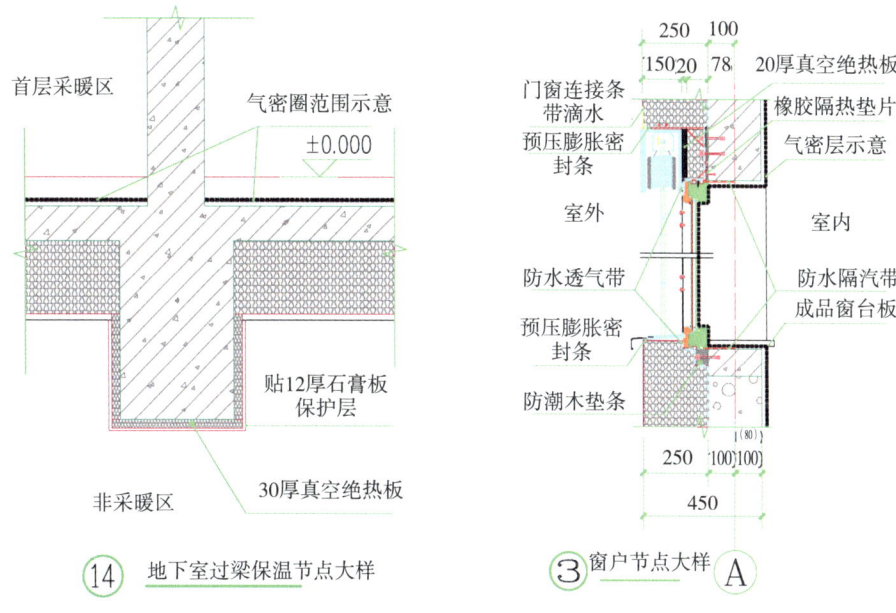

图18 地下室过梁保温节点　　图19 窗口节点

7 结语

发展超低能耗建筑，技术和设计是基础，材料是关键，施工是保障。超低能耗建筑主要依赖高性能围护结构、新风热回收、气密性、可调遮阳等建筑技术，但实现被动式超低能耗的难点主要在技术的适宜性。本文通过对北京市超低能耗建筑关键技术的研究，总结超低能耗建筑的关键技术工艺，希望对超低能耗建筑的技术推进做出积极探索。

参考文献

[1] 宋长友，季广其等. 外墙外保温系统防火性能试验与评价方法［J］. 建筑科学，2008，（2）:24-29.

[2] 中华人民共和国住房和城乡建设部. 被动式超低能耗绿色建筑技术导则（试行）（居住建筑）. 2015.

基于节能视角的苏州同里湖嘉苑被动房改造认证项目分析

韩家祥 龚蓓蓓 刘家明

上海达实联欣科技发展有限公司

摘　要： "被动房"可以在没有传统制冷采暖设施情况下，兼顾能效性能和最佳舒适度的综合解决方案，为人们提供温暖舒适的室内环境，有效降低建筑运行成本。苏州同里湖嘉苑被动房改造认证项目采用性能化设计的方法，通过对建筑的保温、气密性、外门窗、新风系统及冷热桥节点的改造，最大限度降低建筑的供暖和制冷需求，实现了健康、节能的建筑空间。该项目获得德国能源署和住房和城乡建设部联合颁发的："中德合作高能效建筑——被动式低能耗建筑示范项目"认证，是国内夏热冬冷地区被动式住宅的成功尝试。

关键词： 被动房；气密性；保温性；新风系统；健康；节能

1　前言

建筑节能对国家和社会的可持续发展起到至关重要的作用，也是实现国家能源安全的重要途径之一。国际上建筑领域节能技术起步早，已经从降低建筑能耗向被动式建筑、零能耗建筑甚至产能建筑发展。提高建筑本体的性能，从需求侧举措使建筑本身对能耗的需求降到最低，并充分开发利用可再生能源，从而摆脱对传统化石能源的依赖，这些已经成为德国、丹麦、奥地利等建筑节能领先国家的节能减排重要手段。

在国内，随着经济发展和人们生活水平的提高，能源消耗、经济发展和气候环境之间的矛盾日益凸显。在此过程中，节能技术也开始发展和应用，提高能源利用效率和清洁能源开发也不断被倡导。自2009年起，在住房和城乡建设部建筑节能与科技司的指导下，住房和城乡建设部科技与产业化发展中心与德国能源署（dena）在中国推广建设"被动式低能耗建筑"。2011年6月，中国住房和城乡建设部和德国交通、建设和城市发展部签署了《关于建筑节能与低碳生态城市建设技术合作谅解备忘录》，进一步明确了发展被动式低能耗建筑以最大限度地降低建筑用能需求的合作重点。在中德双方技术人员的紧密合作下，从人员培训、方案设计、材料产品选择、施工工法到验收检测，全方位地探索适应中国当地条件的建造被动式房屋的解决方案。

2 被动式建筑

被动房是将自然通风、自然采光、太阳能辐射和室内非供暖热源得热等各种被动式节能手段与建筑围护结构高效节能技术相结合建造而成的低能耗建筑。这种建筑在显著提高室内环境舒适性的同时，可大幅度减少建筑使用能耗，最大限度地降低对主动式机械采暖和制冷系统的依赖。被动式房屋不仅仅是建筑节能发展的必然趋势，而且应该是建筑发展的必然趋势。

被动房改造需要通过一系列被动式低能耗建筑的改造措施，包括：采用保温隔热性较高的非透明维护结构、保温隔热性能和气密性更高的外窗、无热桥的设计与施工、建筑整体的高气密性、高效新风热回收系统、建筑隔声、厨房补风排烟等。实现提高建筑舒适性的同时，保证建筑低能耗运行。

通过一系列改造措施，建筑室内环境和能耗指标必须达到德国能源署被动房认证指标，才可获得认证。室内环境参数和能耗指标如表1、表2所示。

表1 环境参数指标

各项指标	德国被动房屋标准
室内温度	20~26℃
空气相对湿度	40%~60%
室内二氧化碳含量（居住空间）	≤1000ppm（0.1%）
废气热量回收率	≥75%
室内噪音控制	卧室≤25dB 起居室≤30dB
超温频率	≤10%
室内空气流速	0.15m/s
室内墙表面温度与室内空气温度差	≤3℃
气密性指标	换气次数N50≤0.6

表2 能耗指标

各项指标	德国被动房屋标准
年供暖需求量	≤ 15kWh/($m^2 \cdot a$)
最大供暖热负荷	≤ 10W/m
制冷能源需求量	≤ 15kWh/($m^2 \cdot a$)
供热(制冷)、生活热水、家庭用电和烹饪的年一次能源总消耗	≤ 120kWh/($m^2 \cdot a$)

3 案例分析

苏州同里湖嘉苑由63栋联排别墅组成,位于同里综合能源服务中心项目的东北角。考虑到参观展示的方便性,拟将小区入口处的T-4N-②别墅(2号、3号、5号、6号房)作为改造对象,对整栋建筑进行被动房外立面改造,并选其中的3号和5号房进行室内装修,作为本示范项目的体验民居。

3.1 技术方案

本项目被动房通过关键改造措施,包括:卓越的气密性、高性能外保温系统、高性能的外门窗系统、无热桥设计、高效热回收新风系统五大方面,实现被动房认证要求。

(1)整个围护结构采用烧结多孔砖;混凝土模板拉杆孔洞内注入发泡剂,并用泡沫棒塞满拉杆孔,内墙面孔位置抹膨胀水泥砂浆,内外刮抗裂砂浆并压入网格布;穿外墙各种管线均采取密封措施进行密封,电线管穿完电线后,将入户管内采用密封胶封堵,穿楼板、外墙、屋面的烟道、排水立管采取密封措施;门窗洞口、填充墙交接处采用专用密封胶带封堵;单元门及户门采用被动房屋专用密封保温门,门、窗与墙面连接固定需做防漏气密封处理,门、窗框用角钢安装在外墙上。

(2)外保温系统按照德国被动房技术要求,建筑外墙、屋面及地面的平均传热系数k≤0.15W/($m^2 \cdot k$),应选用高性能保温材料。用清华dest软件计算结果:外墙均采用160mm厚保温板,屋顶采用180mm厚保温板,地下室底板采用200mm保温材料。

（3）外窗是影响被动式建筑节能效果的关键部件，按照德国被动房技术要求，建筑外窗平均传热系数k≤0.9W/(m^2·k)，且外窗应有良好的气密、水密及抗风压性能。外窗选用增强聚氨酯节能型材，整窗传热系数K≤0.9W/(m^2·k)，且中空玻璃采用暖边隔条，通过改善玻璃边缘的传热状况提高整窗的保温性能。

外窗采用窗框与结构外表面齐平的外挂安装方式，外窗与结构墙之间的缝隙采用耐久性好的密封材料密封严密。

（4）主要在建筑围护结构中保温层厚度不足的部位和管线穿外墙局部容易散热的一些部位，热量集中地从这些部位快速散失，形成了传热较多的桥梁，从而增大了建筑物的供热（制冷）负荷及能耗。被动式住宅在易产生热桥的位置，包括外墙与窗户结合处缝隙、雨水管、开敞外挑露台与建筑结构连接处、地上地下管道穿墙、穿屋面处，采用防热桥技术措施及特制的隔热构件。这些构件有利于避免热桥的产生，减少了建筑内部热量的散失，同时杜绝了由于热桥产生的结露问题。

（5）根据被动式建筑标准要求，新风换气热回收率要大于75%。与传统房屋相比，被动式建筑热需求极低，根据室内二氧化碳浓度自动调节输送新风，通风系统需设置热回收装置。根据以上要求，需给被动房屋配置一台带热回收的节能冷暖通风空调系统，每户配置两台专用设备。

热回收节能冷暖空调系统集成了新风、换气、热回收、制冷、制热全热回收功能。因此，该产品具有夏天空调制冷、冬季采暖和全年带热回收的新风换气功能。该产品制冷能效比达到2.8，制冷+制热水的综合能效比达到5.5。在冬季室外-10℃环境下，制热COP达到2.2以上，功率为1007W。

3.2 结果分析

通过改造后，该建筑通过中德高能效建筑设计标准，终端能源需求量为39.65kWh/(m^2·a)，一次能源需求总量118.95kWh/(m^2·a)，二氧化碳排放量39.54kg/(m^2·a)，可再生能源发电量19.92kWh/(m^2·a)。维护结构和一次能源需求如表3、表4所示。

表3 维护结构性能参数

传热系数 / K-Value [W/ (m² · K)]	
屋顶/顶层楼板	0.14
外墙	0.19
外窗/外门	0.88/0.85
首层楼板/地下室顶板	0.20/0.18
气密性/Airtightness (h⁻¹)		
n50	3号楼	0.44
	5号楼	0.46

表4 一次能源需求数据

一次能源需求数据 [kWh/ (m² · a)]						
供暖	制冷	照明	通风与除湿	办公设备	生活热水	总计
5.80	24.08	28.91	2.81	38.11	19.25	118.95

4 结论和启示

通过苏州同里湖嘉苑被动房改造认证项目，可以得到如下几点启示。

（1）性能化设计，在改造设计阶段，根据建筑所在的地理位置、气候环境以及建筑设计规范和被动房要求，并通过专业化软件方法确定建筑屋顶/顶层楼板、外墙、地板保温层材料和厚度要求，外窗和外门的气密性和保温性参数，照明需求、通风与除湿需求、办公设备、生活热水制备等负荷需求，最终得到建筑一次能源需求总量。

（2）精细化施工，被动房关键节点包括：建筑整理卓越的气密性、高性能外保温系统、高性能外门窗系统、无热桥设计、高效热回收新风系统，要在各重要节点施工过程中保证施工质量，尤其是隐蔽工程，才能保证各系统的正常运行和使用。

（3）数字化管理，在被动房改造结束后，应对建筑全生命周期进行监测管理，包括建筑室内环境参数、热回收新风系统状态和保温系统性能等，实现建筑的健康、高效、低碳运行。

参考文献

[1] 奥理·塞佩宁. 欧洲建筑节能优化措施与政策[J]. 暖通空调, 2013, 43（7）.

[2] 张小玲. 被动式房屋在中国的建设示范[J]. 建设科技, 2014（19）.

[3] 陈剑锋. 能源转型：德国海德堡的被动式建筑[N]. 东方早报, 2014-1223.

[4] European Council, European Council（23 and 24 October 2014）Conclusions, EUCO 169/14, Brussels, 24 October 2014.

[5] European Commission, A Roadmap for moving to a competitive low carbon economy in 2050, Communication from the Commission to the European Parliament, the Council, the European Economic and Social Committee and the Committee of the Regions, Brussels, 8.3.2011.

神农湾酒店被动房设计初探

刘冀宣

伟大集团节能房股份有限公司

摘　要：神农湾酒店被动房项目通过了住房和城乡建设部科技与产业化发展中心及德国能源署专家组的严格检测验收，获得了被动房 A 级能耗标识认证。本文分别从工程概况、设计思路和技术标准、被动式建筑增量成本分析、能耗对比及经济性分析等层面介绍了该项目的设计经验。

关键词：被动房设计；被动式建筑增量成本分析；技术标准

1　前言

中国夏热冬冷地区首个被动房住宅示范项目——株洲青龙湾德国之家，于2016年10月通过了住房和城建设部科技与产业化发展及德国能源署专家组的严格检测验收，获得了被动房A级能耗标识认证。至今我们已完成了数个被动房项目的设计，涵盖了新建建筑和既有建筑改造，居住建筑和公共建筑等类型。近年来我们通过学习、研究、探索、创新，科学运用被动房理念，因地制宜，积累了一些经验。为大力推广利国利民的被动房，特撰此文与大家分享位于株洲炎陵神农谷国家森林公园的神农湾酒店被动房的设计经验。

2　工程概况

本工程建设地点位于湖南省株洲市炎陵县东北部神农谷国家森林公园景区入口的山谷里。原为三栋废弃十多年的烂尾楼，由湖南神农洞天旅游开发有限公司投资改建为景区高档度假酒店，总建筑面积为7940.63m²，其中1#楼是三层主楼，具有餐厅、会议室、客房和酒吧等功能，2#楼、3#楼为两层别墅型酒店客房。由伟大集团节能房股份有限公司和株洲市城乡建筑设计院有限责任公司采取设计施工总承包方式参与建设。

项目地理坐标为：北纬26°36′00″，东经113°03′45″。此地区属于中亚热带季风湿润气候区,海拔1000m以下中低山地气候年均温度14.4℃,1月最低平均气温3.9℃,7月最热月平均气温23.8℃,极端最高气温34.5℃,极端低温为-9.0℃;年平均空气相对湿度为88%;基地内日照少,气温低,云雾降水多,空气湿度大,风速小,具有典型的山地气候特征。度假酒店效果图如图1所示。

图1　度假酒店项目效果图

3　被动房设计思路和技术标准

炎陵虽然属于夏热冬冷地区,但项目位于常年气温偏低、湿度较大的山区。本项目属于酒店类公建,目前我国没有公建被动房的设计标准,也没有相应的实际案例可借鉴。在方案设计初期,我们通过研究讨论定下一个原则,即:不机械照搬德国被动房的能耗指标标准,而是利用被动房的原理和理念,因地制宜,在满足建筑室内高舒适性和造价成本经济性的前提下,最大限度降低能耗。

3.1　被动房室内环境要求

室内环境一年四季宜处舒适状态,应同时满足如下规定:

（1）室内温度保持在20～26℃；

（2）室内相对湿度在40%～70%；

（3）室内二氧化碳含量≤1000ppm；

（4）门窗室内一侧无结露现象。

3.2 项目技术方案比选及能耗控制性指标

基于当地气象资料及其他实际情况，拟定采暖计算期为10月15日至次年4月1日，共计151天；制冷计算期为6月15日至9月1日，共计77天。采暖期室内设定温度为最低20℃，制冷期室内设定温度为最高26℃。

（1）非透明外围护结构保温方案

本项目为人员密集型公共建筑，保温材料须采用A级防火材料。通过从安全、经济、实用、可靠等方面的对比外围护结构保温的三种A级防火等级保温材料——岩棉板、无机纤维喷涂和VIP真空板，决定采用无机纤维喷涂外墙外保温和屋顶XPS板外保温。对于外墙干挂金属构件的断热桥处理，尽量加大竖向主龙骨的间距，并采用落地端固定，减少与墙面的连接点，主龙骨与墙面之间做保温隔热垫片，以及其他断热桥处理措施。从表1、表2列出的不同保温层厚度能耗分析的结果可知，传热系数从0.27W/($m^2 \cdot K$)降到0.15W/($m^2 \cdot K$)对能耗指标的影响并不显著，因此选定160mm厚无机纤维喷涂保温层，外墙传热系数K=0.27W/($m^2 \cdot K$)，在满足被动房能耗指标的前提下，可使建造成本更经济。无机纤维喷涂外墙外保温也是在国内外被动房项目上被首次运用。不同墙体传热系数计算结果对比结果分别见表1和表2。

表1 神农谷酒店1#楼不同墙体传热系数计算结果对比

	K=0.15	K=0.20	K=0.27
热负荷（W/m^2）	7.68	8.13	8.64
冷负荷（W/m^2）	34.32	35.21	36.90
热需求[$kWh/(m^2 \cdot a)$]	17.42	18.35	19.06
冷需求[$kWh/(m^2 \cdot a)$]	12.14	13.75	15.29

表2 神农谷酒店2#楼、3#楼不同墙体传热系数计算结果对比

	K=0.15	K=0.20	K=0.27
热负荷（W/m²）	4.35	4.98	5.38
冷负荷（W/m²）	18.96	20.14	21.65
热需求[kWh/(m²·a)]	7.24	8.59	9.53
冷需求[kWh/(m²·a)]	11.28	12.24	13.44

（2）透明外围护结构方案

本项目透明外围护结构采用被动门窗或幕墙。因项目位于山谷中，周边有茂密的高大乔木林，全天日照时间较短，常年温度偏低，太阳辐射对透明外围护结构的影响较小，故不考虑太阳辐射隔热问题，无需加Low-E膜，也不做外遮阳装置。采用三玻两中空普通玻璃，中空处充入惰性气体氩气，窗框采用铝包木型材，整窗传热系数U值≤1.0W（m²·K）。

（3）暖通新风系统方案

1#楼面积较大，功能复杂，供热制冷采用模块式风冷热泵机组，末端采用风机盘管和全热回收新风机组。冷热源采用全热回收风冷热泵主机。采用热回收效率不小于75%的全热回收机组。酒店客房新风量按30m³/（h·人）设计，排风量为新风量的90%~100%。新风系统及循环风系统设置过滤级别不低于G4的过滤器。

2#楼、3#楼面积较小，纯居住功能，采用被动房新风一体机。

4 被动式建筑增量成本分析

将原有设计方案与改为被动房设计后几项主要分项工程造价的分析对比，得出直接费增量成本为875元/m²，见表3。

表3 被动式建筑增量成本直接费估算表

部位	面积（m²）	原设计材料	传统节能材料总价（万元）	被动式建筑节能材料	被动式建筑节能材料总价（万元）	被动式建筑增量价（万元）
非透明围护结构	3983.314	50mm厚岩棉板	39.83	160mm厚无机纤维喷涂保温层	262.43	210.12
	3515.2	50mm厚挤塑板	12.48			

续表

部位	面积（m²）	原设计材料	传统节能材料总价（万元）	被动式建筑节能材料	被动式建筑节能材料总价（万元）	被动式建筑增量价（万元）
新风空调系统	7940.63	传统中央空调	257.90	被动式酒店新风系统	182.62	-71.28
透明围护结构		节能门窗	166.75	被动式节能门窗	594.48	405.93
其他费用					150	150
合计						694.77
增量成本直接费单位造价						875元/m²

5 能耗对比及经济性分析

将原设计方案与改为被动房后的能耗进行分析对比，从表4数据可知，最大冷热负荷/全年制冷制热耗电量等指标均比常规建筑有大幅度下降。全年能耗节约率为89.82%。

假设当地电价为1元/kW·h，如果采用被动式节能建筑，整栋建筑全年仅暖通方面可省156.13万元电费。

增量成本投资回收周期：

$$694.77万元 \div 156.13万元/年 = 4.45年$$

表4 能耗对比分析表（按当量满负荷运行时间法）

建筑	面积（m²）	最大冷负荷（W/m²）	全年制冷耗电量指标（kWh/m²）	最大热负荷（W/m²）	全年制热耗电量指标（kWh/m²）	全年制冷制热耗电量指标（kWh/m²）	全年制冷制热耗电量（kWh）	能耗修正系数	全年实际制冷制热耗电量（kWh）	全年制冷制热耗电节约量（kWh）
参照酒店	7940.63	135	22.38	80	159.05	181.44	1448611.82	1.2	1738334.19	
1#栋酒店	6821	36.9	6.12	8.64	17.178	23.30	158896.75	1.0	158896.75	1561284.94
2#栋酒店	581.6	21.65	4.98	5.38	10.63	15.61	6476.25	1.0	9076.25	

续表

建筑	面积(m²)	最大冷负荷(W/m²)	全年制冷耗电量指标(kWh/m²)	最大热负荷(W/m²)	全年制热耗电量指标(kWh/m²)	全年制冷制热耗电量指标(kWh/m²)	全年制冷制热耗电量(kWh)	能耗修正系数	全年实际制冷制热耗电量(kWh)	全年制冷制热耗电节约量(kWh)
3#栋酒店	581.6	21.65	4.98	5.38	10.63	15.61	6476.25	1.0	9076.25	
合计										1561284.94

6 结论

本项目按被动房的要求进行改造，可以满足任何季节和天气状况的情况下，都能为游客提供舒适宜人的室内环境。可以满足全年候旅游度假、休闲养生、会议商务等方面的需求，彻底解决运营成本高的问题，可增加反季节消费，能为酒店带来可观的经济效益和社会效益。

从以上能耗计算和成本分析可以得知，本项目采用被动房标准建设，在极大提高建筑质量品质和满足极高舒适度的情况下，可以比原有设计建筑的能耗大大降低，综合节能率达90%左右，其增量成本最长仅需四年多时间就可以通过节约的能耗费用收回。如果计算因做被动房而增加的客房率和其他收益以及后期建筑维护成本的降低，其增量成本的回收周期将会更短，所以，采用被动式建筑实际上是很经济的。

被动式建筑技术在特高压变电站建筑中的应用研究

张桂林[1] 赵士永[2] 汪妮[2] 赵炳军[3]
1 国网河北省电力有限公司；2 河北省建筑科学研究院；
3 国网河北省电力有限公司经济技术研究院

摘　要： 本文针对特高压变电站的建筑特点，开展了适用于此类建筑的绿色节能技术的研究与应用。重点将绿色建筑理念中的"被动式"设计理念引入特高压变电站工程项目中，对各分项节能技术进行了研究，并以石家庄特高压变电站的主控通信楼作为示范项目，根据本地气候特点和环境资源条件，在设计阶段应用适用于此类建筑的绿色节能技术，尽可能减少变电站建筑用能需求。运用"被动式"优化设计的建筑方案节能效果明显（通过模拟计算其节能率达到85%）。本项目的实践，对带动我国变电站建筑的节能化、绿色化，在一定程度上推动我国工业建筑的节能、绿色发展具有重要意义。

关键词： 特高压变电站；绿色工业建筑；被动式；建筑节能

1　引言

在全球气候变暖、资源短缺的危机情况下，建设全球能源互联网对实现能源的可持续发展具有十分重要的作用。其中，特高压电网是全球能源互联网的关键[1]，随着国家发展特高压电网力度的加强，特高压变电站建筑的数目也在逐年增加。根据2017年中国电力统计年鉴，截至2016年底，特高压变电站建筑面积为83300m^2。特高压变电站建筑作为变电站中的附属建筑，一般无法利用市政设施及集中供热，因此将此类建筑建设成为绿色高节能建筑，对我国特高压变电站建筑的绿色发展有很好的促进作用。

近几年，我国新建的建筑面积大约为每年40～43亿$m^{2[2]}$，工业建筑所占的比例约为10%。我国目前建筑节能标准为住宅建筑75%，公共建筑65%，工业建筑没有相关标准。特高压变电站建筑归为工业建筑，并且具有其特殊性，而在变电站建设中还没有将绿色节能建筑技术研究应用作为重点，绿色节能建筑技术在变电站上的运用尚处于初级阶段。本文根据特高压变电站建筑的特点，研究此类建筑的各分项节能技术，并结合试点项目（石家庄特高压变电站的主控楼）对各项关键技术综合后的节能效果进行计算分析，从而确定项目的绿色节能方案。在特高压变电站项目中采用绿色节能建筑新技术，将起到引领项目绿色发展方向的重要作用。

2 特高压变电站建筑的特点

特高压变电站中的建筑一般包含主控通信楼、继电器室、配电装置楼（室）和其他辅助建筑物。根据建筑物的类别，变电站建筑为工业建筑[3]。变电站建筑物是变电站的重要组成部分，其建设过程既要满足电气工艺和特殊建筑的工艺要求，还需要综合考虑与生产相关的各种技术要求，例如照明、通风和消防等。特高压变电站建筑拥有工业建筑的能源消耗特点，研究发现由于变电站建筑的特殊性，其能耗特点也不同。主要具有能源消耗较大、环境控制要求高、能耗影响因素复杂等特点[4-5]。

因为国内并没有关于特高压变电站建筑物的节能设计标准和规范，目前工业建筑的节能设计和建设主要参考现行的公共建筑的节能设计标准和规范，而适用于工业建筑的条款较少，在设计、施工及验收方面都无法严格执行，造成工业建筑自身能耗大、舒适度差等问题。因此，对变电站建筑的节能设计仍然存有明显的欠缺。所以，确定适用于特高压变电站建筑的节能技术对低能耗特高压变电站建筑的发展具有重要意义。

3 特高压变电站建筑的节能技术要点

建筑物节能技术要点主要包括建筑围护结构的保温隔热性能、高效节能外窗、无热桥设计、气密性设计、高效新风热回收技术以及可再生能源的使用。对于低能耗特高压变电站建筑节能应根据建筑类型的特殊性研究适用于特高压变电站建筑的节能技术要点。

3.1 围护结构的节能技术

对于建筑物，其围护结构的节能设计一般分为：外墙、外窗以及屋面。

其中对于非透明围护结构,保温材料的选择是节能技术的关键。目前,国内市场流通的保温材料包括有机与无机材料,较为常见的各类材料的传热性能如表1所示。

表1 保温材料传热及防火性能对比表

保温材料	材料名称	导热系数(W/m·K)	防火等级
有机材料	EPS(聚苯乙烯泡沫)	0.038~0.041	B2
	EPS模块	0.019~0.031	B2(B1)
	XPS挤塑聚苯板	0.028~0.03	B2(B1)
	PU(聚氨酯发泡板)	0.017~0.025	B2(B1)
	PF(酚醛树脂发泡)	0.02~0.03	B1(A)
	GEPS石墨聚苯乙烯板	0.028~0.033	B2(B1)
无机材料	矿、岩棉	0.038~0.05	B1(A)
	泡沫玻璃	<0.058	A
	真空绝热板	≤0.008	A

(1)外墙保温隔热

对于外墙的保温隔热,最常见的措施是提高建筑外墙的传热热阻。随着传热热阻的增加,传热系数降低,空调系统的热负荷减小,建筑物的能源消耗降低。以北京地区某办公建筑为例,当外墙的传热系数不同时,全年空调负荷的变化如图1、图2所示。

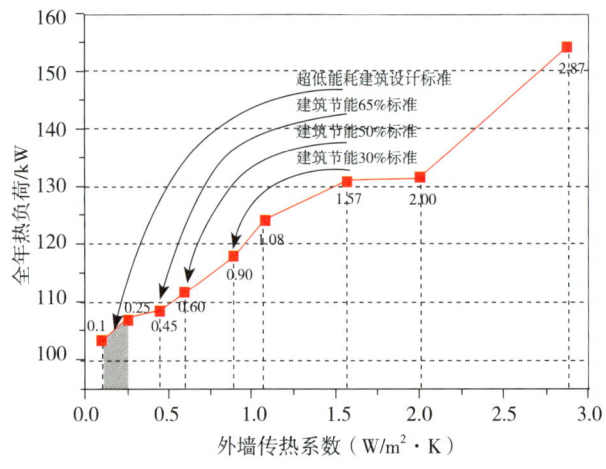

图1 北京某办公楼外墙传热系数对全年热负荷的影响

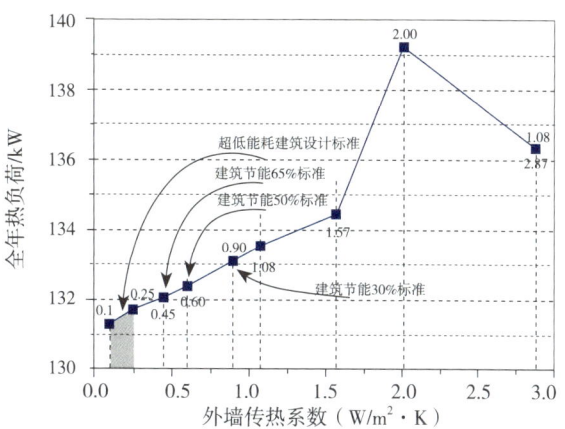

图2 北京某办公楼外墙传热系数对冷负荷的影响

外墙的外保温隔热系统是低能耗建筑中的主体技术，其包括薄抹灰外墙外保温系统、现浇混凝土外墙外保温系统、龙骨外挂饰面板填充保温系统、保温饰面一体化保温板、发泡保温材料喷涂系统（图3、图4）。

近年来，薄抹灰外墙外保温系统在民用建筑中使用较为广泛。在墙体外侧粘贴、锚固保温层（可根据建筑的热工性能要求选择保温材料），在保温层外表面进行薄抹灰和饰面粉刷，其系统构造如图3所示。这也是变电站项目采用最多的一种外墙保温形式，具有保温性能好、耐久性强、隔音性强、施工简单、造价低等特点。但这一系统受到材料、产品性能和施工精细度影响，存在开裂、脱落等风险。此外，外墙外保温薄抹灰系统对建筑外饰面的选择存在一定限制，一般为涂料或漆面，若采用石材外饰面，应对保温层、抹灰层进行加强处理，且对石材（瓷砖）的大小及重量具有严格要求。沪西1000kV变电站主控通信楼外立面采用铺贴保温岩棉对外墙进行保温。

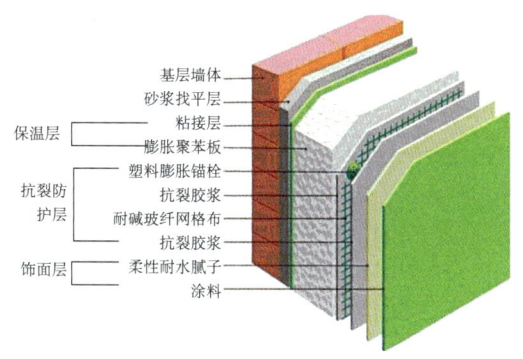

图3 外墙外保温薄抹灰系统构造

图4 保温装饰一体板

保温饰面一体化保温板是经工厂机械化预制，带有保温、节能、装饰、防护、多功能的保温装饰一体化板，其效果如图4所示，是放置在建筑物墙面上的保温和装饰系统，保温隔热效果优秀，热桥作用少。从设计、加工到施工方面，均根据高节能的实际要求，比传统的节能保温施工做法有更多、更好的保温功能。

保温饰面一体板可根据建筑需要进行设计、加工，制成各种不同的装饰效果，满足不同的施工需要。如1000kV古泉变电站的综合楼外墙采用外饰面保温一体板，其保温材料为40mm厚聚苯乙烯挤塑板。

外墙外保温系统的确定可通过能耗模拟计算，热桥模拟分析以及有可能委托外墙材料厂家进行针对性研发试验生产。为了保证保温系统的连续性和效果，重点对防火特厚型的一体化外墙装饰保温板、变电站设备间一体化的外墙装饰保温板开展研究，最终将研究成果应用于试点项目，以达到绿色节能效果。

（2）屋面保温系统设计

屋面的保温隔热设计是确保建筑物冬季温暖，夏季凉爽的关键。屋面保温性能越好，屋面的传热热阻越大，其传热系数越小，而传热系数的大小也影响建筑负荷的变化。对北京某办公建筑选用不同传热系数的屋面进行模拟，其屋面传热系数与建筑物负荷的关系如图5、图6所示。

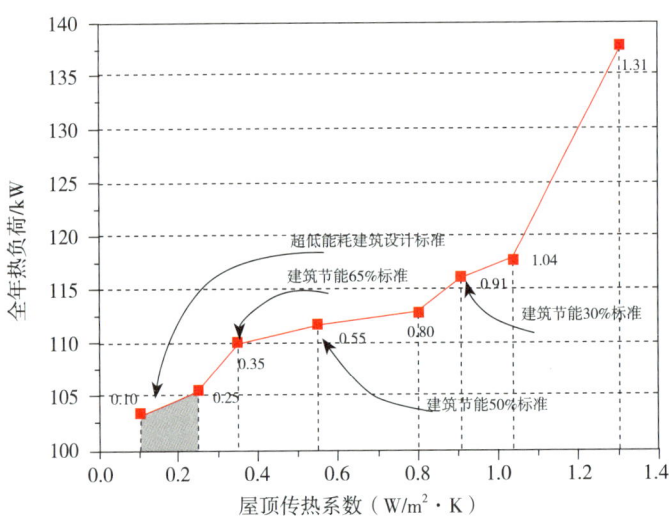

图5 北京某建筑屋顶传热系数对建筑全年热负荷的影响

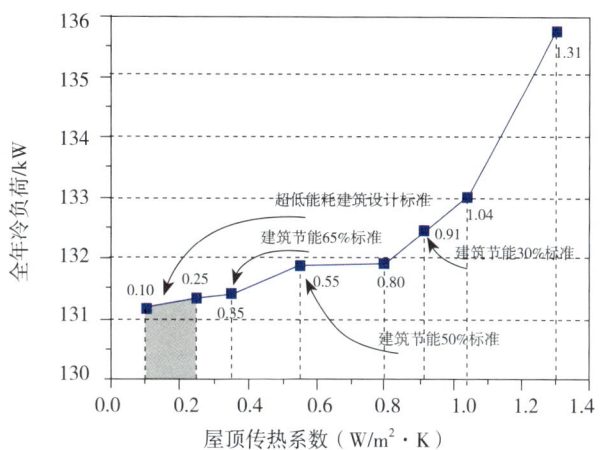

图6 北京某建筑屋顶传热系数对建筑冷负荷的影响

在设计节能保温屋面时,建筑师应考虑保温层的厚度和材料[6]。选择保温层材料时,应综合考量材料的导热系数、重量及价格等因素。保温层的厚度应根据所选材料、项目现场气候,节能设计标准和惯例确定。低能耗变电站建筑的屋顶应采用新型环保节能材料,并且屋顶的保温、隔热性能应符合现行国家标准GB 50189及GB 50176对于建筑物保温、隔热的规定。

低能耗建筑屋面保温材料一般为板材类材料,通常有XPS板、EPS板、硬泡聚氨酯板(PU)和岩棉板,示范工程多采用挤塑板。一般建筑与低能耗建筑的保温层构造的对比如表2所示。沪西1000kV变电站采用刚柔性防水结合保温隔热屋面,其保温层为40mm厚挤塑板(XPS)。

表2 一般建筑与低能耗建筑保温层对比

		一般建筑	低能耗建筑
常用保温材料	外墙、屋顶、楼梯间墙、楼板	聚苯乙烯板	XPS 挤塑聚苯板
		聚苯板	岩棉
		EPS板	石墨聚苯乙烯板
保温层厚度	外墙	单层,60~120mm	双层,200mm以上
	屋顶		300mm以上
保温方式		外保温	大部分为外保温,少部分为内外双层保温
传热系数	外墙	≤0.5	≤0.15
	屋顶	≤0.45	≤0.15

（3）外窗系统节能设计

使用高效节能门窗对围护结构中保温、气密性最薄弱的外窗系统的节能设计具有重大作用。可以通过计算确定门窗的型材和玻璃的配置需求。根据设计标准，低能耗建筑中整窗的综合传热系数要低于$1.0W/m^2·K$。普通建筑与低能耗建筑用塑料窗的配置及性能如表3所示。1000kV浙南站内建筑物窗户采用6+12+6的双层中空玻璃，采用保温隔热型型材。

表3 普通建筑与低能耗建筑用塑料窗的配置及性能

		普通房屋	新标准房屋	低能耗房屋
外窗保温标准（$W/m^2·K$）		≤2.8	≤2.0	≤1.0
窗框型材	系列	60mm系列	65mm系列以上	80mm系列以上
	腔室层数	3腔	4腔或5腔	7腔
	密封层数	双密封	三密封	三密封
型材传热系数		普通中空玻璃	Low-E中空玻璃或者普通三层中空玻璃	三玻三Low-E充氩气中空玻璃
玻璃传热系数（$W/m^2·K$）		2.7~2.9	1.6~1.8	0.65~0.88
外窗气密性能		不低于4级	不低于7级	不低于8级

3.2 无热桥设计

建筑外围护结构保温性提高后，热桥成为影响围护体系保温效果的重要因素，在低能耗绿色建筑中更为严重，如晋东南1000kV变电站的主控通信楼的门窗使用了保温隔热的断热桥铝合金窗和塑钢门窗，有可能产生热桥的部位如图7所示。而建筑物的无热桥设计，遵守以下原则：

（1）避让原则：尽可能地不损坏或者穿透建筑物的外部围护结构；

（2）击穿原则：当管道必须穿透建

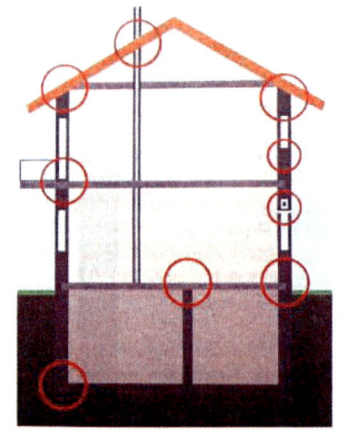

图7 建筑中有可能产生热桥的部位

筑的外部围护结构，应扩大穿透孔以确保足够的间隙，以实现密实无空隙的保温；

（3）连接规则：在建筑与构件连接处的保温层应确保连续没有间隙；

（4）几何规则：避免改变几何结构并减少散热面积。

3.3 气密性设计

以往的工业建筑对整体气密性设计无要求，而建筑的气密性较差，在风压和热压的影响下，会造成室内热量的损失。建筑物良好的气密性不仅可以降低冬季寒风的渗透，还可降低在夏季由于不可控制的通风导致制冷需求的增加，对提高能源效率有重大的贡献。除此之外，良好的气密性还可提高室内空气品质，如减少建筑发霉、室外噪声以及空气污染等。

良好的气密性不是自然形成的，需要在所有制造工艺中考虑，如精细的设计和施工，完成后需要进行气密性测试，矫正不合格的节点，直到达到要求。整个建筑的气密层要在设计阶段明确定义，并且需要在建筑剖面中清晰标出。

3.4 高效热回收系统

在空调技术中，新风负荷占建筑物空调负荷的比例较大，而热回收设备可以有效地回收排风中的能量，从而降低新风负荷。低能耗绿色建筑的热回收原理如图8所示。

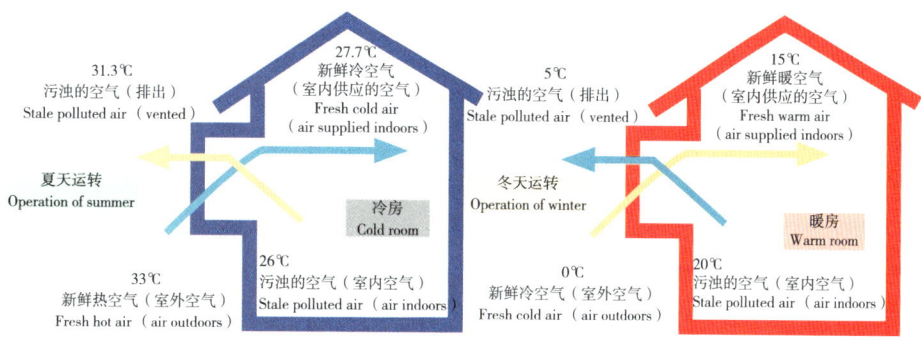

图8　低能耗绿色建筑热回收原理

通过对被动式低能耗建筑的特殊性以及德国被动房准则和相关节能标准要求的分析研究，得出适用于被动式低能耗建筑的新风换气系统与能源供应系统所应具备的功能。结合气候特点及工程条件，确定新风量、排风量、循环风量、预热量、制冷/热量的需求，进而推得新风换气系统与能源供应系统的一系列相关参数，并对新风换气系统的气流组织、平面布置进行分析，以达到舒适、节能的目的。

在空调系统中，可使用高效热回收装置来回收排风中的能量，使室外新鲜空气加热或降温，以此降低处理新风的能量消耗。研究表明，当空调系统热回收装置的热回收率为70%时，其采暖能耗可减少40%～50%[7]。以武汉地区为例，对空调系统是否采用热回收装置处理单位体积新风所需的冷量进行对比，其对比图如图9所示。不管是制冷工况还是供热工况下，当空调系统采用全热回收装置比没有热回收装置时的节能效率高达50%以上[8]。

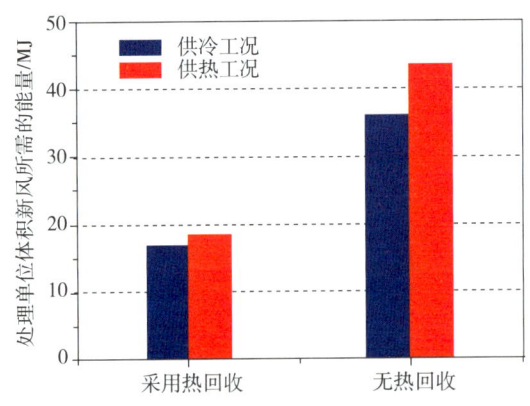

图9 空调系统处理单位体积新风所需的能量

低能耗建筑常使用的新风系统包括全热回收新风换气系统、太阳能新风系统以及中央式热回收除霾能源环境系统。高效热回收系统的主要功能包括：更换室内空气；控制空气湿度，防止发霉；消除异味等。附加功能包括调节室内空气；清洁空气，消除PM2.5；加湿/除湿等。

3.5 可再生能源利用

可再生能源规划要根据当地情况，综合利用本地区各种可再生能源资源，并根据变电站工程及周边能源的条件，最大限度地利用可再生能源，如水能、余热、太阳能、风能、生物质能和地热能等。在综合考虑经济和各种制约因素后，实现可再生能源最大化利用。由于变电站建筑物的特殊性，低能耗变电站建筑的设计应充分考虑热泵技术和太阳能的应用。如迎丰220kV变电站建筑采用了地源热泵中央空调系统，封周变电站利用太阳能年节约17吨标准煤。

4 石家庄特高压变电站主控通信楼的设计应用

特高压石家庄1000kV变电站（以下简称石家庄站）是榆横—潍坊工程落地河北省的特高压变电站，位于邢台市的新河县仁让里乡。本文将石家庄站主控通信楼作为示范项目，该项目采用了高保温性能的围护结构、高效节能外窗、无热桥设计、气密性设计以及高效新风热回收系统，对各分项采用不同的节能技术，并将各项关键技术综合后的节能效果进行模拟计算和节能效果分析，从而确定试点项目的绿色节能设计方案，并完成气密性设计、防热桥计算及空调新风系统设计。

石家庄站主控通信楼共三层，建筑面积1828m^2，功能分区齐全，框架结构位于寒冷B区，本气候区的建筑应满足冬季保温要求，同时还需考虑自然通风和遮阳设计。建筑朝向为正南正北，体形系数为0.35。

4.1 高效外保温系统设计

项目位于寒冷地区，由于建筑的外围护结构与外界环境的热交换导致冬季采暖和夏季空调能耗大。而高效的建筑外围护结构及保温技术不但能降低传热系数，提高建筑物的气密性，还能隔绝室外噪音。

对于外墙与屋顶，均采用外保温系统形式。综合国内外超低能耗绿色建筑保温材料的应用实践经验，本项目外墙采用石墨聚苯板作为保温材料。为提升建筑整体品质和建筑外墙饰面的耐久性，综合考虑现场施工便捷高效，缩短施工周期，在满足保温和饰面设计要求的前提下，河北省电力公司和设计方提出采用预制装配式外墙外保温系统设计方案，预制装配式外墙外保温系统及其饰面板如图10所示，该保温系统虽然减少了现场保温层与饰面层分开施工工序，也避免了保温与龙骨之间缝隙带来的热桥问题，但是此类系统和主体墙体间存在空腔，贯通的空腔会造成空气流通影响保温效果，因此设计要求现场利用聚氨酯发泡将一体板与墙体之间的空腔进行密封，避免形成空气贯通层，使外墙整体的综合传热系数可以达到0.16W/（$m^2·K$）。按照节能50%设计的外墙整体传热系数为0.55W/（$m^2·K$），通过采用预制装配式外墙外保温系统，其外墙整体的综合传热系数提高了70.9%。

图10 预制装配式外墙外保温系统及其饰面板

目前，在低能耗绿色建筑的示范工程项目中，屋顶的保温材料多采用挤塑板，本项目屋面设置220mm厚的挤塑聚苯板，传热系数为0.15W/（$m^2·K$）。如果屋顶按照建筑节能50%的设计标准设计，传热系数为0.45W/（$m^2·K$）。本项目与建筑节能50%的设计标准相比，增加了保温材料的厚度，使屋面的传热系数提高了66.7%。

屋面保温系统要做好防水层和隔气层，为了避免女儿墙墙体产生裂缝和热桥，将屋面女儿墙的上部、内外侧全部包裹在保温层里，金属板盖安装在女儿墙上口，以抵抗外力的影响。

对于透明的围护结构，为了保障主控楼围护结构整体的保温隔热性能，优化确定外窗的整体传热系数为1.2W/$m^2·K$，气密性8级，水密性4级。为了满足要求，本项目外窗采用塑钢窗，框料为塑钢多腔型材，玻璃配置为6（三银Low-E）+12（暖边充氩气）+6C+12（暖边充氩气）+6（单银Low-E），整窗综合传热系数1.2W/$m^2·K$。外门采用断桥铝合金门，玻璃配置为6（三银Low-E）+12（暖边充氩气）+6C+12（暖边充氩气）+6（单银Low-E），综合传热系数为1.2W/m²·K。按照建筑节能50%设计的外窗综合传热系数为2.7W/m²·K。与之相比，本项目设计的外窗传热系数提高了55.6%。

4.2 无热桥设计

外墙保温采用速装轻型保温幕墙系统，设计从保温性、无热桥、饰面要求、施工简易等方面进行了节点优化，将龙骨与墙体之间垫装隔热材料，外墙外挂板与主体墙面之间的空隙采用聚氨酯泡沫填充密实，避免出现空腔，影响保温效果。外墙保温节点详图如图11所示。

为了减少外门和外窗的安装热桥，外窗（外门）采用窗框（门框）的外表面与结构的外表面齐平的安装方式，窗框固定于洞口中，要求外门窗框表面与外墙表面齐平，在窗框与墙体交接处的室内侧由防水隔汽膜进行密封，室外侧由防水透气膜进行密封，外窗周边的外墙保温系统应覆盖住2/3的窗框，门窗上侧和左右两侧采用成品的连接线条将外墙保温和外窗搭接连续。

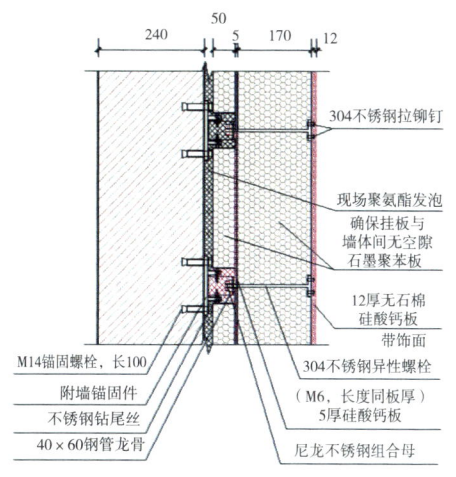

图11 外墙保温节点详图

4.3 气密性设计

建筑应有一个连续并包围整个外围护结构的气密层，主控通讯楼的建筑气密层如图12所示。

外门和外窗的气密性是影响建筑物整体气密性的关键环节。本项目的设计要求选择气密性等级高的外门窗（气密性不小于8级，防水性能不小于4级）。外窗框和窗扇之间用三道

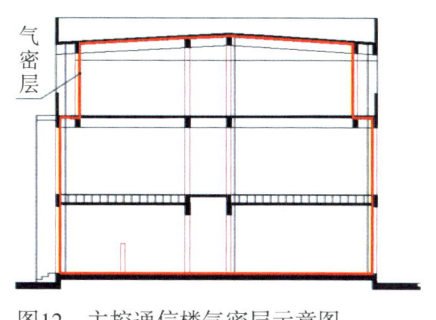

图12 主控通信楼气密层示意图

耐用的密封材料密封，每个开窗扇至少有两个锁点。对穿透墙体气密层的构件管线和套管进行必要的密封处理。本项目通过气密性设计，其气密性能达到最高级别八级，与建筑节能50%设计的气密性四级相比，气密性得到显著提高。

4.4 机电设备系统

建筑通过高效保温系统、无热桥设计和良好的气密性设计后，建筑的缝隙通风必须制止，因从缝隙流失的热量无法被回收，从而导致热量损失急剧提高。因此，必要的空气交换必须通过通风设施来完成。本工程采用中央式热回收除霾能源一体机对（除计算机房、通信机房、通信蓄电池室等电力专业设备房间外）房间进行供冷、供热及新风调节。

中央式热回收除霾能源一体机由空气源热泵机组（室外机）和除霾能源环境机（室内机）两部分构成，其产品效果如图13所示。与市面上的传统新风机，最大区别是一体多功能，除了具备新风换气功能外，还具有制冷制热功能。

能源一体机具有高效制冷制热、高效过滤、新风调节和高效热回收的功能。空气源热泵机组用作中央空调系统的冷热源，大大提高了制冷和制热效率，其中制冷能效比EER不小于3.5。采用物理式净化方式，避免二次污染，过滤结构为多层分项高效过滤，PM2.5、烟尘去除率为99.9%。室内设置CO_2浓度探测装置，当室内CO_2浓度达到上限时，由探测装置反馈给主机，主机控制模块发出信号，开启新排风阀门及新排风风机，向屋内供给新风，并将室内的脏空气排出室外。当设备处于新风调节状态时，对排风进行高效的热回收，其中热回收效率高达78%。它可以有效减少新鲜空气引起的冷热负荷，降低空调系统的机组容量。能源一体机高效热回收芯体如图14所示。

中央式热回收除霾能源环境机可实现智能运行，当选择自动模式时，设备根据智能监测的室内PM2.5、CO_2浓度值及室内温度，自动运行，无需人工调整维护。当室内空气质量达到健康标准时，设备进入智能待机状态，有效节约空调（采暖）运行费用。

石家庄站设备专业进行设计时，对预留洞口、预埋件提前作出规划和设计。空调系统管道支架采用预埋焊接法，通过预埋在楼板内构件完成管道的吊装，减少后续施工对结构面层的破坏，提升整体美观。新风管道安装以及室内机组安装如图15所示。

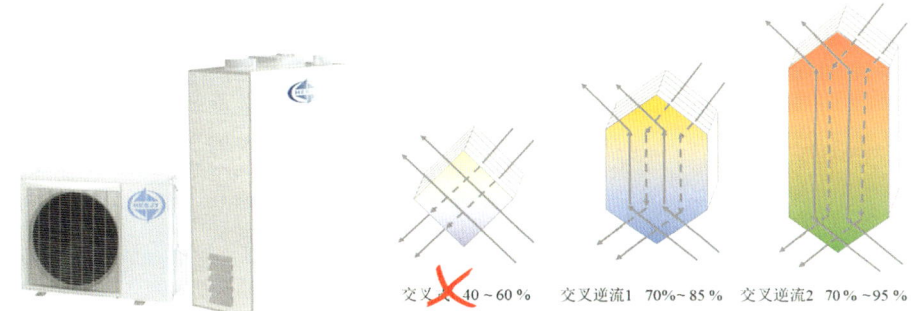

图13 中央式热回收除霾能源一体机　图14 能源一体机高效热回收芯体

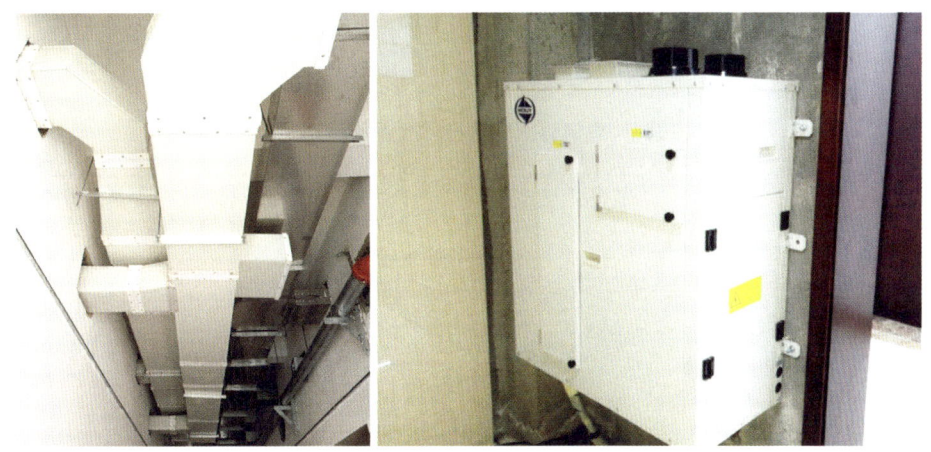

图15 新风管道安装及室内机安装图

4.5 建筑能耗模拟、对比

在建筑设计阶段，使用Design Builder软件对建筑物进行能耗模拟计算。模型建立根据设计方案，在Design Builder中建立几何模型，指针的方向定义为正北方向。建筑模型如图16所示。

建筑外围护结构按照建筑设计部分设置，设计建筑的室内人员密度、在室率，照明功率密度、灯光开启率，室内设计参数如电气设备功率和电器设备利用率等参照《公共建筑节能设计标准》GB 50189-2015设定。该建筑的冷热源是空气源热泵，并建立了热回收效率为75%的新风系统。上述设计与建筑节能50%的设计标准设计的围护结构的选型及性能参数对比如表4所示：

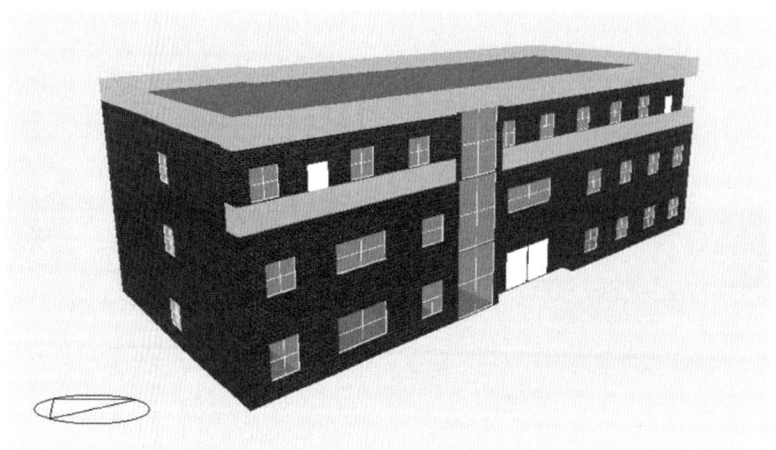

图16 建筑模型(指针方向为正北方向)

表4 建筑外围护结构的改造前后对比

外围护结构	节能50%做法说明	传热系数K [W/(m²·K)]	优化做法说明	传热系数K [W/(m²·K)]
外墙	240mm 蒸压灰砂砖+60mm厚膨胀聚苯板	0.55	240mm蒸压灰砂砖+20mm发泡聚氨酯+220mm厚石墨聚苯板(保温装饰一体板)	0.16
			三层阳台外墙:240mm蒸压灰砂砖+30mm厚VIP真空绝热板	0.20
屋面	120mm 钢筋混凝土板+60mm厚挤塑聚苯板	0.45	120mm 钢筋混凝土板+220mm厚挤塑聚苯板	0.15
外门窗	框料:断桥铝合金;玻璃配置:6+12A+6	2.7	型材:塑钢多腔型材;玻璃配置:6(三银Low-E)+12(暖边充氩气)+6C+12(暖边充氩气)+6(单银Low-E)	型材:≤1.3 整体:≤1.2

原始设计与优化设计的HVAC系统的形式对比,如表5所示。

采用邢台典型气象年的气象数据并利用Design Builder模拟计算,其模拟结果如图17所示。通过计算可得设计的建筑能耗(采暖、制冷、照明、通风)仅是参照建筑(建筑节能50%)能耗的28.4%,节能优势明显。

通过与节能50%方案对比分析,该工程采用高效保温隔热的外保温系统、外门窗，无热桥节点和气密性的设计优化，并采用集制冷、制热、除霾、新风、高效热回收等多功能一体的空调系统设备后，建筑模拟计算能耗仅为原设计建筑能耗的28.4%，总节能率达到85%（100%—50%×28.4%）。在提高室内环境质量和舒适度的同时，降低了建筑的运行能耗，有效降低了运行过程中的碳排放。

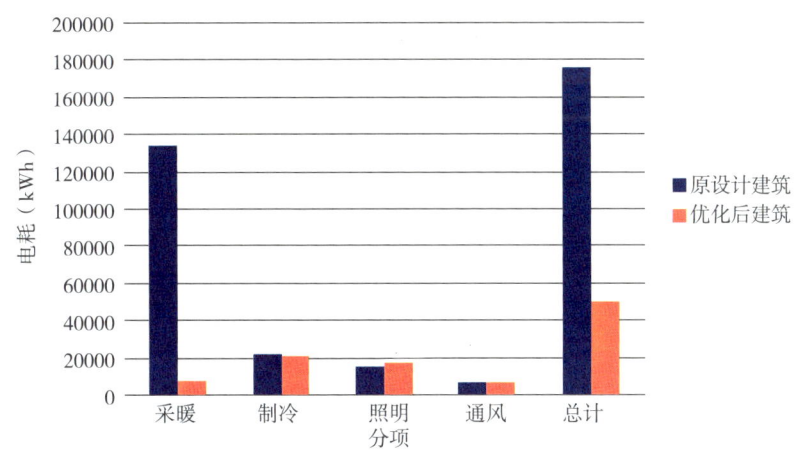

图17 建筑各项能耗模拟计算值

表5 暖通空调系统形式

暖通空调系统形式	原设计建筑	设计优化后建筑
夏季制冷	多联机空调系统	空气源热泵
冬季采暖	电采暖系统	空气源热泵
新风系统	不带热回收新风系统	高效热回收新风系统，热回收效率≥75%

4.6 节能效果、经济效益分析

与原设计方案相比，本项目节能分为两个主要组成部分：一为通过建造技术提高建筑物本身的节能效果，降低制冷和采暖过程中的能源消耗；二是采用效率更高的制冷、采暖系统，降低能源供应系统的能耗。通过各项改造后建筑的节能效果如表6所示。

表6 各项节能技术的节能效果

	原设计方案	优化设计方案	提升的效果
外墙与外窗的平均传热系数 W/m²·K	0.74	0.25	65.9%
屋面传热系数 W/m²·K	0.45	0.15	66.7%
外门窗传热系数 W/m²·K	2.7	1.2	55.6%
气密性等级	4	8	100%
门窗单位面积空气渗透量 m³/m²·h	7	1.5	75.57%
新风系统中单位质量流量新风负荷 kW	33.06	10.74	67.51%

石家庄站主控楼因按照低能耗绿色建筑的要求设计建造，其外保温工程、外门窗工程的成本会增加，其增量如表7所示。

表7 增量成本分析

分项	单位增量/(元/m²)	工程量/m²	成本增量/(万元)
保温装饰一体板	205	1580	32.39
屋面保温	320	641	20.51
外门窗	600	157	9.42
建筑处理	10	1828	1.83
节点处理	15	1828	2.74
小计			66.89
不可预测费			2.01
管理费			1.67
合计			70.57

本项目的成本增量是70.57万元，与节能50%的建筑相比，年节电量为127353.6kWh，如果按照1元/kWh计算，每年可节省127353.6元，预计投资回收期为5.5年。

5 结语

本文研究了绿色建筑节能技术在变电站建筑中的应用，对各项建筑节能要点进行了分析，并以特高压石家庄站主控通信楼作为示范项目，在项目中首次采用被动式理念设计，成功运用低能耗绿色建筑技术，对我国严寒、寒冷地区变电站的主控楼及其他建筑的节能措施、用能方案均具有示范和借鉴作用。

特高压石家庄变电站主控通信楼采用诸多新型节能技术，使建筑实现节能85%的预期目标，有效降低了建筑用能需求，仅为普通同类节能建筑用能的28.4%，极大地降低了运行费用。通过节能技术的应用，围护结构的传热系数得到显著性提高，其中外墙提高70.9%、屋面提高66.7%、外门窗提高55.6%。通过气密性的设计使建筑物的气密性等级达到8级，有效减少了通过门窗的能量损失。高效热回收系统的设计，采用热回收率为75%的热回收装置，使新风系统中单位质量流量新风负荷降低了67.51%。

在特高压站推进建筑的节能、绿色发展，是落实变电站建设"两型一化"的客观要求，对建设低碳绿色的工业建筑，实现工业建筑的绿色发展具有重要的现实意义和深远的战略意义。

参考文献

［1］刘振亚. 全球能源互联网［M］. 北京：中国电力出版社，2015.
［2］国家统计局固定资产投资统计司. 中国建筑业统计年鉴（2014-2017）［M］. 北京：中国统计出版社，2017.
［3］中国电力企业联合会电力建设技术经济咨询中心. 变电站建筑工程［M］. 北京：中国电力出版社，2008.
［4］王翼飞. 基于计算机模拟的严寒地区变电站建筑节能设计研究［D］. 哈尔滨：哈尔滨工业大学，2013；
［5］陈振，孙东威. 影响我国建筑能耗的因素分析［J］. 产业与科技论坛，2008（06）:150-151.
［6］杨勇新. 工业建筑节能的现状及对策［A］. 既有建筑综合改造关键技术研究与示范项目交流会论文集［C］. 2010:212-215.
［7］江亿. 我国建筑耗能状况及有效的节能途径［J］. 暖通空调，2005（5）：30-40.
［8］张冲，王劲柏，唐本望，程矿. 不同气候区排风全热回收空调系统的节能效果分析［J］. 制冷与空调，2016，16（6）:59-62，82.

超低能耗外墙聚苯板保温涂饰系统在大型公共建筑的实践

牛彦磊[1] 丰朴春[1] 李景轩[2]

1 山东城市建设职业学院；2 中建八局第二建设有限公司

摘 要：外墙保温涂饰系统一方面解决建筑节能降耗的问题，另一方面还应满足美观、安全和耐久使用等要求。被动式超低能耗超厚外保温涂饰系统，将传统的粗放型施工向精细化转变，在提高建筑整体保温和气密性的同时，一并解决建筑外墙开裂、渗水、耐久使用等问题。本文提出外保温涂饰应该系统化设计施工，由专业公司采购或生产相互匹配的系统材料，并施工整个外保温涂饰系统。本文可为超低能耗建筑外保温涂饰材料的选择、产品的应用和建筑节能的设计、施工提供借鉴。

关键词：被动式超低能耗；外墙保温涂饰系统；公共建筑；断热桥；气密性；保温连续性；透气性；防开裂、无渗漏；系统化施工

山东城市建设职业学院实验实训楼工程地上六层，地下一层，南北长约134m，东西宽约110m，建筑高度23.95m，建筑面积为2.1万㎡，体型系数为0.18，既是中德合作被动式超低能耗绿色建筑示范工程又是绿色三星建筑，是国内单体建筑面积较大的被动式超低能耗公共建筑，效果图如图1所示。

外保温涂饰系统采用250厚双层错缝铺贴B1级白色聚苯板，450mm高A级岩棉防火隔离带，质感涂料面层。外墙保温涂饰做法如图2~图5所示。

图1 效果图

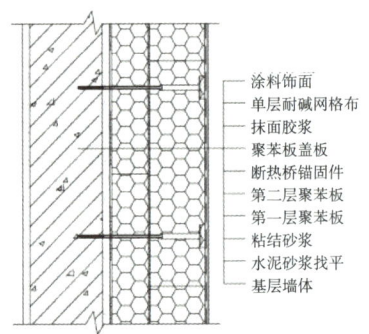

图2 首层外保温涂饰构造层

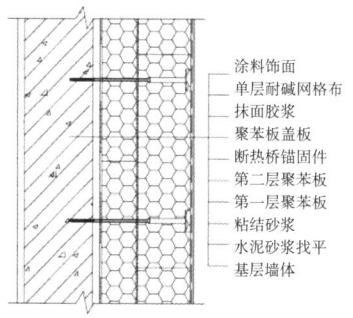

图3 二层及以上外保温涂饰构造层

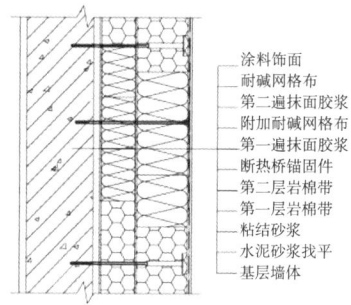

图4 防火隔离带构造图

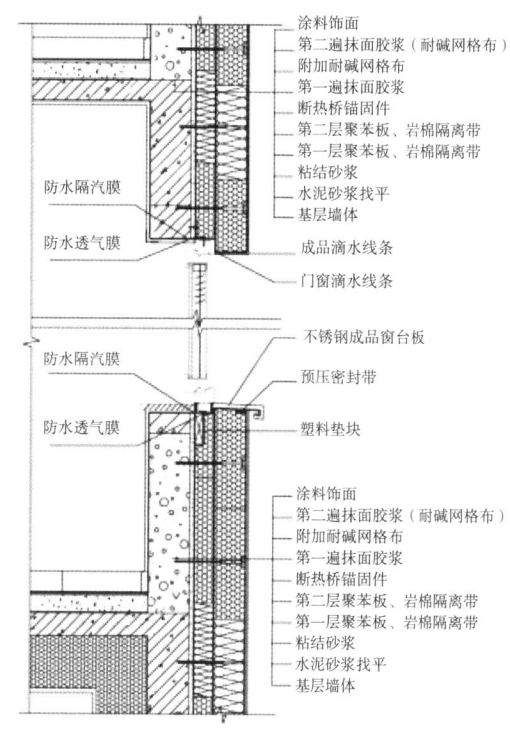

图5 外窗安装节点构造图

1 双层错缝施工超厚保温板的实践

1.1 施工方式的选择

该工程采用双层错缝铺贴断桥锚栓固定的施工方式，第一层板采用点框法粘贴，第二层采用满粘法粘贴，最后断桥锚栓固定。一方面避免了常规单层外保温系统出现的通缝问题，错缝减少板缝间的冷热桥，增加外墙保温隔热性能；另一方面采用断桥锚栓固定，提高了外保温系统的安全性和可靠性，解决金属固定件的热桥热量流失的问题，从而大大降低能耗。

1.2 外保温连续性设计和施工

该工程整个外围护结构均应包覆保温，包括外墙外侧、地下室、底板与屋面交圈连续。其中外墙采用250厚聚苯板,地下室采用250厚挤塑板,底板采用150厚聚苯板,屋面采用300厚高容重的聚苯板,窗采用K值0.8的瑞好86塑窗,门幕墙采用K值0.8的rocky铝合金。

门窗、幕墙采用外挂式安装,第一层外墙保温板厚度与外门窗厚度一致,要求第一层保温板外皮与窗框外皮齐平,第二层保温板覆盖2/3的框体,保证外墙体与门窗、幕墙的保温保持连续。在穿外墙洞口处的管道均应采取相应的保温措施保证保温的连续性。

1.3 防火性能设计和施工

防火隔离带采用450高A级岩棉带,选择材料时防止矿渣棉替代岩棉,矿渣棉易断裂、粉化、空鼓、脱落;贮存材料时加强现场材料和成品的覆盖保护,在雨后或是湿度较大时,即使在室内,若不加覆盖,表面的岩棉也会吸水受潮,一旦含水率超标将影响岩棉的防火性和保温性能。应重点控制如下指标,导热系数≤0.048W/(m·k),酸度系数≥2.0,密度≥100kg/m^3,尺寸稳定性≤0.1%,垂直板面的抗拉强度≥80kPa,压缩强度≥80kPa,短期吸水率≤0.1kg/m^2,憎水率≥99%,熔点≥1000℃[1]。施工时重点控制防火隔离带与保温板同步施工,防火隔离带满布粘结砂浆,双层隔离带错缝处理,重点控制岩棉铺贴完后的封闭处理。在岩棉带打磨完成后立即用抹面砂浆及附加耐碱网格布将岩棉带进行封闭处理,一是防止雨水淋湿、水汽浸入岩棉,破坏岩棉性能;二是防止水汽通过岩棉带浸入外保温系统,破坏整个外保温系统的保温性能。

1.4 断桥锚栓的设计和施工

锚栓在固定保温板时起到举足轻重的地位,又因锚栓大部分为金属制品,又是冷热桥处理的重点,因而在选择锚栓时,既要保证锚固强度,又要保证其耐久性,还要解决其冷热桥。如果解决处理不好冷热桥,一方面会影响节能,另一方面冷凝水的作用会使外保温在热桥部位产生发黑、起皮、开裂等问题,因而杜绝冷热桥是高质量外保温系统必须解决的问题。

(1)试验室模拟条件下不同类型锚钉热桥现象对比试验(图6)。

（2）断桥锚栓的设计选择

经试验室模拟条件下不同类型锚钉热桥现象对比试验，EPS、XEPS保温板宜采用沉入式锚栓，沉入式锚栓安装如图7所示。由于岩棉本身材质的原因以及为了保证防火要求和便于施工，岩棉防火隔离带宜采用浮头式安装法，浮头式锚栓安装如图8所示。

锚栓的长度根据锚固深度、找平粘结层和保温板厚度确定，其公式：锚栓的长度=最小锚固深度（砼基体≥35mm，加气砼砌块基体60mm）+找平层厚度+粘结层厚度+保温板厚度。锚固件布置数量必须满足设计规范要求，常见的锚栓排布如图9所示。

（3）断桥锚栓的实现

外保温系统的锚栓采用不锈钢金属，外侧塑料制品不得使用回收再生料；聚苯板采用沉入式锚栓，岩棉防火隔离带采用浮头式安装法；锚栓阻断热桥值≤0.01W/（m·k），本项目选用355mm长断桥进口锚栓。

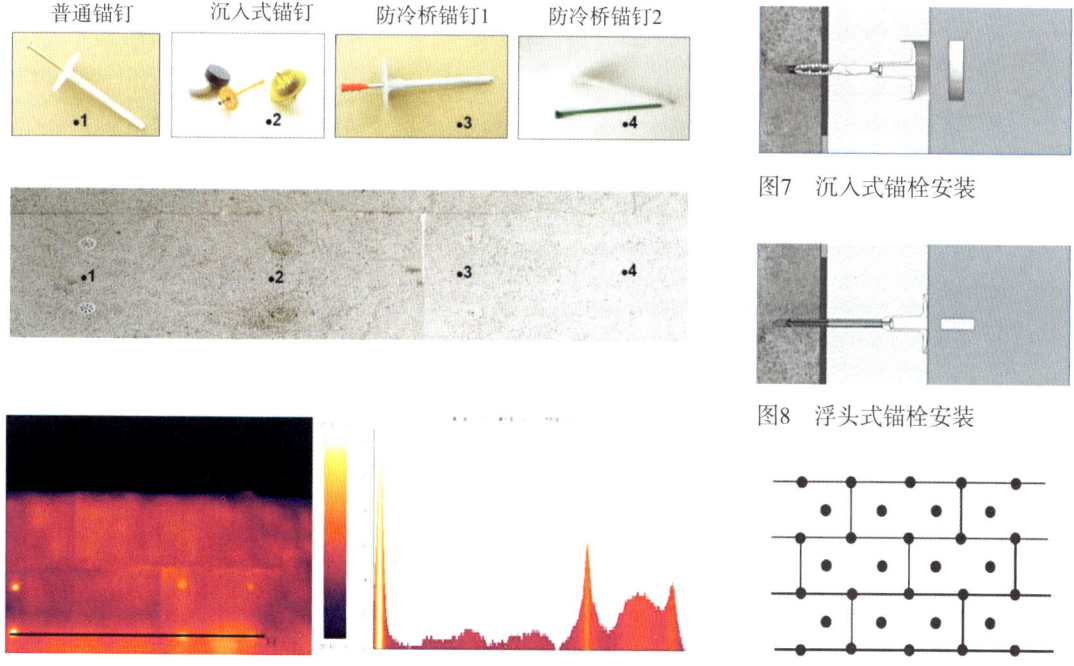

图6　试验室模拟条件下不同类型锚钉热桥现象对比试验[2]

图7　沉入式锚栓安装

图8　浮头式锚栓安装

图9　锚栓的排布

1.5 气密性设计与施工

良好的气密性可以减少冬季冷风渗透,降低夏季的冷量流失,从而大大节约供暖制冷需求,并且避免湿气侵入造成的建筑结露、发霉。其中外门窗洞口处和穿外墙管道处是气密性关键位置。

(1)外保温涂饰与门窗洞口处气密性:门窗室内粘贴防水隔汽膜,室外侧粘贴防水透气膜。待门窗外侧粘贴完防水透气膜并隐蔽验收合格后,方可进行外保温的施工。在外保温施工过程中采取有效措施做好透气膜的成品保护。

(2)外保温涂饰与穿墙管道间的气密性:当管道等必须穿透外围护结构时,在穿透处增大孔洞,保证足够的间隙填充密实保温,并加设预压膨胀密封带,洞口内侧粘贴设防水隔汽膜、外侧粘贴防水透气膜。

1.6 防渗、防开裂设计与施工

玻璃纤维网格布、护角条、门窗连接线、滴水线、窗台板等节点原件对外保温涂饰系统起到防渗、防开裂和保护作用。

(1)玻璃纤维网格布应用在门窗洞口、阴阳角和防火隔离带等易开裂位置,主要解决墙面开裂问题,其主要指标为单位面积质量≥160g/m^2;墙面耐碱断裂强力≥1000N/50mm;耐碱断裂强力保留率≥70%[1]。

(2)护角条是指置于外墙阳角及门窗外侧洞口边角抹面层中的护角件,防止阳角磕碰破坏。

(3)门窗连接线条应用在外保温系统与门窗接口部位的无裂纹柔性防水连接,是一种带有密封条及网布(单侧)的自粘性塑料粘结线条,起到抗裂、防水、保温、保护门窗框的作用。

(4)滴水线是指设置于门窗洞口上边缘及阳台、檐口的下边缘,减少水流污染墙体饰面的一种两侧带有耐碱网格布的耐候性塑料胶条,杜绝水流污染墙面。滴水线和门窗连接线条控制的核心是塑料和网格布的连接,其中以热熔焊接质量更为稳定,胶粘的应选用高质量的胶粘制,缝制的难以保证质量。

(5)窗台板在外窗台上安装,防止水通过窗台板进入保温层。窗台板上设有滴水线,金属窗台板下侧与外墙保温层接缝处采用预压膨胀密封带密封,两侧端头应上翻,并嵌入进窗侧口的外墙保温层中20~30mm,金属窗台板两侧的上翻端头与外墙保温层的接缝处采用预压膨胀密封带密封[1]。外保温施工与窗台板施工做好交叉工序的配合,以确保此处不吸水、无渗漏风险。窗台板与外保温节点如图10所示。

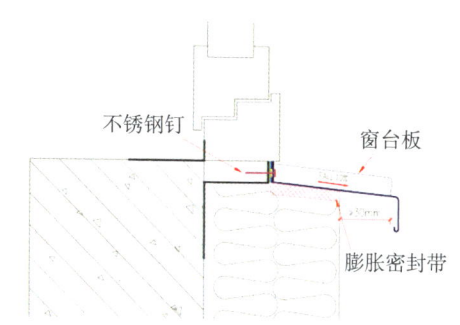

图10 窗台板与外保温节点

2 涂饰面层的设计与实现

外墙面层原设计为仿条砖真石漆,考察过程中发现其透气性较差,易使超厚外墙保温内产生潮气、冷凝水,从而降低保温性能。为了既要达到仿条砖的效果,又要满足其透气性要求,对真石漆和质感涂料对比如下。

2.1 透气性试验

分别制质感和真石涂膜(2mm),放入恒温箱50℃,12h后,再放置常温,在80℃水浴箱上,同时罩上900ml的烧杯(同一温度)进行试验。

(1)现象观测如图11所示。

图11 现象观测

左侧为质感涂料，右侧为真石漆，现象：质感上边的烧杯已模糊，真石漆上边的烧杯还很透明。

（2）质量分析，透气20min后实测质量

产品	烧瓶质量（g）	烧瓶+水（g）	水（g）
左侧质感涂料	276.63	276.95	0.32
右侧真石漆	286.02	286.05	0.03

结论：质感涂料的透气性比真石漆更好。

2.2 性能及价格对比表

产品名称	成分	特点	施工	调色方式	主材用量（kg/m²）	价格（元/m²）
真石漆	合成树脂乳液、天然彩砂、多种功能性助剂复配而成	耐老化性、耐水性及耐候性能好、保色性好	以喷涂为主	天然彩砂调色	3.5	100~120
质感涂料	水、乳液、石英砂、颜填料及助剂加工而成	质感强、高耐候、透水汽性好、附着力强、抗冲击；抗裂性好	以抹涂为主	色浆调色	2.5	90~100

质感涂料也能达到仿条砖的效果，且透气性好，能保证其保温性能和耐久性，且价格低于真石漆的价格，因而选择中粒径（1.2mm）质感涂料面层做法。

3 系统化施工的选择

外墙保温涂饰体系中包含粘结砂浆、抹面砂浆、保温板、锚栓、耐碱网格布、护角条、门窗连接线、滴水线、腻子、涂料等配套产品。参照设计图纸和厂家技术要求，为确保保温性能和耐久性能，所有组成材料由系统供应商成套供应，并且要求涂料与薄抹灰系统兼容，以减少墙体开裂、利于保温

涂饰耐久性。因而，保温和涂饰层主辅材一体化供应，且由专业施工单位组织全系统施工。

4 结论和建议

（1）外保温涂饰系统施工过程中，精选保温板、锚栓、防火隔离带、节点原件等材料，按照被动式超低能耗外保温涂饰系统设计节点施工，确保保温的连续性、无热桥和气密性，保证安装牢固、无渗漏、无开裂和耐久性。

（2）涂饰选择的原则：涂料需与薄抹灰保温系统兼容。饰面材料宜选用透气性良好的水性外墙涂料，并符合外墙建筑涂料相关标准的规定[3]。要求难进易出；建议明确提出饰面材料透气性的相关指标。

（3）外保温涂饰为系统化设计施工，由专业公司采购或生产相互匹配的系统材料，并施工整个外保温系统。

参考文献

[1] 被动式低能耗建筑——严寒和寒冷地区居住建筑GB 16J908-8.
[2] 外墙保温手册.
[3] 被动式低能耗居住建筑节能设计标准DB 13（J）/T177-2015.

浅析被动式低能耗建筑的区域性建设
——青岛绿色建设科技城的实践和标准化探索

田力男[1] 高波[2] 赵青[3]

1 青岛市城乡建设委员会；2 青岛市市北区委；
3 青岛中央商务区管委会

摘　要：本文从基本概念诠释出发，逐步深入探讨被动式低能耗建筑的理念。国务院正式批复《山东新旧动能转换综合试验区建设总体方案》，同意设立山东新旧动能转换综合试验区，青岛作为核心城市和打造全国首个绿色建设科技城，以绿色技术为手段，以产业化推广为标准，充分考虑地域环境与文化因素，营造既符合当地自然环境与人文环境，又符合时代精神的被动式低能耗建筑形态，建设独具青岛特色的标准化体系。

关键词：被动式低能耗建筑；区域性；青岛本地区域化发展标准

1 被动式低能耗建筑概念诠释

1.1 发展被动式低能耗建筑的大背景

2017年5月26日，习近平总书记在中共中央政治局第四十一次集体学习中强调，推动形成绿色发展方式和生活方式是贯彻新发展理念的必然要求，要形成节约资源和保护环境的空间格局、产业结构、生产方式、生活方式。党的十九大报告将生态文明绿色发展作为我国当前重要国策。全国生态环境保护大会于2018年6月18～19日在北京召开，习近平总书记强调，生态文明建设是关系中华民族永续发展的根本大计。

绿色建筑体系是基于生态系统良性循环原则，以"绿色"经济为基础，"绿色"社会为内涵，"绿色"技术为支撑，"绿色"环境为标志建立的一种新型建筑体系。在目标上，它追求人、建筑和自然三者的协调和平衡发展。绿色建筑所代表的是高效率、环境友好而又可持续发展的建筑，自身适应地方生态而又不破坏地方生态的建筑。它所寻求的是一种可持续发展的建筑模式，绿色建筑要赋予建筑生命，是一个能积极地与环境相互作用的、智能型的、可调节的系统。被动式超低能耗绿色建筑，是建筑节能理念和各种技术产品的集大成者，是节能建筑的新模式，它开辟了节能建筑的新纪元。

1.2 地方出台政策

为促进绿色建筑健康发展，提高能源和资源利用效率，推进生态文明建设，全国各地纷纷出台相应的实施意见。例如天津市城乡建设委员会组织编制了《关于加快推进被动式超低能耗建筑发展的实施意见》；张家口市继2018年6月22日发布《住房和城乡建设局关于做好装配式和被动式超低能耗建筑推进工作的通知》后，7月5日，再次发布《装配式建筑和被动式超低能耗项目建筑面积及财政奖励实施细则》(以下简称《细则》)，《细则》中规定，各级财政奖励资金支持重点是利用资金奖励和容积率奖励的办法奖励本地区建设的装配式或被动式超低能耗项目。近期，郑州市人民政府和江苏省住房和城乡建设厅、省财政厅分别重点对绿色建筑运行标识项目、被动式低能耗建筑项目、装配式建筑项目、建筑信息模型技术应用项目进行支持。

2 被动式低能耗建筑在区域发展的形式

2.1 区域性的具体表现

绿色建筑的建设与发展必须与所在国家、地区的当地条件相适应。在不同地区发展被动式建筑不能脱离当地的实际情况，采用在当地适宜的技术和标准，这正是现代建筑技术区域性表达的最终目的。被动式低能耗建筑的绿色技术区域性表达具体体现在：

（1）利用环保再生材料及天然资源，减少能源消耗

利用地方技术装置，将太阳能，风能转化为人们生活的所需动力的主要来源；减少视觉污染，减少人力物力的滥用及浪费，使建筑的外在和内在均更贴近自然；利用自然元素和天然元素，创造出质朴环保的生活和工作环境。

（2）在区域性的表达中加强绿化设计

改善生态环境的重要手段就是城市与建筑的绿化，要增加绿化覆盖，增加绿地、草皮面积以外，亦考虑立体发展，"往天上走"，向空中拓宽，可以采取屋顶绿化、窗、墙垂直绿化等多个手段。

（3）本土与现代技术的结合

充分考虑区域气候的主要特点，采纳地方文化和地方风俗，利用当地材料，从中探索出现代高新技术与地方适用相结合的绿色建筑办法。

（4）建立生态环境，保护生态平衡

在自然界中，虽然保持原有的环境生态并非易事，但可以引导人们的活动遵守生物因素和环境因素相互联系的规律及定律，合理地利用规划区域自然环境及资源。

河西走廊地区传统生土民居是绿色建筑技术区域性表达的突出案例。河西走廊属大陆性干旱气候，全年干旱少雨，多大风沙天气，冬季漫长且气温极低，而该地区经济水平较为落后，而水资源更是极度缺乏。在这种艰苦的条件下，当地居民学会了如何顺应自然甚至利用改造自然，创造出与自然和谐共生的传统建造模式和技术。

2.2 区域性建设的技术及应用

通过国内外被动式建筑的建造特点，不难总结出常采用的被动式节能技术总体可以分为四大类：场地设计、被动式太阳能技术应用、围护结构的节能、自然采光通风和绿色建材的使用。这些技术不仅适用新建被动式低能耗建筑的建设，也同样适用于旧建筑的绿色化改造，最终形成以楼带片，以片带区，以区带市的状态。

1）场地设计

场地设计要充分考虑地形、水势、植被覆盖率等环境因素并结合群体建筑的合理布局达到最优化的节能效果。比如利用场地因素来遮挡或吸收太阳辐射，利用和避开主导风向来增加和降低温湿度等。

2）被动式太阳能

利用建筑本身作为储热装置，通过合理设计以自然热交换方式——传导、对流和辐射使建筑采暖和降温。被动式太阳能的利用方式有直接得热、集热蓄热墙和阳光房等。

3）围护结构的节能

（1）通风式双层幕墙

通风式双层幕墙指的是附加墙体与原墙体之间形成一个空气层，通过附加墙体的局部开合实现空气间层内空气流动来改善墙体的保温隔热性能。

在挪威科技大学的办公楼改造项目中，原建筑立面是传统的单元点窗，为了提高墙体性能，改造并没有对墙体进行拆除重建，而是在原来墙体外加建了一层独立幕墙，附加幕墙由钢结构和玻璃构成，使建筑立面呈现焕然一新的状态。幕墙对应原窗口位置有可开启的窗口，顶部设有排风，形成了一个可呼吸的自生系统。冬季关闭风口就形成温室，夏季打开风口，效应形成的气流就会把空气间层的热辐射带走。

（2）垂直绿化

墙体做垂直绿化不仅可以改善墙体的保温隔热性能，还能增加绿化节约土地，是相对比较经济的一种墙体改造方式。墙面绿化的做法有很多，如模块式垂直绿化、铺贴式垂直绿化和攀缘或垂吊式等。这种绿化方式简便易行、造价低、透光透气性好；板槽式是在墙面上按一定的距离安装各种形状的板槽，在板槽内填装轻质的种植基质，再在基质上种植各种植物。

（3）屋面节能和外门窗节能

屋面是能量损失的重要部位，其能耗占围护结构总能耗的22%。屋面节能改造技术主要包括干铺保温隔热屋面、架空保温隔热屋面和屋顶绿化。门窗的绝热性能最差，它直接影响室内热环境和建筑能耗，单元门或过厅门应改造成既透光又封闭的保温门或外加设门斗；窗户改造可在原有外窗外（或内）加建一层，确定合理间距，避免层间结露。

（4）遮阳节能

遮阳可大幅度减少太阳直射光进入室内从而改善室内舒适度并且降低空调等制冷能耗。建筑遮阳分内遮阳和外遮阳，具体的遮阳形式有水平遮阳、垂直遮阳、挡板遮阳、固定翻板遮阳等，合理采用遮阳形式，不仅能起到很好的节能效果，也是建筑立面的重要组成部分。

4）自然采光通风

提高建筑自然采光最直接的方式就是增大开窗面积和增加开窗数量。当旧建筑不能自然采光或者自然采光条件欠佳时，可以通过增加或改造采光井、采光庭院的方式来改善室内光环境。在德国柏林韦丁区变电站改造项目当中，功能由原来的变电站改造成为办公楼，为了解决办公室自然采光的问题，原变电所两个狭长的排风井被扩大成采光内院，从而改善了面向内院的办公室的采光问题。

5）用生产耗能低、可回收可降解的建筑材料，或者重复利用原有材料，全寿命周期考量建筑节能

在建筑改造时，适当地保留原有结构或外壳，或者将原有建筑的构件、原址的废弃物进行精心设计巧妙地运用到新建筑中，不仅是一种成本极低的节材方式，也是老建筑的记忆载体。采用以低资源、低能耗、低污染生产的高性能建筑材料，如用现代先进工艺和技术生产的高强水泥、高强钢等，能够大幅度降低建筑物使用过程中耗能的建筑材料。

3 青岛市的被动式低能耗建筑建设

2018年1月10日，国务院正式批复《山东新旧动能转换综合试验区建设总体方案》，同意设立山东新旧动能转换综合试验区。山东新旧动能转换综合试验区上升为国家战略，将建成全国重要的新经济发展聚集地和东北亚地区极具活力的增长极。

青岛作为核心城市之一，基于对形势机遇和基础优势的判断，住建部科技与产业化发展中心、山东省住房和城乡建设厅、市城乡建设委、市北区政府等提出共同打造全国首个"绿色建设科技城"，紧紧围绕习近平总书记在中央城市工作会议上提出的"一个尊重，五个统筹"的城市发展方针，以市北区全域为承载实体，以青岛中央商务区为先行启动示范片区，以既有建筑绿色宜居改造、城市复兴为内生市场空间，以地理信息技术、建筑业新科技和大数据应用的产业化高地为目标推行绿色建筑的规划、设计、建设标准，推动装配式、超低能耗建筑等新技术发展，在全国率先将传统建筑产业的概念内涵和理论外延拓展为在后工业化时代、生态文明背景下与城市和建筑高质量发展密切相关的"建筑科技产业、文化创意产业、绿色金融产业、大健康产业、总部商务产业"五大产业，着力解决城市发展治理痛点，以城带产、以产促城，打造覆盖绿色建设全产业链、生态集群的产城融合最佳实践区，形成全国可示范推广的"中国标准"，进而推动青岛近2000亿元规模的传统

建筑业"旧动能"向以"绿色、科技、文化、金融、智能、创新"等显著特征的"新动能"优化升级,打造我国建筑产业"新旧动能转换"的青岛模式。

3.1 提升新建建筑节能标准

青岛市在被动式超低能耗建筑方面进行探索,正在编制《青岛市被动式超低能耗建筑节能设计导则》,从气密性指标、能耗指标、室内环境参数等多个方面确定被动式超低能耗建筑技术指标。

3.2 建立发展免拆模被动式超低能耗绿色建筑体系

免拆模超低能耗建筑体系早在20世纪70年代就在欧洲得到应用,其宗旨是向建筑业提供一种节能环保的新型建筑系统。该建筑体系是采用绝热混凝土模块(简称ICF)的新型墙体楼板材料、新风隔音楼板、保温隔热材料与节能结构一体化的建筑体系。它不仅可以缩短建筑施工时间、节省开支、保护环境,而且还因绝热保温大大提高居家舒适度。

青岛市市北区与山东领潮新材料有限公司合作免拆模被动式超低能耗绿色建筑体系项目共分三期实施:第一期主要用于设备的采购,该模板将首先用于青岛市北区的新建及旧房改造的样板房内,本期主要从德国和瑞士购买绿色建筑模板制造设备,对设备制造商进行考察,引进绿色建筑高端人才,生产出绿色建筑示范所需的新材料,为中国编制出免拆模被动式超低能耗绿色建筑体系的设计、施工和验收。标准示范区经过验收后,立即启动免拆模板智能设备的生产。第二期主要生产绿色建筑模板的高端智能设备。该项目拟生产100条左右的智能楼板生产设备流水线,200条左右的智能墙体生产设备流水线、智能吹塑设备生产线及与免拆模建筑材料磨具相关的生产设备。第三期,将并购德国与瑞士的绿色建筑设备制造商。

以中央商务区为中心建设宜居幸福创新型国际城市核心区,将青岛市市北区建设为城市复兴版的雄安新区。依照对标国际的建设目标与标准,确定绿色城镇化技术门槛,通过技术成果动态收集、评估与认证,建立展现青岛特色并具有国际水准的绿色发展先进技术体系。编制发布技术推广目录,组织技术交流与成果展示,开展技术集成与试点示范、技术咨询与人才培训,促进先进技术成果的推广应用。

3.3 成立青岛绿建建筑科技研究院

为进一步推进绿色建设科技城的建设发展，由住建部科技与产业化发展中心、山东省住房和城乡建设厅、青岛市城乡建设委、市北区政府共同发起了全国首个绿色建设研究院，形成围绕绿色建设产业共性技术研发、技术转移与交易、检测认证、评估推广、市场对接、成果转化、人才培训、国际合作等重要生产性服务业的公共服务平台，通过部、市、区联动机制，从标准规范、技术创新、产品推广、工程示范等领域协同创新，打通绿色建设领域新技术新产品从科学到技术、从技术到产品、从产品到商品的"最后一公里"，使青岛市市北区成为我国绿色建设产业政策、标准、技术、产品、项目、市场、工程、专利、人才、资本十大资源协同创新的先锋试点示范区，以带动绿色新型建筑材料和工艺发展为目标，加快绿色建设科技城全产业链布局，借力领先技术和资源优势，搭建绿色建设产业发展平台，打造全国绿色建设技术转化和应用交流中心，不断提升绿色建设科技城影响力，使青岛成为引领全省乃至全国21万亿元建筑产业实现新旧动能转换的排头兵。

青岛绿建建筑科技研究院通过国际合作、引进、消化、吸收再创新，将国际上最先进最完整的绿色建筑技术和标准化体系转换成国内先进技术和标准化体系，会极大地推动我国新时期城乡建设科学技术水平提高和可持续发展。

3.4 进行旧城复兴和城市更新项目示范

2006年，青岛市城乡建委开展了第一批可再生能源建筑应用示范项目建设，青岛发电厂综合楼、法制教育基地、奥帆赛场馆等示范工程建成并投入使用。2007年，青岛市政府发布的《青岛市节能减排综合性工作实施方案》中明确提出"加快新能源、可再生能源推广应用""推进可再生能源与建筑一体化，组织实施一批示范工程和重点工程"的要求。2007年与2008年，青岛市财政每年列支1000万元用于支持可再生能源建筑应用，国际帆船中心、千禧国际村、团岛区域水源热泵等15个项目先后被国家列为可再生能源示范项目,总面积达300万平方米,获得国家财政补贴1.23亿元,在全国同类城市中规模最大。在示范项目取得成功的基础上,青岛开始了大规模推广可再生能源在建筑中的应用。目前青岛市已建成2个示范项目,建筑面积8.3万平方米,其中位于中德生态园的安置房项目为亚洲最大的被动房住宅小区,中德生态园被动房体验中心项目被世界银行和住建部列为"世行低碳宜居示范项目",已于2016年9月投入使用。

(1)旧城复兴——广兴里

1901年,广东商人古成章出资聘请德国建筑设计师,在博山路兴建了一座两层的商业楼房,这就是"广兴里"的前身,也是大鲍岛早期由华商建造的、最具西方特色的建筑之一。广兴里占地面积约3400平方米,建筑面积4016平方米,自20世纪30年代以来,广兴里是青岛市市北区功能齐全的里院,满足了居民购物、餐饮、娱乐等诸多消费需求,去购物则可顺便听书喝茶,去看电影也可以顺便购物吃饭,与今日的综合性商业体的经营模式有着异曲同工之妙,街头巷尾甚至流传着"有钱不用出里院"的说法。

2018年,青岛绿色建设科技城将对广兴里进行改造,完成被动式超低能耗建筑改造,将自然通风、自然采光、太阳能辐射和室内非供暖热源等各种被动式节能手段与建筑围护结构高效节能技术相结合,使历史文化片区焕发出新活力(图1)。

图1 广兴里鸟瞰图

（2）城市更新——吴兴路幼儿园

2018~2019年，青岛将按照被动式超低能耗建筑标准，结合BIM技术、海绵城市等技术，采用环保材料、墙体吸表面层及新风系统，将吴兴路幼儿园建设成"会呼吸的房子"。集成绿色技术的叠加效应，产生一加一等于二的整体效应，通过物联网和互联网进行绿色单元各方面调控，使各种分布式绿色设施协同工作，最大限度地发挥综合性节能减排效应（图2）。

图2 吴兴路幼儿园被动式改造规划示意图

3.5 居民绿色建筑楼宇大众化、亲民化

如果将绿色节能建筑定位为高端化和贵族化就难以推广普及，也不符合我国国情。事实证明，绿色建筑发展必须符合中国国情、能被普通老百姓接受、适用技术型的绿色建筑才是中国绿色建筑健康发展的道路。要让绿色建筑更贴近老百姓的生活，让老百姓明白什么才是真正的绿色节能建筑，让绿色节能建筑进入普通百姓家中，让绿色和节能融入普通百姓的日常生活中。

此外，在青岛绿色建设科技城即将部署建设具有部品研发、产品展示、会展博览、教育培训、文化旅游、商业办公等不同功能的高性能绿色建筑，打造绿色建筑公园，对科技城进行建筑区域化升级改造，加强建筑节能管理，降低建筑物能耗，提高全区能源利用率，逐渐消灭市区内仍在使用的烟囱，促进经济社会可持续发展（图3、图4）。

图3 绿色建筑公园用地三维倾斜摄影

图4 绿色建筑公园规划示意图

4 总结

被动式超低建筑本身的构造设计,就能达到舒适的室内温度,满足冬暖夏凉的要求。其设计策略主要是采用合适朝向、蓄热材料、遮阳装置、自然通风等，这些策略尽可能地被动接受或直接利用可再生能源，其内涵包括采用各种节能技术构造，最佳的建筑围护结构，极大限度地提高保温隔热性能和气密性，通过技术手段尽可能实现室内舒适的热湿环境和采光环境，最大限度降低对主动式采暖和制冷系统的依赖，从而大大降低建筑对能源的消耗。以人、建筑和自然环境的协调发展为目标，尽可能地控制和减少对自然环境的使用和破坏。被动式房屋不仅适用于住宅，还适用于办公建筑、学校、幼儿园、体育场馆等。被动式超低能耗建筑为人们提供了舒适并且节省资源的建筑，对人类社会健康发展具有深远的意义。

参考文献

［1］林宪德. 绿色建筑——生态·节能·减废·健康［M］. 中国建筑工业出版社，2011.

［2］住房和城乡建设部科技发展促进中. 中国既有建筑改造与市场化运作［M］. 中国建筑工业出版社，2011.

［3］王清勤，唐曹明. 既有建筑改造技术指南［M］. 中国建筑工业出版社，2012.

［4］潘西谷. 中国建筑史［M］. 中国建筑工业出版社，2008.

［5］中国建筑科学研究院. 绿色建筑评价标准. 2006.

［6］郑宁. 关于建筑改造之中西比较［D］. 天津大学，2007.

［7］沈芳亮. 绿色节能技术在建筑改造中的应用研究［D］. 天津大学，2007.

南通三建超低能耗装配式专家公寓楼示范工程

周炳高 矫贵峰 何称称

南通三建控股（集团）有限公司

摘　要： 随着互联网和数字技术应用不断加速渗透，产业边界日益模糊，跨界融合成为未来产业升级的大趋势。为顺应"中国制造2025"战略和"江苏建造2025行动纲要"，南通三建集团积极抢抓发展机遇，以新需求为驱动，以新科技和新平台为依托，结合制造业、信息产业等各类资源要素相互渗透、融合和裂变，应用新型智慧建造技术，实现产业价值链的延伸和突破。本文结合"十三五"国家重点研发计划项目——南通三建超低能耗装配式专家公寓楼，对新型智慧建造创新技术应用进行分析和阐述。

关键词： 装配式建筑；被动式建筑；BIM技术；智慧家居

1　项目概况

南通三建超低能耗装配式专家公寓楼示范工程位于南通三建被动式超低能耗绿色建筑产业园区内，占地约为545.98m^2，总建筑面积为2311.94m^2；地上4层。

本项目集被动式超低能耗绿色建筑技术、装配式建筑技术、智慧建筑技术于一体，全过程应用BIM技术，被列入"住房和城乡建设部2018年科学技术项目计划"，同时该项目被列为"'十三五'国家重点研发计划绿色建筑及建筑工业化重点专项科技示范工程"。本示范工程具有绿色节能、健康舒适、智能智慧等诸多优点，中国工程院院士董石麟、肖绪文先后到产业园调研指导，并对该项目给予高度评价，董石麟专门为本项目题词——"中国好房子"（图1、表1）。

图1 项目实景图

表1 江苏南通三建研发中心楼建设责任主体单位

项目名称	南通三建超低能耗装配式专家公寓楼示范工程
项目地址	江苏省海门市悦来镇新城西路69号
建设单位	康博达节能科技有限公司
设计单位	南京长江都市建筑设计股份有限公司
施工单位	浩嘉恒业建设发展有限公司
咨询单位	住房和城乡建设部科技与产业化发展中心

2 建筑技术方案

2.1 装配式技术

采用通用性装配整体式剪力墙技术体系，同时将被动房技术与装配式技术相结合，实现主体结构装配化，外墙板装饰、保温、承重一体化，提高建造质量和建造效率；装配式设计的基础是建筑标准化，户型平面设计采用模数化、模块化拼装，实现构件"少规格多组合"，降低建造成本。

（1）预制装配式混凝土构件应用情况（表2、图2）

表2 预制构件比例统计表

技术配置选项			本项目实施比例
竖向结构构件	预制剪力墙		48.3%
水平结构构件	预制叠合梁		75.5%
	叠合楼板		85.2%
	预制阳台板		100%
	预制设备平台		100%
	预制楼梯		100%
屋面结构	钢结构屋面		100%
内围护构件	厨卫隔墙及分户墙	陶粒混凝土板	100%
	户内隔墙	ALC板材	
成品栏杆			100%
住宅部分土建装修一体化			100%
预制率			53.3%
装配率			83.5%

预制构件拼装模型如图2所示。

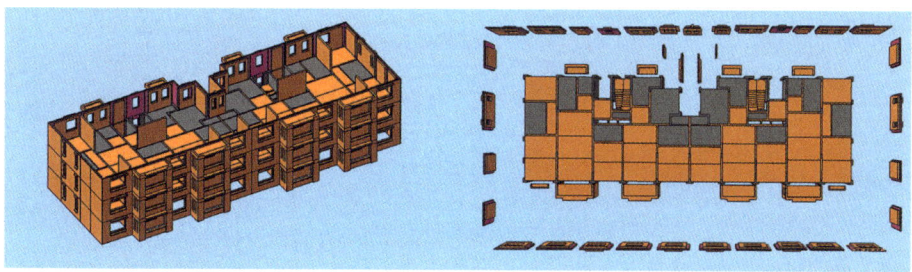

图2 预制构件拼装模型

（2）竖向构件连接节点

预制剪力墙的竖向受力钢筋采用灌浆套筒连接，按照《装配式混凝土结构计算规程》JGJ 1—2014要求，对剪力墙边缘构件的纵筋逐根连接，竖向分布钢筋采用间隔连接，连接分布钢筋的套筒数量减少50%以上，方便施工操作；同层相邻的预制剪力墙之间以及预制墙板与现浇剪力墙之间的连接采用竖向现浇段整体连接，利用预制剪力墙端部预留的锚固钢筋与竖向墙体现浇段钢筋进行绑扎连接。竖向构件连接节点的竖向构造和水平构造分别如图3、

图4所示。

（3）水平构件连接节点

叠合板采用密拼方式连接，预制板厚度为60mm，叠合板现浇层厚度为60mm，叠合板拼缝处设置附加构造钢筋，如图5所示。

（4）预制混凝土剪力墙夹芯保温外墙板

由于本工程按照被动式超低能耗建筑技术进行设计，根据长三角地区夏热冬冷气候的特点，其外墙保温层采用厚度为120mm的EPS保温板，预制混凝土剪力墙采用夹芯保温构造，由于夹芯保温层厚度是普通预制混凝土剪力墙夹芯保温厚度的2~3倍，因此连接外页板和内页板的拉结件也不同于普通的夹芯保温预制剪力墙的拉结件。本示范工程采用哈芬墙板拉结件，如图6和图7所示。

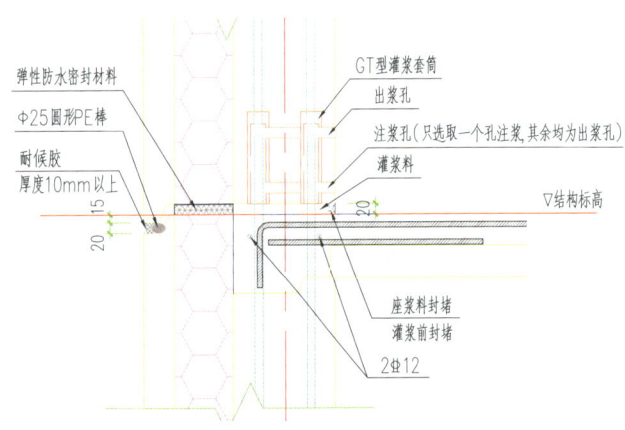

图3　剪力墙竖向钢筋连接节点构造

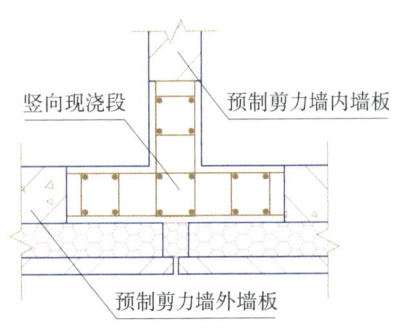

图4　相邻剪力墙水平向连接节点构造

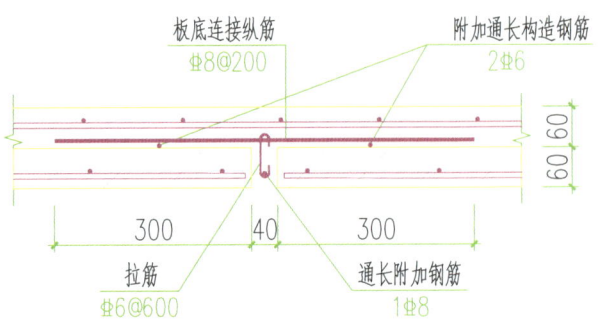

图5　预制叠合板拼缝部位构造详图

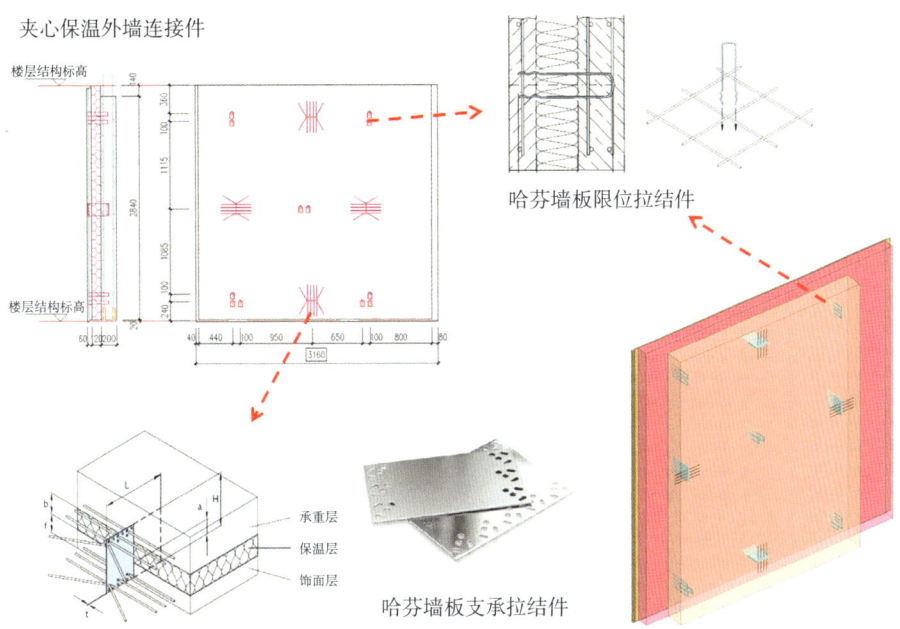

图6 预制剪力墙外墙板哈芬拉结件构造详图

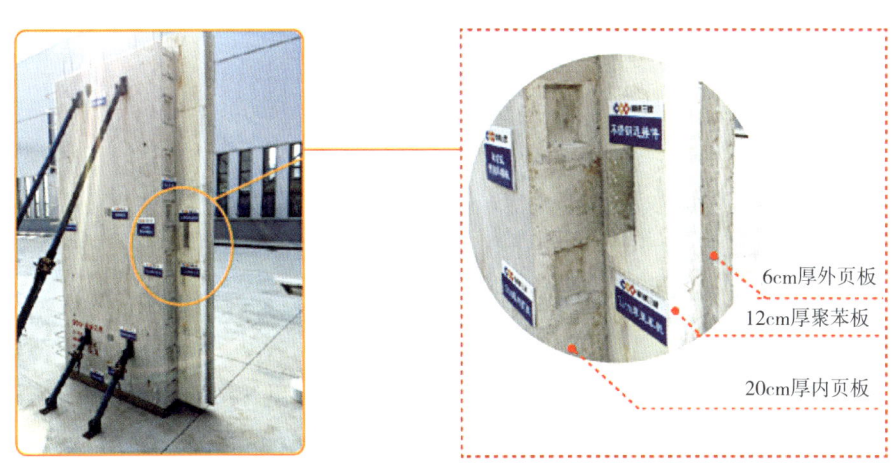

图7 预制剪力墙外墙板构造实景图

（5）外门窗洞口防热桥节点

外门窗与预制混凝土外墙板的连接部位采用了防热桥设计，外门窗上口及下口的防热桥节点构造分别如图8和图9所示。

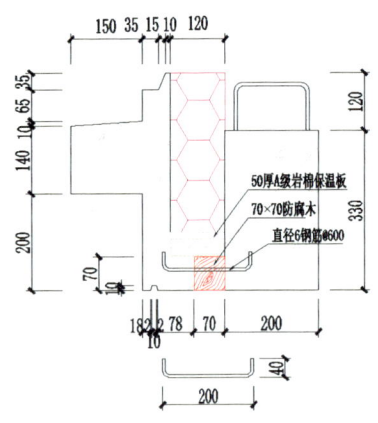
图8 外门窗上口防热桥构造详图

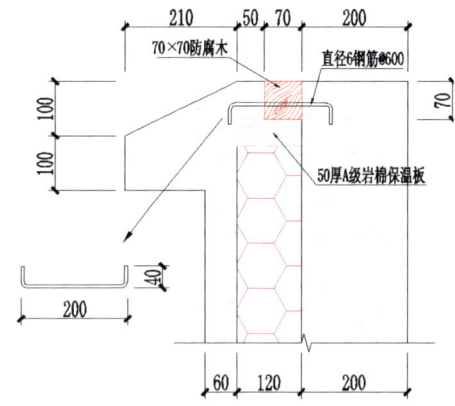
图9 外门窗下口防热桥构造详图

2.2 被动式建筑技术

根据夏热冬冷地区夏季闷热、冬季湿冷的气候特点，结合居民喜欢采用自然通风改善室内热环境的生活方式，通过保温隔热性能和气密性更高的围护结构，采用高效新风热回收技术，最大程度地降低建筑供暖供冷需求，并充分利用可再生能源，以更少的能源消耗提供舒适室内环境并能满足绿色建筑的基本要求。

1）围护结构节能技术（表3）

表3 外围护结构传热系数表

部位	传热系数K（W/m²·K）
外墙	0.29
坡屋面	0.19
地面	0.356
外门窗	1.0

2）建筑节能指标（表4）

表4 建筑全年能耗控制指标

	设计建筑	限值
采暖空调耗电量指标（kWh/m²）	10.17	22.40

续表

	设计建筑	限值
采暖耗电量指标（kWh/m²）	7.14	10.40
空调耗电量指标（kWh/m²）	3.03	12.00
采暖空调耗冷量指标（W/m²）	18.46	88.00
采暖耗热量指标（W/m²）	10.47	48.00
空调耗冷量指标（W/m²）	7.99	40.00
节能率	84.11%	65%
标准依据	《江苏省居住建筑热环境和节能设计标准》（DGJ32/J 71—2014）第3.2.1、3.2.2条	
标准要求	设计建筑的采暖空调耗电量不应大于给定的限值	
结论	满足	

3）主要节点构造

（1）屋面

本工程屋面采用四坡轻钢结构，下设钢筋混凝土平屋面，在坡屋面与平屋面之间形成空气层，传热系数控制在0.25以内，加厚了保温做法，采用150mm模塑EPS保温板，如图10所示。

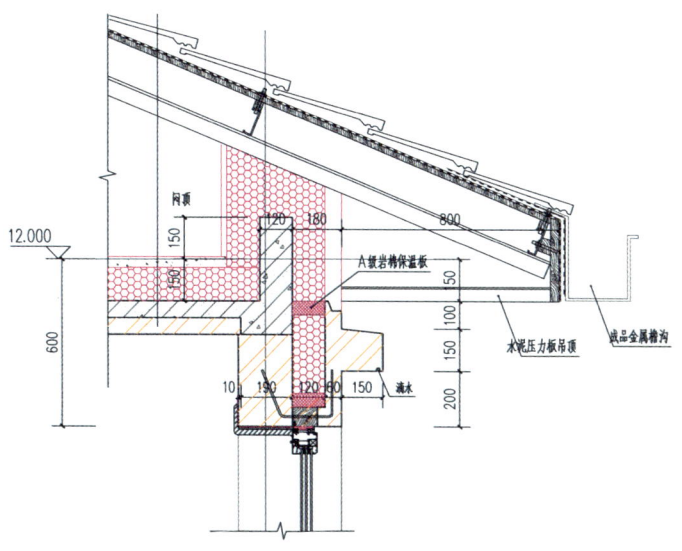

图10 屋面做法详图

（2）地面、楼面

一层采用架空地面，架空层内回填土比室外地坪高100mm，在保温层上面覆盖一层隔汽薄膜作为水蒸气的阻隔层。在有效解决室内地坪积水问题的前提下，利用架空层外墙开设通气孔，保证空气层内自然通风。此外，为了保证楼面和地面的隔声及保温性能，在每层楼板采用5mm厚隔音减震垫和85mm厚挤塑聚苯保温板，隔声性能达到了昼间≤40dB，夜间≤30dB的要求（图11）。

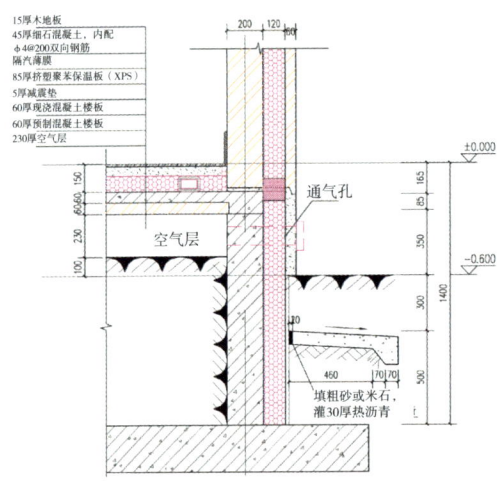

图11　架空地面隔声保温构造做法详图

（3）外墙

外墙保温采用200mm厚预制混凝土墙+120mm厚模塑聚苯保温板+60mm厚混凝土外页板，预制外墙构件的水平缝采用聚氨酯保温板进行压实密封；竖向缝填塞A级岩棉保温板，外侧采用防水密封胶进行封堵；外墙保温连接件采用断热桥保温连接件；管道穿外墙部位预留套管及足够的保温间隙，并进行防水和气密性处理（图12）。

（4）外窗及外门

外门及外窗采用了符合被动房气密性、隔声性、水密性、抗风压性和传热系数等技术指标要求的专用外门窗。在建筑的东、南、西三侧的外墙窗户安装了全自动控制的电动遮阳百叶窗帘，可以根据气候及太阳高度角、太阳光线的强度等来自动调节百叶窗帘的升、降及百叶的角度，夏季能遮挡50%以上的太阳光，加上Low-E玻璃本身的遮阳效率（遮阳系数0.87），能大大减小太阳光对室内的热辐射和眩光影响。

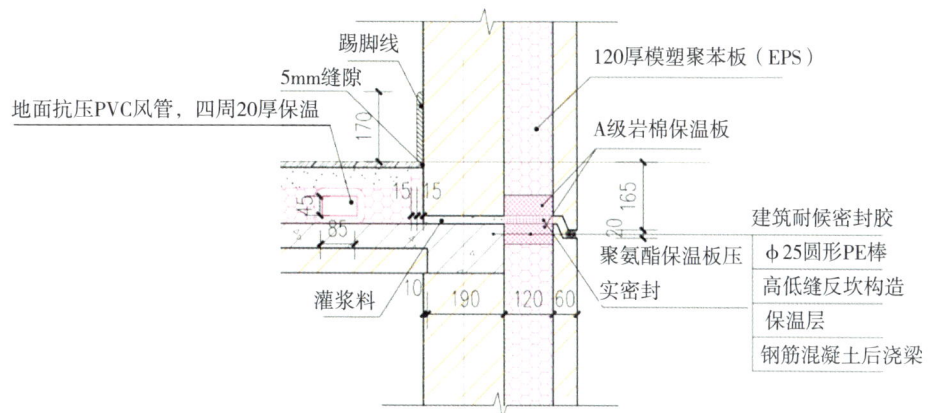

图12 外墙保温构造做法详图

3 关键产品和材料（表5）

该项目的预制构件所用的石墨聚苯板由康博达节能有限公司提供，各项指标检测结果为：表现密度20kg/m³，压缩强度0.15MPa，导热系数（平均温度25℃）0.037W/（m·K），尺寸稳定性（70℃，48h）0.3%，水蒸气透过系数2.8ng/（Pa·m·s），吸水率（体积分数）1.2%，熔结性（断裂弯曲负荷）45N，垂直于面板方向的抗拉强度0.32MPa。

本工程采用聚酯隔热铝合金三玻二腔一真空一中空窗户，内平开、上悬被动窗，玻璃采用5+20Ar+5（单银内充氩气，填充比例超过85%）Low-E+o.15V+5，边框采用75系列型材，玻璃传热系数0.7（W/m²·K）；玻璃周边采用暖边间隔条，通过改善玻璃边缘的传热状况提高整窗的保温性能。

外窗的传热系数为1.0W/（m²·K），透明部分的太阳能得热系数值为0.50，夏季外设有百叶活动遮阳，夏季得热系数为0.15。

外门采用被动门，型材采用断桥铝合金型材，玻璃采用普通三玻两中空玻璃，（传热系数为k≤1.0W/（m²·K））、外门窗的性能等级气密性8级、水密性6级、抗风压性能9级。

建筑的东、西、南向采用外遮阳电动遮阳百叶窗帘，可以根据气候及太阳高度角、太阳光线的强度等来调节百叶窗帘的升、降及百叶的角度，夏季能遮挡50%以上的太阳光，加上Low-E玻璃本身的遮阳效率（遮阳系数0.87），能大大减小太阳光对室内的热辐射和眩光影响。

住宅采用XKD-71D-300除霾抗菌全热回收新风空调一体机机组,每层每户独立设置,能够全自动调节室内二氧化碳浓度、空气湿度等。

表5 南通三建超低能耗装配式专家公寓楼项目关键产品和材料供应商

产品名称	关键产品材料供应商
石墨聚苯板	康博达节能科技有限公司
外窗系统	康博达节能科技有限公司
外窗型材	温格润节能门窗有限公司
外窗玻璃	青岛亨达玻璃科技有限公司
活动外遮阳	瑞士森科(南通)遮阳科技有限公司
暖通空调设备	万德福电子热控科技有限公司

4 设备技术方案

4.1 自然通风节能技术

整个住宅所有主要房间、楼梯间均考虑了自然通风,所需的窗户开启扇窗面积均满足规范面积要求,外窗的开启均为内开,开启面积占外窗总面积的1/3以上,满足自然通风要求,建筑南、北向布置,南向窗墙面积比大于0.3,且采用内平开、内开内倒两种开启方式,便于阻止室内穿堂风、改善室内空气品质。在过渡季利用自然通风,减少机械空调通风的使用(图13)。

图13 1.5米高处风速矢量图

4.2 高效热回收新风系统

（1）新风量设计标准按每人每小时＞30立方米计算，单户按最大300m³/h新风量计算，考虑家里新风需求突然增大需求。

（2）所有户型均采用全热回收除霾抗菌新风空调一体机，带有新风、制冷、制热、除湿等功能。新风机组机芯膜采用高分子石墨烯纳米亲水膜，透水不透气，高效回收显热，正常工况下，全热交换率达到82%以上。

风机均采用EC无极调速电机，可根据系统实际需求风量大小来调节转速，降低风机转速，减少用电量。采用无极调速电机其用电量比普通定频风机用电量可节省30%以上（图14）。

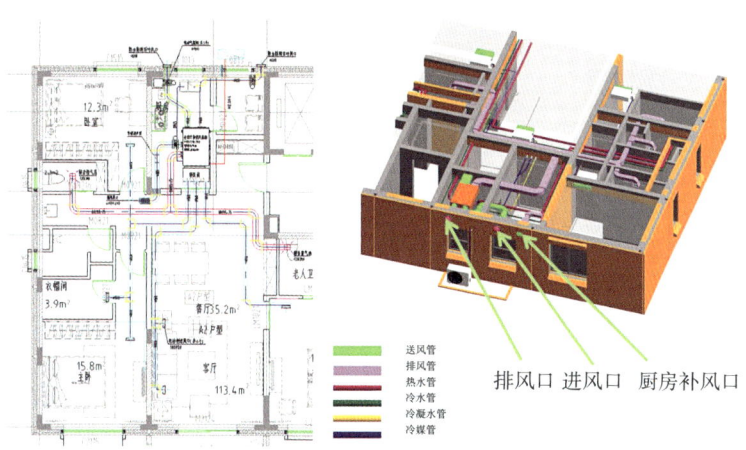

图14　高效新风热回收系统布置图

4.3 室内温度分区监测及控制系统

不同房间的温度调节通过调节电动送风阀来实现，各个分区内由四合一传感器检测该区域温度值，当检测值与温度设定值（可在四合一上设定）不一样时，机组会给信号风阀，然后风阀就根据信号开启，直到该分区满足使用的要求（图15）。

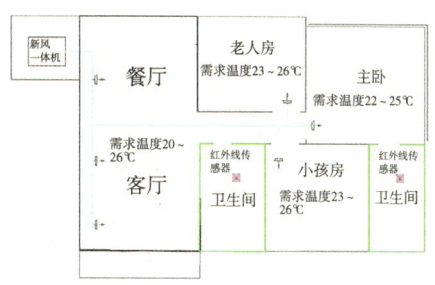

图15　室内温度传感器检测系统平面布置图

4.4 厨房和卫生间通风措施

厨房设置电动补风口进行补风，补风口和排油烟风机进行联动控制，达到节能设计要求。卫生间冷暖季采用机械排风，排风量300~400m³/h，排风热交换新风机组排出室外，新风换气机采用转轮换热装置；卫生间进门处装有红外线传感器，传感器与排气扇联动，当有人进入卫生间时，传感器感应到有人进入，给排气扇发出信号，排气扇自动开启，无需手动开启（图16）。

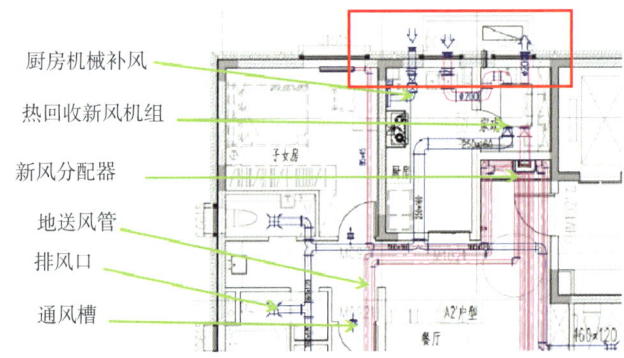

图16　空气流向图

4.5 太阳能热水系统

建筑阳台及卧室外侧采用壁挂式太阳能热水系统，提供建筑内50%的生活热水，无环境污染，无安全隐患，节约日常开支（图17）。

图17　壁挂太阳能热水效果

5 BIM建筑信息模型技术应用

5.1 设计阶段

在施工图设计阶段，各专业采用传统设计软件进行本专业的施工图设计；在深化设计阶段，全面引入BIM建筑信息模型技术，利用BIM建模软件建立各专业的三维数据模型并进行模拟拼装，及时发现各专业之间所隐藏的碰撞、疏漏及错误，通过方案优化，形成构件的生产深化图。利用BIM技术，成功地避免了因设计失误给生产及施工带来的风险，使预制构件与现浇结构之间的机电管线实现了完美对接，保证了工程的施工质量（图18）。

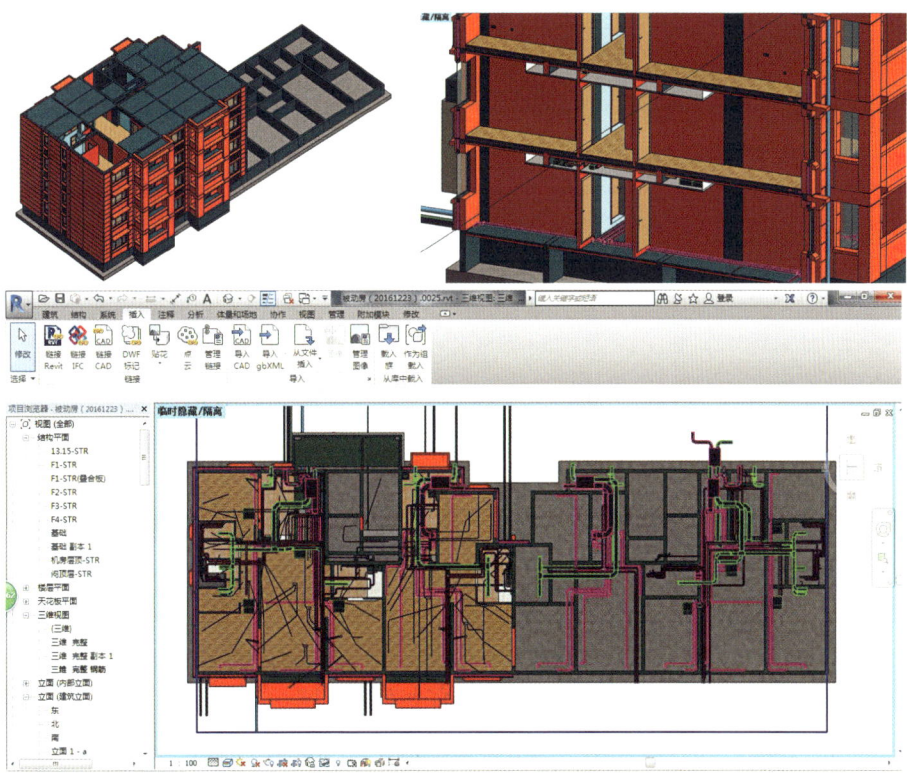

图18 深化设计阶段的BIM技术应用

5.2 生产阶段

利用BIM模型，在构件生产前导出模具、材料、设备、人工等需用量数据信息，预制工厂据此进行构件加工信息汇总统计，制定构件生产计划，建立人工、材料和生产设备的进场供应计划，保证工程施工的顺利进行（图19）。

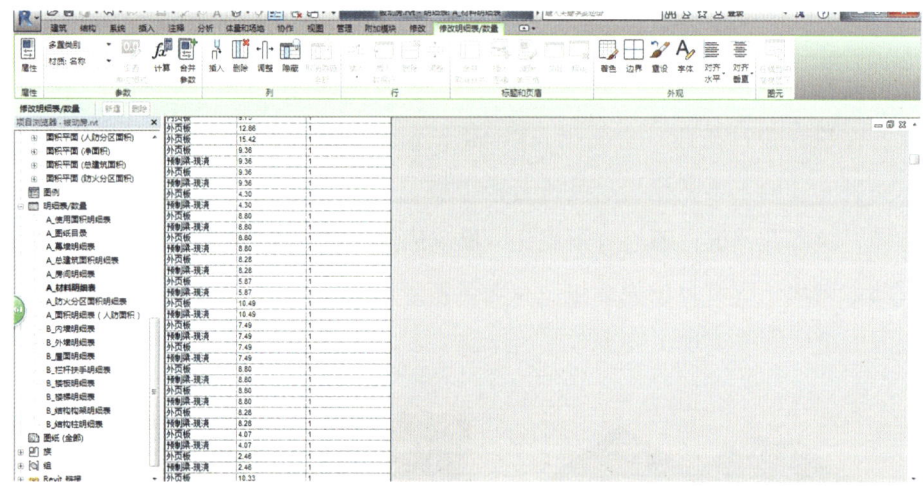

图19　构件材料用量信息表

5.3　施工阶段

（1）施工前准备阶段，利用BIM技术建立施工现场的空间和时间四维模型。根据项目不同施工阶段时间节点和空间特征，对项目整体施工过程进行模拟，科学合理地组织材料进场、堆放、机械设备及劳动力的进场和供应，使项目资源分配达到了合理的利用和优化（图20）。

图20　项目施工动态模拟

（2）施工过程阶段，利用BIM可视化及4D模拟技术进行施工进度及工序优化。通过BIM可视化及4D模拟技术，方便管理人员及时地了解项目施工的动态信息，便于发现和减少各工种之间的干扰和制约，并及时采取纠正和改进措施，保证项目施工的顺利有序进行（图21）。

（3）施工完成后，利用BIM可视化技术可以重现项目的施工过程，为日后同类工程的施工过程控制和管理提供借鉴和数据支撑（图22）。

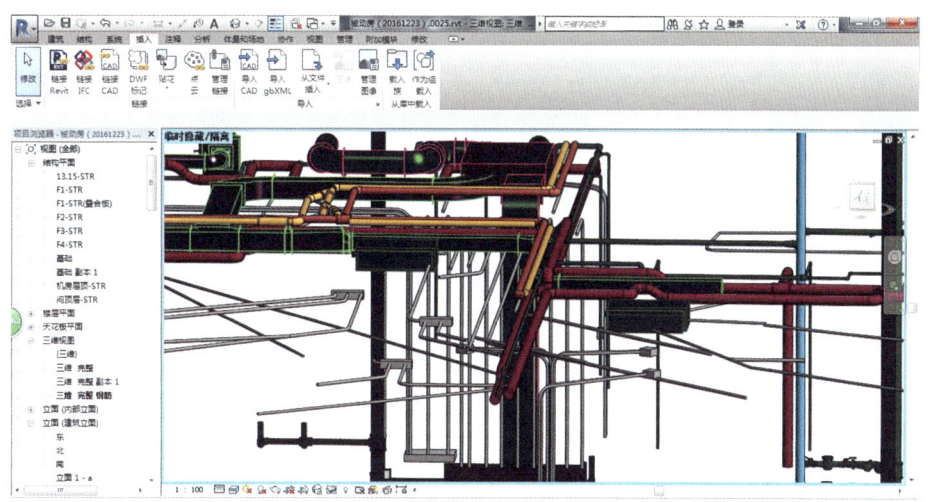

图21 利用BIM技术实现施工过程可视化

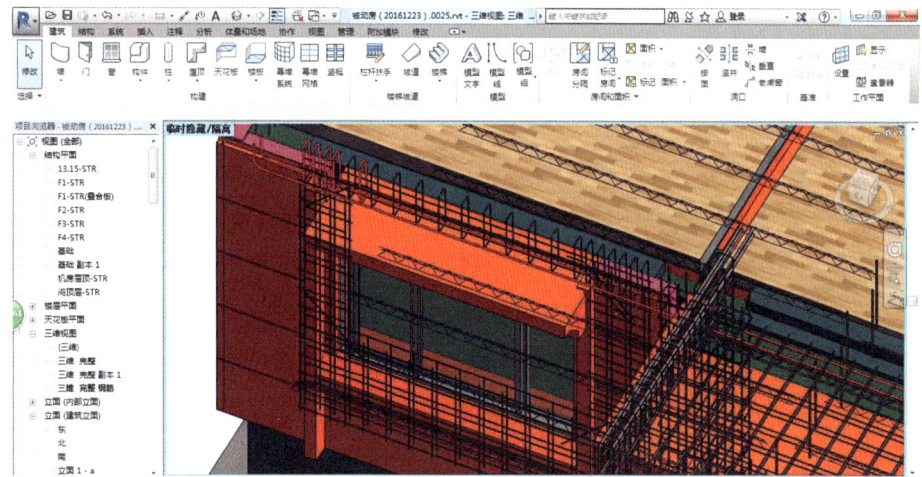

图22 利用BIM技术实现构件信息可视化

5.4 使用和管理阶段

在构件生产时,利用BIM模型建立构件的电子信息档案,记录构件的型号、使用部位、成型日期、几何尺寸、混凝土强度等级、配筋、预留洞口及预留管线等信息,为构件的堆放、运输、吊装、验收和物业维护管理等环节提供数据信息支持,有利于应用物联网技术对构件信息收集和质量追溯(图23)。

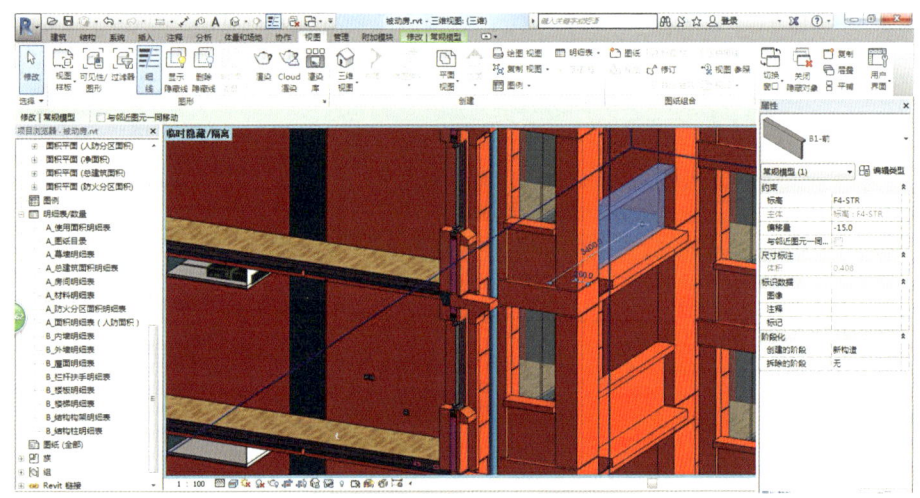

图23　预制构件的数据信息查询

6　定型装配化全装修技术应用

本工程采用工业化室内全装修设计,遵循一体化、集成化、通用化、工厂化、装配化的原则,采用整体式厨房、成品木地板以及成品套装门,提高成品住宅的装配率,较大程度实现了室内全装修工业化。在竣工交付前,室内所有功能空间及固定面、管线全部施工完成,套内水、电、卫生间等日常基本配套设备部品完备。通过一体化设计、配套化部品、专业化施工、系统化管理,实现工业化建筑内装功能、安全、美观和经济的协调统一。户型从动线设计、功能设计、光环境设计及材料选择上都充分考虑老年人使用的特殊性。尽量采用暖色调家具及饰品,符合老年人审美观,保证老年人生活的安全性、便利性及舒适性(图24、图25)。

图24　整体式厨房装修效果　　　　图25　整体式卫生间装修效果图

7　智慧家居技术

本工程智慧家居技术系统是一个综合性的系统，覆盖照明、遮阳、供暖与空气源热泵、影音娱乐、安防系统等各种日常生活功能需求，可以让用户通过多种方式控制和管理系统的设备，也可以在传感器和逻辑模块的作用下，自动执行各种任务，给用户带来全方位的智能生活体验。

7.1　智慧家居技术架构（图26）

图26　技术架构图

7.2　智慧家居系统

智能家居设计方案涵盖了智能语音控制系统、智能照明系统、电动窗帘系统、背景音乐系统、暖通控制系统、智能家电控制系统、安防报警系统、智能门锁系统、视频监控系统、环境感知系统等，并最终利用先进的计算机技术、网络通信及现代控制技术作为核心，把建筑内的所有系统和设备有机地整合为一体，进行远程控制或定时控制和管理，从而创造出舒适、便捷、安全、节能的居住环境（图27）。

图27 室内智慧家居系统布置图

7.3 智慧家居功能模块

（1）智能服务机器人控制系统

智能服务机器人控制整个智慧家居系统。能够与人类进行语音交互，具备深度学习功能，可通过用户的使用，掌握用户独有的生活习惯等数据，在下一次用户有需求时机器人就可以主动地为用户完成操作任务。此外，在语音操控的基础上，最新的人工智能系统，打通互通互联互控平台，可以控制家电、监护家庭、视频通话聊天、百科知识学习，实现人机交互的全新体验，它重新定义了万物互联时代的人机交互标准，未来将成为每个家庭的智能新成员（图28）。

（2）室内温度与环境远程控制系统

本系统可以通过手机提前开启空调，回到家便可以享受到舒适的温度，能够根据室内的空气质量自动运行新风系统，控制地暖、空调、空气质量，保

图28 智能家居服务机器人

证家人的健康（图29）。

（3）安全与安防系统

本系统可以实现智能警报，发生意外时，系统可以触发警报并且向制定的联系人发送报告信息。安防监控系统，用户可以通过手机查看监控摄像头的实时画面；智能门锁系统，智能门锁可以有多种解锁方式，帮助用户实时了解家人的出入情况；遇到危险时，还可以在正常开门的同时向制定的联系人发送求助信息；场景模拟系统，模拟有人在家时，电器的使用场景，防止入室盗窃（图30）。

（4）智能照明系统

该项目智慧建筑系统可以连接各种类型的电灯，实现开关控制、调节亮点、环境灯光控制等智能照明功能（图31）。

图29　室内温度与环境远程控制系统

图30　智能门锁系统　　　　图31　智能照明系统

（5）影音娱乐系统

把音乐、电视以及家庭影院连接到系统中，在一个界面上控制家里所有的影音娱乐设备，背景音乐系统可以播放多种格式的输入源文件，手机也可以控制电视和家庭影院。

（6）场景控制

用户可以创建多种场景，一键控制多个电器设备，快速地为各种活动创造最佳的气氛。包括用餐模式、聚会模式、电视模式、晚安模式、浪漫模式、离家模式、回家模式等。

8 专家点评

预制装配式建筑技术和被动式超低能耗建筑技术是未来建筑的两大方向，实际上也是一个现代绿色建筑问题的两个主要方面、两大主要特征。最终二者必然协同并进，达到和谐与有机的统一。

本项目是夏热冬冷地区首栋将装配式技术与被动式超低能耗技术相结合的示范项目，它集研究与工程化应用于一体，对促进建筑行业转型和节能减排具有较高的示范意义。该项目技术研究成果能够适应从多层到高层各种类型的建筑，必将具有广泛的应用市场前景。

济南汉峪海风·海德堡
被动式超低能耗绿色建筑示范项目实践研究

刘洋

日照山海大象建设集团

摘　要：济南汉峪海风·海德堡被动式超低能耗绿色建筑先后被列为山东省被动式超低能耗绿色建筑示范工程和山东省新旧动能转换示范项目，是济南市首家采取德国被动式建筑技术的居住建筑，该示范区面积10.8万㎡，也是目前山东省体量最大的被动式超低能耗居住建筑，示范意义巨大。本文介绍了德国被动式建筑技术在高层居住建筑中的实践研究，并进行了各项技术实践应用及经济分析。

关键词：被动房；超低能耗建筑；保温隔热性；气密性；无热桥设计；高效新风热回收系统

1　项目概况

济南汉峪海风·海德堡被动式超低能耗绿色建筑社区总建筑面积10.8万㎡，先后被列为山东省被动式超低能耗绿色建筑示范工程和山东省新旧动能转换示范项目，2016年12月施工图纸通过山东省住建厅组织的专家审查。社区7栋高层住宅楼是山东省体量最大的被动式超低能耗绿色建筑。图1所示是济南汉峪海风A3地块鸟瞰图。

本示范项目主要技术特征为：保温隔热性能更高的非透明围护结构；保温隔热性能和气密性能更高的外窗；无热桥的设计与施工；建筑整体的高气密性；高效新风热回收系统；充分利用可再生能源。建筑物全年供暖供冷需求显著降低，建筑节能率达到90%以上。

图1　济南汉峪海风A3地块鸟瞰图

2 "被动式房屋"显著特点

"被动式房屋"是德国物理学教授沃尔夫冈·费斯特在19世纪80年代末经过大量的计算和科学的论证提出的一种新型节能房屋的理论。其特点是在建筑增量成本合理的前提下，让建筑物能同时达到极低的能源消耗和极佳的室内微气候环境。

3 被动式建筑技术指标

被动式超低能耗居住建筑区别于中国传统的建筑节能设计，它是以能耗为目标导向的性能化设计，通过各项技术指标分析，构造最佳的建筑围护结构，使建筑热传导损失和通风设备热损失最小化，再加上适合的热回收装置，取消传统的供暖系统，其各项指标均优于目前国内节能建筑的标准。本示范项目均按照《山东省被动式超低能耗居住建筑设计标准》（能耗指标及气密性指标见表1）进行性能化设计。

表1 被动式超低能耗居住建筑的能耗指标及气密性指标

指标内容	夏季	冬季
年供暖（冷）需求指标	$\leq 25 kWh/(m^2 \cdot a)$	$\leq 10 kWh/(m^2 \cdot a)$
年供暖、供冷和照明一次能源消耗量	$\leq 60 kWh/(m^2 \cdot a)$	
气密性指标：换气次数（N50）	$\leq 0.6 h^{-1}$	

山东省被动式超低能耗居住建筑室内环境参数见表2。

表2 被动式超低能耗居住建筑室内环境参数

室内环境参数	冬季	夏季
温度（℃）	≥ 20	≤ 26
相对湿度（%）	≥ 30	$40 \sim 60$
新风量（$m^3/h \cdot$人）	≥ 30	
噪声dB（A）	昼间≤ 40；夜间≤ 35	
围护结构内表面温度与室内温度差值（℃）	≤ 3	

4 模拟计算

本文的介绍以示范项目22号楼为样板楼,其地上17层,地下二层,剪力墙结构,建筑面积为6655.8m²,建筑高度5.55m,建筑规整紧凑,体形系数为0.23。模拟面积为使用面积,且不包括地下室,模拟面积为4582.25m²,其中空调面积为3879m²,非空调面积为703.13m²。

4.1 围护结构各项性能参数(表3)

表3 22号楼围护结构各项性能参数

围护结构各位	主要工程做法	传热系数
外墙	220mm 石墨聚苯板保温层+200mm钢筋混凝土墙	0.16W/(m²·K)
屋面	220mm 石墨聚苯板保温层+120mm钢筋混凝土屋面	0.14W/(m²·K)
供暖与非供暖空间的隔墙	80mm岩棉板保温层 + 200mm 加气混凝土砌块墙	0.46W/(m²·K)
外窗	被动式铝木外窗(5Low-E+12Ar+5+12Ar+5Low-E)	0.80W/(m²·K)
外门	被动式门	0.80W/(m²·K)

4.2 模拟软件模拟计算结果

本项目位于山东省济南市,气候子区为寒冷B区。现选取济南地区典型气象年逐时气象参数用于项目冷热负荷及其能耗模拟计算。利用DesignBuilder建筑模拟软件,可实现对建筑室内环境的全年8760小时的能耗模拟计算,为了使计算结果更加精确,软件充分考虑了围护结构材料对温度波的衰减和延迟。

通过以上性能参数模拟分析计算样板楼22号楼,项目建筑负荷及累计需求结果见表4。

表4 22号楼建筑累计需求结果汇总表

项目统计	单位	结果
年供热需求指标	kWh/m²·a	6.36

续表

项目统计	单位	结果
年供冷需求指标	kWh/m² · a	28.27
一次能源需求指标	kWh/m² · a	94.74

注：1. 建筑面积及空调面积为模拟输出；各指标计算使用空调区域面积。
  2. 最大热负荷出现时间为1月17日10:00。
  3. 最大冷负荷出现时间为8月9日21:00。

模拟结果年供冷需求超过《山东省被动式超低能耗居住建筑设计标准》25kWh/m² · a的限值，可以增加活动的外遮阳避免夏季太阳热辐射直接进入室内，降低供冷需求。但碍于业主的生活习惯，居住建筑活动外遮阳的利用率很小，对降低供冷需求效果不是很明显，而且对于居住建筑外遮阳增量成本高，考虑投资回报率很低，最后本项目没有采用活动外遮阳。

5　被动式建筑技术主要施工做法的实践研究

5.1　围护结构外墙保温施工做法

本工程围护结构外墙采用薄抹灰外墙保温系统，该系统对主体结构的基层平整度要求比较严格，为了保证更高的施工质量，建筑模板选用铝合金膜板系统。围护结构保温选用性能更高的石墨聚苯乙烯保温板。围护结构保温分双层错缝粘贴，采用专用的断热桥锚固件，保温层应连续完整，严禁出现结构性热桥。图2是外墙防热桥锚栓，图3是外墙保温做法。

图2　外墙防热桥锚栓

图3　外墙保温做法

5.2 围护结构外窗安装做法

如图4所示,区别普通节能建筑,本项目外窗在主体结构外侧,安装在外保温构造层中,采用专用角钢构件连接,需在角钢与结构墙体连接处增加隔热处理,这种安装形式更利于减少建筑的热损失。外窗与主体结构连接处内外侧分别粘贴防水隔汽膜和防水透气膜,形成连续完整的气密层。外窗选用双Low-E三玻双中空玻璃和高隔热铝包木型材,玻璃采用暖边间隔条,整窗U值≤0.8W/($m^2·k$),且整窗的耐火完整性不应小于0.5小时,如图5、图6所示。

图4 外窗安装施工做法

图5 户门内外侧防水雨布施工做法

图6 外窗台板施工做法

5.3 无热桥技术措施

被动式建筑设计中,应严格控制热桥的产生,对建筑外围护结构进行无热桥设计,如图7所示,在易产生热桥的位置(如:建筑构件之间、各种外墙管道)采用了特制的隔热构件,穿外墙预留套管与管道间隙用保温材料填塞,户内插座和开关均预留在户内墙体中,这些措施有利于避免热桥的产生,减少了建筑内部热量的散失,同时杜绝了由于热桥产生的结露问题,如图8所示。

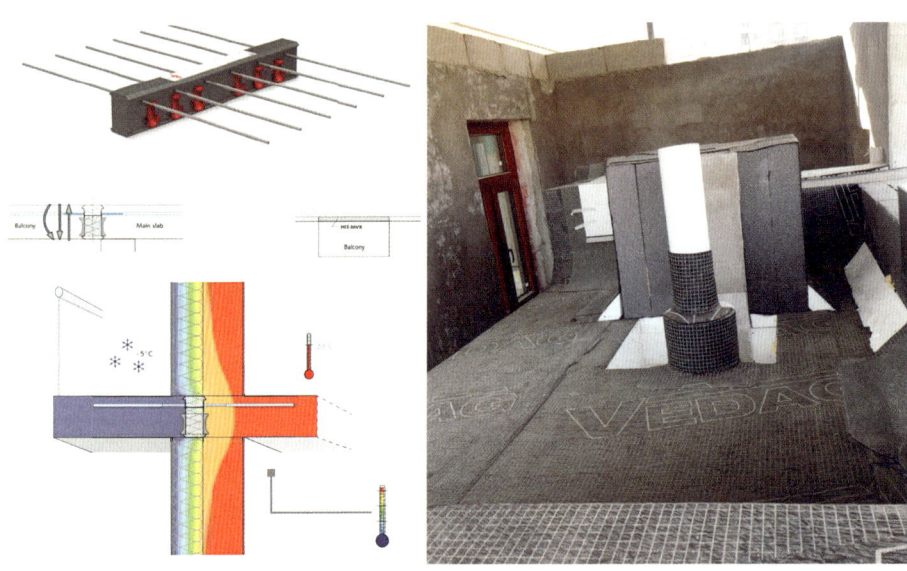

图7 室外空调专用断热构件　　　　图8 出屋面厨房烟道施工

5.4 围护结构气密性处理

本项目建筑围护结构气密层是以户为单位,气密层连续包围整个外围护结构内侧,建筑竣工后必须经过鼓风门进行气密性测试,测试标准为N50≤0.6/h。建筑围护结构的气密性是实现被动式超低能耗建筑非常重要的环节,良好的气密性是减少建筑热损失的途径,同时减少室内噪音和室内的空气污染,提升室内环境的生活品质。

被动房屋围护结构气密性主要做法:

(1)建筑除选用气密性能更高的门窗外,在安装时与墙体交接处同时也采用气密性薄膜和膨胀密封胶条组成的密封系统密封处理;

(2)穿外墙和楼板各种管线、屋面的排风烟道和排水立管做好保温的同时,也需要气密性薄膜做好封堵,增加建筑户内的气密性;

（3）户内电线管、电线盒安装在混凝土墙里，将电线管穿完电线后，电线管内采用专用密封胶封堵；如遇到电线管、电线盒在砌块墙体上时，电线盒背面与洞口应用石膏严密封堵，待电线管穿完电线后，管内也应采用专用密封胶封堵，如图9所示。

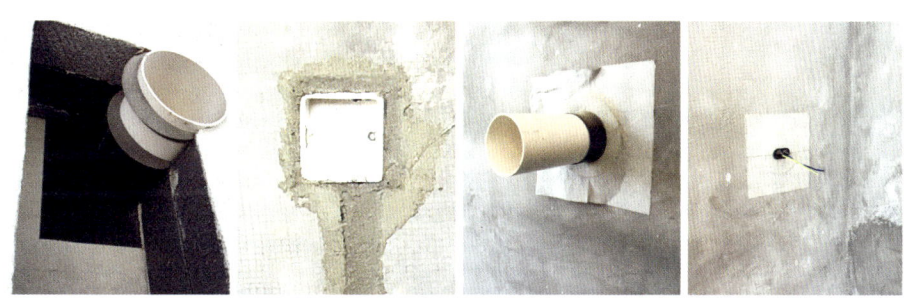

图9　室内穿外墙风道、管道密封做法示意图

5.5 高效新风热回收系统

本项目设备集新风、制冷、制热、除湿、空气净化功能于一体，热回收效率达到75%以上，设备与室内风管连接后成为一个室内空气处理系统，提供洁净、舒适的室内居住环境，满足人们的需求。由于厨房油烟机的体积流量远大于普通送风，需要在厨房内单独增加补风设备，避免在室内产生负压。为保证所有房间能得到充分的通风，内门与地面之间应预留20mm的回风间隙。

6 可再生能源利用

为了充分利用太阳能资源，本项目屋面设置分布式太阳能光伏发电系统，利用光伏电站系统提供公共空间日常用电，补偿因不能设置太阳能热水器而增加的能源消耗，以达到整个小区绿色节能的目标。分布式光伏电站每年发电大约273021kWh，光伏发电与太阳能热水节约的电能比达到83%，基本达到了太阳能资源充分利用的效果。生活热水方面采用了燃气热水器。

7 综合监测系统

本项目针对被动式建筑特点制定了全方位综合监测系统，包括室内外环境与空气质量、围护结构热工、建筑用电量监测等，采用物联网平台，构建一个远程的综合监测与展示网。平台可显示温度、湿度、PM2.5、VOC、二氧化碳等热舒适度指标等基本参数。

8 与山东现行75%节能建筑工程投资比较分析

通过国内近几年不断研究与实践，被动式超低能耗建筑已经形成比较成熟的设计、建造和评价体系。大量建成项目的效果证明被动式超低能耗建筑有很好的发展前景。

22号楼被动式建筑投资总成本与山东现行75%节能住宅成本对比分析见表5：

表5 被动式建筑投资与山东现行节能住宅成本对比

项目名称	节能75%房屋（元/m²）	被动房屋（元/m²）
土方	62	62
土建	1010	1010
装饰	230	230
电梯	70	70
保温	160	430
外窗、门	240	440
热桥处理做法	0	10
热回收系统	0	220
水电暖	280	230
小计	2127	2777
室外工程及绿化	200	200
管理费	60	60
规划设计	236	236

续表

项目名称	节能75%房屋（元/m²）	被动房屋（元/m²）
验收成本	180	180
土地款	660	660
不可预见费3%	87	105
财务费用	911	1011
市政配套	150	120
成本合计	4611	5349

本项目22号楼被动式超低能耗建筑投资总成本比山东现行75%节能住宅多738元/m²。

被动房与普通住宅相比，配套工程费用大幅度减少，节约热交换站所占用的土地。被动房使用后，大大降低了对能源的需求，减少了城市大型基础设施建设的投资。

9 结论

被动式超低能耗建筑在冬季和夏季不用传统的供热（制冷）系统，大量使用可再生能源或废热利用，建筑节能减排效果非常显著。被动房屋的节能理念和居住舒适健康性能，得到社会各界人士的高度评价。尤其是山水龙庭被动式超低能耗住宅示范项目2015年验收合格后，得到社会各界的认可。

参考文献

［1］被动式超低能耗居住建筑节能设计标准DB37/T 5074-2016［S］.

［2］被动式低能耗居住建筑节能设计标准DB13（J）/T 177-20［S］.

［3］刘令湘. 无源房屋——能量效益最佳建筑［M］. 中国建筑工业出版社，2010.

［4］孙建慧. 中德被动式低能耗建筑示范项目——秦皇岛"在水一方"住宅楼技术研究［J］. 建设科技，2012（8）.

技术产品应用

被动式超低能耗建筑外遮阳的施工管理

吴亚洲 贺国年 李亚楠

北京科尔建筑节能技术有限公司

摘 要：在被动式超低能耗建筑中使用外遮阳很有必要，既可以在夏季降低空调能耗，又可以在冬季降低采暖能耗。本文介绍了外遮阳系统产品的分类与特点、施工流程及施工规范，对于外遮阳的使用给出了具体指导方案。

关键词：外遮阳产品；节能数据；施工规范；施工流程

1 被动式超低能耗建筑使用外遮阳的必要性

在夏季，采取合理的建筑遮阳措施可以有效遮挡阳光直射，明显降低建筑物空调能耗；在冬季，夜晚关闭遮阳装置可以使窗户具备更佳的保温效果，能够有效降低采暖能耗。欧洲遮阳组织（The European Solar Shading Oraganization）的实验数据显示，采用建筑外遮阳使建筑物节能效果显著，总体上可以节约空调能耗25%以上，节约采暖能耗10%以上。

1.1 建筑外遮阳改善室内热环境和光环境的分析

建筑遮阳是建筑节能的有效方式之一。被动式超低能耗建筑透明围护结构部分使用建筑遮阳，可以避免阳光直射，有效改善室内热环境和光环境，能够极大地提高建筑物室内的健康舒适性。

2014年COLE科尔联合北京中建建筑科学研究院进行建筑遮阳产品节能测试——中间建筑外遮阳测试。

1.2 中国寒冷地区（北京）外遮阳节能数据实测

节能数据的检测方案如图1所示。

（1）检测结果

在室外平均温度、室外辐照度基本一致的情况下选择相邻两天卷闸窗分别伸展、收回时的数据,对外遮阳效果进行分析,对比室内温度。时间段为7:30~20:00;同时控制室温均为26℃,采集空调用电量,对比结果见表1。

2014年,COLE科尔联合中建建筑科学研究院进行建筑遮阳产品节能测试。

图1　节能数据实测

表1　室内平均温度 & 空调用电对比表

房间	时间	卷闸窗状态	室内平均温度(℃)	温差(℃)	室内平均温度最高值(℃)	温差(℃)	室外平均温度(℃)	平均/最高太阳辐照度(W/m²)	空调用电(整个住宅)
西南侧房间	2014.8.19	收回(关闭)	27.30	2.92	38.13	11.88	32.47	545/914.9	3.14
	2014.8.20	伸展(开启)	24.38		26.25		32.01	606/973.5	1.78
	2014.8.25	收回(关闭)	29.50	4.27	43.13	14.75	32.09	597/996.3	4.44
	2014.8.26	伸展(开启)	25.23		28.38		32.92	509/986.4	2.16

(2)综合评价

西南向房间使用外遮阳卷闸窗产品,在室外气候条件相同的情况下,室内温度降低幅度明显,靠近外窗部位最高温度可降低12℃;从比较情况看,平均温度可降低3℃,理论节电量30%;实际节电量分别为43%和51%,见图2。

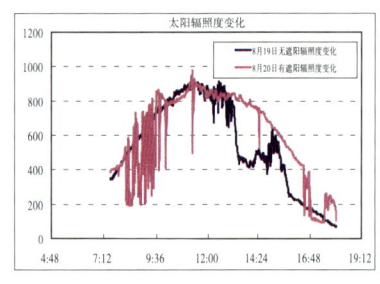 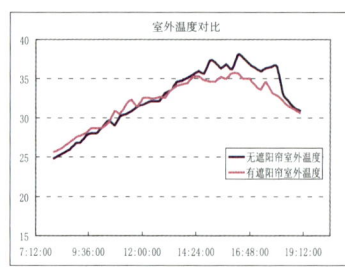 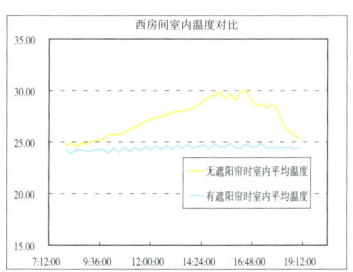

图2 室内外温度对比

1.3 外遮阳的作用

使用外遮阳产品对于改善被动式超低能耗建筑室内的舒适性有以下四个方面的突出贡献。

（1）温度：20~26℃；

（2）温差：局部温差小于等于3℃；

（3）相对湿度：40%~60%；

（4）降低噪音：20dB。

2 被动式超低能耗建筑外遮阳产品的主要种类

适用于被动式超低能耗建筑的外遮阳系统产品通常分为以下三类。

2.1 外遮阳电动卷闸窗

外遮阳电动卷闸窗的性能参数见表2。其外观和内在构造如图3和图4所示。

表2 外遮阳电动卷闸窗的性能参数

序号	项目	性能参数
1	抗风等级	5级
2	叶片材质	3005铝合金，壁厚0.27mm，填充聚氨酯发泡密度≥70kg/m³
3	导轨	6063-T5铝合金，壁厚>1.2mm
4	罩壳	6063铝合金，壁厚>1.0mm
5	端盖	ADC12（YL113）铝合金

- 技术产品应用 -

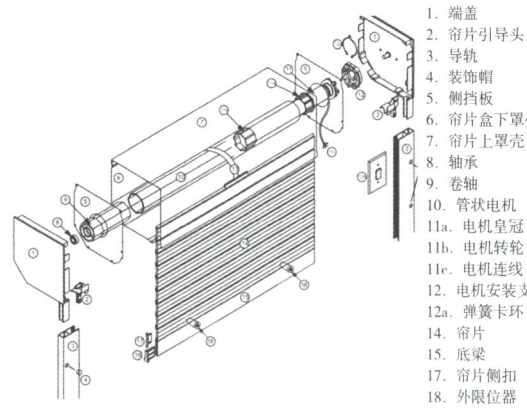

图3　外遮阳电动卷闸窗　　　图4　外遮阳电动卷闸窗内在构造

2.2　外遮阳 VR90电动百叶帘

COLE科尔外遮阳百叶帘系统产品特点如下：

（1）特殊的结构设计，经专业机构检测抗风性能更适用于高层建筑；

（2）特殊的Z型叶片设计，使其具有全遮光效果，满足室内对光线苛刻的要求；

（3）优异的遮阳、隔热性能，显著降低空调能耗；

（4）叶片外形优雅美观，符合建筑外观的美学要求。

2.3　全金属 GM90电动百叶帘（链条传动系统）

COLE科尔全金属百叶帘（型号GM90，如图5所示）采用链条传动系统，具有比VR型百叶帘更为稳定的性能，适合安装在公共建筑、酒店等场所，也适合安装在别墅和阳光房的门窗或顶面。

COLE科尔GM90百叶帘帘片材质为高等级铝镁合金材料，截面90mm，厚度0.6mm，C型的形态保证全部必要的强度测试，表面防腐蚀聚酯烤漆釉面工艺处理。COLE科尔GM90侧轨横断面为U形，尺寸为98mm×40mm，由铝合金挤压成型。表面美化喷涂处理。

产品技术特点如下：

（1）链条式传动系统装配于U型轨道内，其交接的构造保持动力传递强

图5 科尔全金属百叶帘

力可靠;

(2)系统设计齿轨组成非常精密的折叠结构,十字节轴将所有叶片在任意位置锁定;

(3)侧轨槽口嵌入灰色塑料密封条,抑制系统运行中的金属摩擦噪音。铰链除了完成百叶帘帘片的升降动作,还驱动百叶帘帘片进行翻转,调整角度状态满足室内自然光线的需求。

3 被动式超低能耗建筑外遮阳系统方案设计

3.1 技术要点:抗风荷载

(1)按照《建筑结构荷载规范》GB 50009[1]和《建筑遮阳工程技术规范》JGJ 237-2011[2]的标准,建筑外遮阳应进行"抗风振""抗地震"承载力验算,并且要考虑以上载荷的组合效应。遮阳装置的抗风压安全问题是建筑遮阳工程的第一个重点;

(2)安装方式:为了满足工程整体外装效果,建筑外遮阳大部分采用嵌入式安装方式。安装难题和检修问题是第二个重点。

3.2 风荷载取值水平总体情况

高层建筑偏小,主要原因在脉动风压和风振响应,如图6所示。

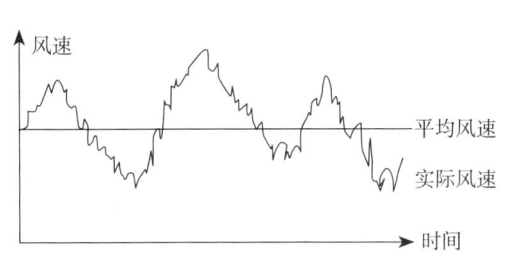 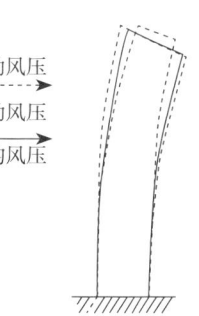

图6 脉动风压和风振响应

（1）风荷载标准值

垂直于建筑物表面的风荷载标准值计算公式：

$$W_k = \beta_{gz} \mu_s \mu_z W_0$$

β_{gz}——高度z处的阵风系数；

μ_s——风荷载体型系数；

μ_z——风压高度变化系数；

W_0——基本风压。

（2）北京风压参考值如表3所示

表3 北京风压参考值

海拔高度（m）	10年一遇风压（KN/m²）	50年一遇风压（KN/m²）	100年一遇风压（KN/m²）	10年一遇雪压（KN/m²）	50年一遇雪压（KN/m²）	100年一遇雪压（KN/m²）	雪荷载准永久值系数分区
54	0.3	0.45	0.5	0.25	0.4	0.45	2

$W_0 = V_0^2 / 1600$（V_0为当地基本风速）

W_0——基本风压，按《建筑结构荷载规范》GB 50009-2012[3]附表给出50年一遇的风压。

北京地区建筑风载荷计算，假如楼层20层，高60米，西向。

50年一遇风压$W_0 = 0.45 KN/m^2$，查表可知$\beta_{gz} = 2.14$，$\mu_s = 1.3$，$\mu_z = 0.77$，所以$W_k = \beta_{gz} \mu_s \mu_z W_0 = 2.05 \times 1.3 \times 1.2 \times 0.45 = 1.4391 KN/m^2$

（3）垂直于遮阳装置的风荷载标准值应按下式计算：

$$W_{ks} = \beta_1 \beta_2 \beta_3 \beta_4 W_k$$

卷闸窗：

$W_{ks}=1.4391 \times 0.7 \times 0.8 \times 1 \times 0.6= 0.484KN/m^2$

百叶帘：

$W_{ks}= 1.4391 \times 0.7 \times 0.8 \times 0.4 \times 0.6=0.193KN/m^2$

结论：外遮阳产品应用于高层建筑时，必须在设计之初进行抗风载荷计算，以满足不同地区、不同高度建筑物的风压要求。

3.3 无热桥设计

建设被动式超低能耗建筑应严格控制热桥的产生，对围护结构的附着物应进行细致地阻断热桥处理，使维护结构保温性能尽量均匀。无热桥设计遵循"断桥四原则"。

根据被动式超低能耗建筑技术导则的明确规定，窗户外遮阳施工重点控制预埋件角码（连接件）与主体结构锚固可靠以及角码（连接件）与基墙之间应设置保温隔热垫块。

金属预埋件与墙体之间增加的隔热板，材料导热系数不应超过0.2W/（m·K）；最宜采用纳入《被动式低能耗建筑产品选用目录》[4]的防潮保温垫板产品，其性能更为优越，导热系数：0.76~0.1W/（m·K）。

外遮阳系统安装设计应根据系统类型特点采取针对措施，并尽量减少接触面积，典型外遮阳产品安装措施参见图7~图10中的节点。

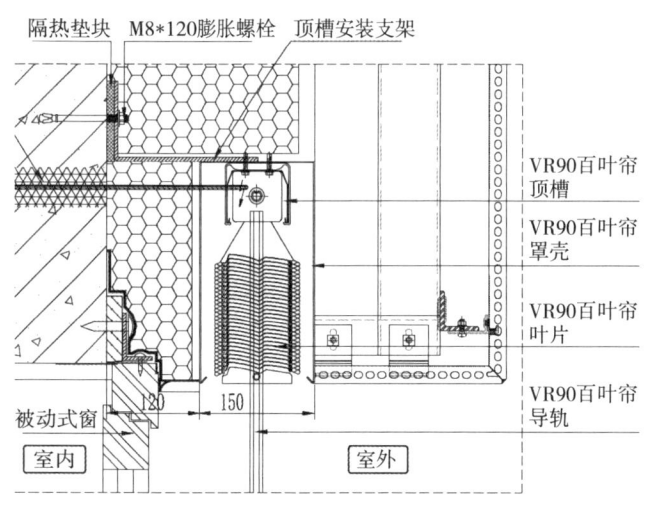

图7 VR90百叶帘安装竖剖节点

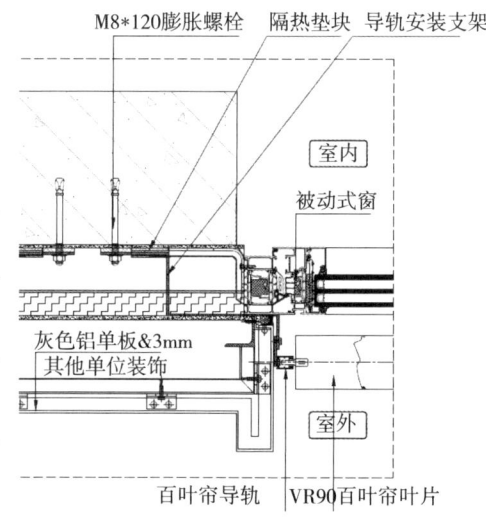

图8 VR90百叶帘安装横剖节点

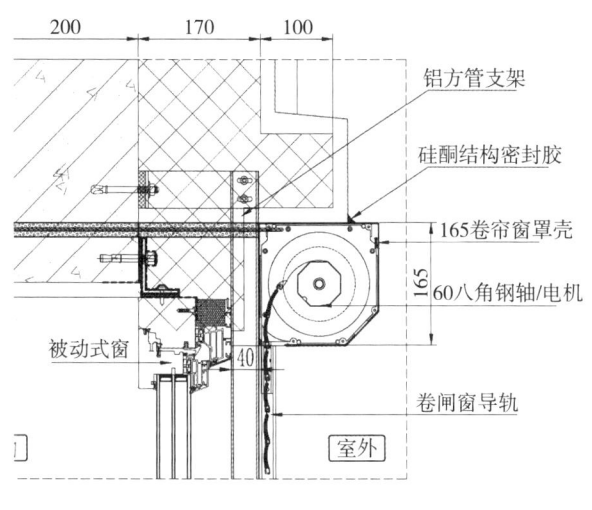 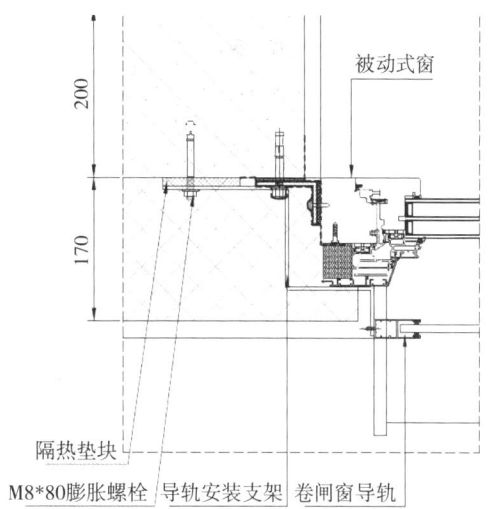

图9 卷闸窗（硬卷帘）安装竖剖节点　　图10 卷闸窗（硬卷帘）安装横剖节点

3.4 穿墙孔洞气密性处理措施

气密性措施是被动式超低能耗建筑的关键性技术之一，建筑气密性对于实现超低能耗目标极其重要。建筑气密性是维护结构内侧设置包围建筑受热体完整的气密层，所以对穿透气密层的穿墙管线应采取预埋穿线管的方式，并对与围护结构交界节点进行密封处理。

被动式超低能耗建筑外遮阳工程预埋线管施工重点控制以下要点：

（1）穿墙管路贯穿部位距外遮阳用电点应选择最小施工距离；

（2）穿墙孔与预留套管之间的缝隙应以聚氨酯发泡材料进行填充；

（3）电气接线盒安装应先在孔洞内涂抹石膏或粘接砂浆，再将接线盒推入孔洞，保障接线盒与墙体嵌接处的气密性；

（4）穿墙孔与预留套管及管道间的缝隙应进行可靠封堵；

（5）室内电线管路可能形成空气流通通道，线管敷设完毕应对室内外两端端部位使用防水隔汽膜和防水透气膜进行封闭处理，保障气密性；

（6）电源管线穿出保温界面处应使用预压膨胀带可靠密封，并具有便于接线调试的弹性。

COLE科尔在被动式超低能耗建筑项目上的做法节点，参见图11～图13。

图11　VR90百叶帘穿墙线管做法节点

图12　卷闸窗（硬卷帘）穿墙线管做法节点

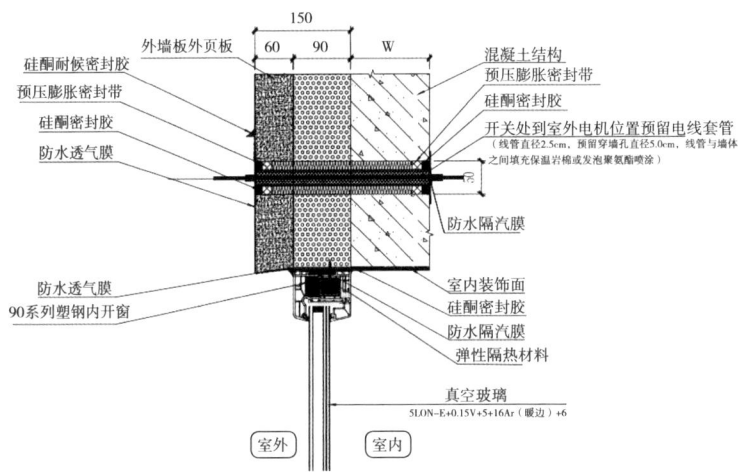

图13　装配式被动房建筑穿墙线管做法节点

4　被动式超低能耗建筑外遮阳系统安装

4.1　施工流程

图14所示为施工流程图。

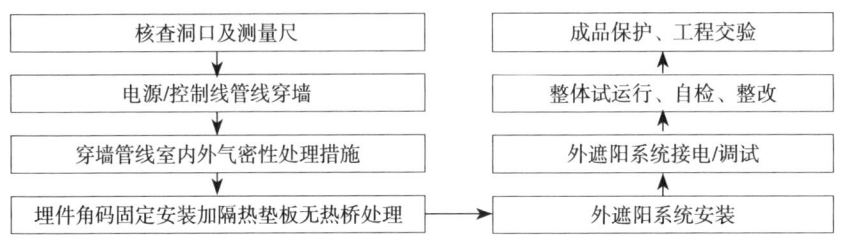

图14　施工流程图

4.2 施工规范

1）核查外遮阳系统施工条件

第一阶段：外门窗完成安装施工。门窗外侧与基层墙体周边及外挂角码已完成防水透气膜的粘贴，达到干燥状态。

第二阶段：保温及外墙面施工完毕。

（1）检查门窗洞口收口尺寸一致性是否符合外遮阳专业技术交底要求，尺寸偏差超出±3mm控制范围比例不应＞5%；

（2）检查门窗洞口收口水平/垂直偏差，偏差＞5mm洞口比例不应＞5%；

（3）检查门窗洞口收口是否存在内/外八字，偏差应＜3mm，比例不应＞5%。

2）电源/控制线管预埋施工

（1）测量确定管线过墙打孔点位；

（2）钻孔要求形成13‰~3‰的外倾坡度；

（3）过线底盒固定、预埋线管与过墙孔之间的空隙，按密封工艺规范封堵；

（4）预埋线管与结构交界端面分别使用防水隔汽材料和防水透气材料粘贴密封；

（5）预留电源/控制线长度满足外遮阳系统接线需求。

3）角码（预埋件）固定施工

（1）外遮阳系统承重角码根据产品类型选定设计方位；

（2）外遮阳系统安装角码（预埋件）定位必须放线控制；

（3）外遮阳系统安装角码（预埋件）分布间距控制标准为50~80cm；

（4）外遮阳系统安装角码（预埋件）锚固点位，应在门窗防水透气材料敷设边界以外，避免破坏气密性；

（5）外遮阳系统安装角码（预埋件）布置应避开门窗外挂支架，其间距以角码的延长臂偏离门窗外挂支架表面凸起粘贴的防水透气材料，避免破坏气密性为原则；

（6）锚固螺栓入实体墙要求保证≥45mm，锚固件须符合GB/T 3048.6和GB/T 3048.5规范；

（7）角码（预埋件）与基墙之间必须加隔热垫块，对无热桥措施进行关键工序管控。

4）测量外遮阳安装所需洞口尺寸

（1）外墙保温外墙饰面施工单位交出门窗洞口完成面后，进行外遮阳工程现场测量工序；

（2）对测量数据进行统计处理；

（3）对超出外遮阳工程技术标准的洞口进行标记，请外墙保温与外墙饰面施工单位返工；

（4）对返工门窗洞口尺寸跟踪测量尺寸。

5）外遮阳系统安装施工

（1）根据现场节拍，分建筑朝向组织外遮阳系统安装施工；

（2）根据当日使用计划分拣外遮阳成品型号规格；

（3）外遮阳成品运输方式，根据现场条件和施工楼层，选择吊篮装运或楼内通道转运形式，安全输送到对应安装门窗洞口位置；

（4）根据外遮阳产品类型，确定该窗洞遮阳系统承重角码（预埋件）点位；

（5）使用卷尺和水平工具，确定外遮阳成品安装的正确位置；

（6）以选配螺栓/（螺钉）将外遮阳系统承重构件于角码（预埋件）锁紧连固；

（7）将外遮阳系统其他部件安装该产品的配合关系完成整体组装；

（8）检查外遮阳系统装配间隙是否符合标准，连接是否可靠，做必要的调整。

6）外遮阳系统调试

（1）按操作指南对外遮阳系统驱动电机进行正确接线；

（2）使用临对电外遮阳系统进行通电调试，观察运行状态；

（3）外遮阳系统做多次反复运行，达到产品技术标准后，设置上下限位；

（4）对外遮阳系统做工程方案设定的其他功能调试。

4.3 外遮阳工程验收

1）自检

（1）专人负责每套安装完毕的外遮阳系统符合性检查；

（2）观察、判断外遮阳产品规格、安装位置的正确性；

（3）观察、判断外遮阳系统连接件的可靠性；

（4）观察、判断外遮阳系统外表面有无划痕、变形等缺陷；

（5）观察、判断外遮阳系统各处收口的完整性和美观度；

（6）操作运用外遮阳系统，观察、判断运行是否顺畅、无噪声异响；观察、判断上下限位是否正确。

2）成品保护

（1）对通过自检的外遮阳系统，操作升至上限位置进行断电；

（2）对外遮阳系统控制连线、帘片外露部分进行规整和必要的包裹处理。

3）工程交验

安装工程合同约定备齐各项竣工交验资料，包括但不限于以下内容：

（1）各阶段实验报告；

（2）隐蔽工程检查记录；

（3）产品合格证书；

（4）产品检测报告；

（5）产品使用说明书。

参考文献

[1] 建筑结构荷载规范GB 50009 [S].
[2] 建筑遮阳工程技术规范JGJ 237-2011 [S].
[3] 建筑结构荷载规范GB 50009-2012 [S].
[4] 被动式低能耗建筑产品选用目录2018 [S].

关于暖边间隔条节能与耐久性能指标的探讨

王中[1] 贾立丹[2] 刘丰源[1]

1 中国建材检验认证集团秦皇岛有限公司；2 秦皇岛玻璃工业研究设计院有限公司

摘 要：伴随着暖边间隔条在节能中空玻璃中的普及，人们越来越关注暖边间隔条的节能与耐久性指标。本文以JC/T 2453-2018《中空玻璃间隔条第3部分：暖边间隔条》标准中等效导热系数、热失重和耐紫外线辐照性能三项性能指标为出发点，通过分析测试结果的数据，提出改进暖边间隔条性能的措施，旨在为暖边间隔条的优化提供参考。

关键词：暖边间隔条；等效导热系数；热失重；耐紫外线照射性能

1 引言

暖边中空玻璃系统自从20世纪70年代问世以来，已经发展了将近半个世纪。如今，无论是在国外还是在国内，暖边间隔条的市场占有量逐年提高，配套的暖边中空玻璃生产技术也日趋成熟。尤其是最近几年，各地政府还出台相关政策，主推耐久性能良好的暖边间隔条作为被动式低能耗居住建筑门窗专用间隔条。这是由于近年来国家乃至世界对节能减排的迫切需求，建筑门窗作为建筑节能的关键结构，从其设计之初便被提出很高的节能与耐久的要求。而作为暖边中空玻璃系统关键所在的暖边间隔条，其节能与耐久性能指标的好坏，关系到中空玻璃边部保温的程度和整体使用寿命。

本文引用了新颁布实施的《中空玻璃间隔条第3部分：暖边间隔条》JC/T 2453-2018标准中等效导热系数、热失重和耐紫外线辐照性能三项性能指标。这三项指标是暖边间隔条有别于不锈钢间隔条和铝间隔条的特殊之处，更直观地反映了暖边间隔条的节能与耐久性。研究的目的是为了探讨如何更好地改进暖边间隔条。

2 暖边间隔条的等效导热系数

2.1 等效导热系数的定义

德国标准DINV4108-4：2002-02给出一种定量化定义暖边间隔条导热系数的公式：

$$\sum(d \times \lambda) = d_1 \times \lambda_1 + d_2 \times \lambda_2 + \cdots + d_n \times \lambda_n \tag{1}$$

该公式表示由不同间隔条材料的厚度与其导热系数的积的和值[1]，用来评价热量传递性能的参数，属于理论计算。

由于暖边间隔条生产工艺多样，产品所用原材料种类繁多、结构各异，生产过程中原材料会存在一定的不均匀性，多为复合材料。因此，标准JC/T 2453-2018引入了暖边间隔条等效导热系数的概念，想以一种直接测量的方式来反映成品暖边系统边部位置的导热系数，评价暖边中空玻璃边缘间隔条位置热量传递性能的参数，以λ_{eq}表示，示意图如图1所示。

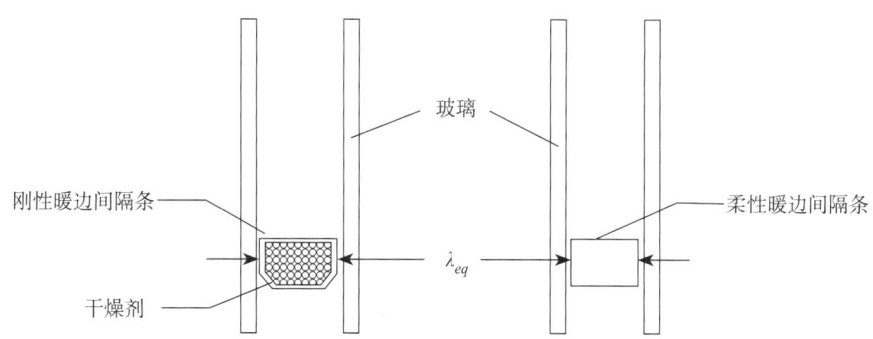

图1　暖边间隔条等效导热系数示意图

2.2 等效导热系数的测试装置

研究用导热系数测试装置采用双平板式结构，测试对象主要面向低导热系数的材料，依据国家标准GB/T 10294-2008中的"绝热材料稳态热阻及有关特性的测定——防护热板法"进行测试装置的总体设计[2]。此次研究用测试装置，热阻测量精度为0.00001，冷热板控温精度在0.001℃，平衡条件下计量板允许温差为0.1℃，冷板允许温差为0.2℃。环境温度应控制在23℃±2℃，相对湿度30%RH~70%RH。测试装置见图2，其装置结构示意图见图3。

图2 导热系数测试装置

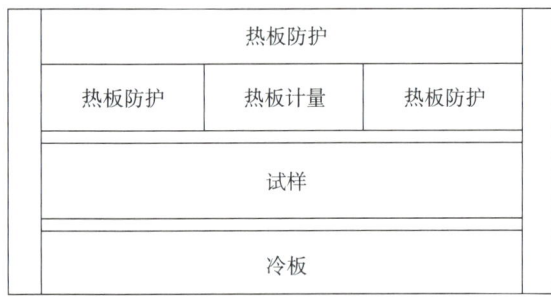
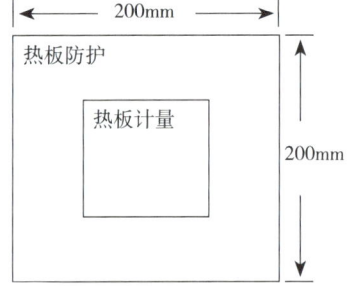

图3 导热系数测试装置结构示意图

2.3 等效导热系数的测量

按照标准JC/T 2453-2018中附录C的内容来制备试样和测量等效导热系数。

对不同结构和材料的暖边间隔条的测量，结果见表1。

表1 暖边间隔条等效导热系数测量数据

材质	样品规格	试样厚度 mm	等效导热系数 W/m·K
聚丙烯+不锈钢	16A	27.65	0.68735
	12A	23.10	0.72732
玻纤增强复合材料+复合膜	12A	23.21	0.35556

续表

材质	样品规格	试样厚度 mm	等效导热系数 W/m·K
复合材料	16A	27.11	0.51144
	12A	23.31	0.43015
PVC+不锈钢	16A	27.84	0.59098
	12A	24.17	0.61004
TPS	12A	21.41	0.41182
4SG	12A	21.77	0.43517

2.4 数据分析

从测试结果看，等效导热系数的大小，不仅取决于暖边间隔条的材质，还取决于样品的规格。柔性暖边间隔条的等效导热系数要略低于刚性暖边间隔条的等效导热系数；16A的试样等效导热系数要低于12A的试样；带有不锈钢材质的暖边间隔条等效导热系数都要略高；同样规格的玻纤增强复合材料+复合膜的暖边间隔条等效导热系数相对最低，符合材料固有的导热属性。

但是在实际的生产生活中，并不能一味地追求低导热系数材质的暖边间隔条，因为还涉及其生产工艺、生产成本，以及暖边间隔条的使用寿命问题。接下来，我们要探讨的即是暖边间隔条的耐久性能。

3 暖边间隔条的热失重

3.1 热失重的含义

热失重又称热重法（TG），是目前测定塑料聚合物使用最广泛的方法。暖边间隔条中常用的材料除不锈钢以外，还有如聚氯乙烯（PVC）、聚丙烯、玻纤增强复合材料、聚异丁烯等都属于高分子聚合物，用途广泛，具有耐磨损、阻燃、耐化学腐蚀和电绝缘性好等优势，但自身也存在易老化、热稳定性差等缺点。热重法的目的是为了检验暖边间隔条在保证强度的前提下，其耐热性能是否达标，是否满足在高低温环境下长期使用的要求。

3.2 热失重的测试方法

截取3根(100±2)mm的暖边间隔条,放置在环境温度(23±2)℃的干燥器皿中24h,使用精度为0.0001g的电子天平称量重量。通常热重法又分为定温法、非定温法和高解析法3类。此处采用定温法,它是在不同的温度下考察样品质量随恒温时间的变化[3]。使用设定温度为70℃的烘箱加热试样168h后,取出放置到真空干燥皿中冷却0.5h后再次称重,计算热失重。

3.3 热失重的测量

对于不同材质的暖边间隔条,按照上述测试方法测量暖边间隔条热失重,结果见表2。

表2 暖边间隔条热失重测量数据

材质	加热前试样质量(g)	加热后试样质量(g)	热失重(%)
聚丙烯+不锈钢	4.6119	4.6096	0.05
	4.5328	4.5299	0.04
	4.5243	4.5221	0.05
玻纤增强复合材料+复合膜	5.2298	5.2217	0.15
	5.3178	5.3125	0.10
	5.4263	5.4220	0.08
PVC+不锈钢	5.0572	5.0556	0.03
	5.1052	5.1028	0.05
	5.1125	5.1102	0.04
聚异丁烯	4.1019	4.1010	0.02
	4.2143	4.2120	0.05
	4.1762	4.1748	0.03

3.4 数据分析

从测试结果看,玻纤增强复合材料+复合膜材质暖边间隔条的热失重大于聚丙烯+不锈钢、PVC+不锈钢、聚异丁烯等材质暖边间隔条的热失重，说明高温对复合材料的影响要大于对聚丙烯、聚氯乙烯（PVC）、聚异丁烯等材料的影响。因为聚氯乙烯（PVC）、聚丙烯、玻纤增强复合材料、聚异丁烯等都属于近亲。例如PVC树脂与经过表面处理的玻璃纤维复合改性后制备出PVC/玻纤复合材料，大部分材料都是通过添加各种助剂和采用不同的成型方法，制备出性能各异的塑材，目的都是为了提高材料的力学性能和耐热性能。

高温对于这类塑材是一种不小的考验，往往夏季阳光长时间照射中空玻璃，中空玻璃腔内温度必然升高，持续高温环境通常会导致材料质量降低、树脂基体降解等问题。此时，材料的各方面性能都会降低，如材料的拉伸性能、弯曲性能、剪切性能、冲击性能等，带来的便是中空玻璃密封性能、抗压性能失效等严重问题。

阳光照射下的暖边间隔条，不仅受到高温的影响，还伴随着紫外线照射的影响，后者同样能加速暖边间隔条的老化。因此，在耐久性能方面，我们不仅要探讨暖边间隔条的耐热性，还要考虑暖边间隔条的耐紫外线辐照性能。

4　暖边间隔条的耐紫外线照射性能

4.1　紫外线辐照的机理

查看在一定时长的紫外线照射影响下，暖边间隔条是否有颜色变化，间隔条表面是否剥离出粉末。很明显，这也是对高分子聚合物材料的耐久性考验。

表3　各种光的能量

名称	波长（nm）	能量（kJ/mol）
紫外线	295	405.52
	355	336.98
	385	310.72

续表

名称	波长（nm）	能量（kJ/mol）
可见光	505	236.89
	605	197.73
	705	169.69
红外线	1005	119.03
	2005	59.66
	2995	39.94

由表3可看出，紫外线的辐照能量最大，它与材料的化学键能非常接近。高分子材料在单纯的紫外线照射下破坏并不是最终破坏，它只是破坏的第一步，也是最关键的一步。在热和氧的条件下，高分子聚合物会发生链式反应，发生降解，从而导致材料的物理性能和化学性能的下降。因而，紫外线既影响中空玻璃美观，又会造成中空玻璃密封失效，降低其使用寿命。

4.2 耐紫外线照射的测试

类似于《中空玻璃》GB/T 11944-2012标准中耐紫外线辐照性能检测，暖边间隔条耐紫外线照射时间要远大于中空玻璃的检测时长，需要连续照射504h，使用紫外线测试仪，辐照光源功率300W，在315nm~380nm波长范围内辐照强度不小于40W/m^{2}的紫外灯。图4反映在紫外线照射下不同时长暖边间隔条表面变色及粉化情况[4]。

图4　不同时长紫外照射暖边间隔条变色情况

5 结语

随着暖边间隔条在节能中空玻璃中运用的普及,人们对暖边间隔条的节能和耐久性能指标也越来越重视。在节能方面,暖边间隔条要优于铝间隔条,材料本身的低导热系数让它在节能中空玻璃领域占有举足轻重的地位。但一味地追求过低的中空玻璃边部传热不太现实,比如玻纤增强复合材料+复合膜的等效导热系数很低,但其热失重高于其他材质的暖边间隔条。所以,用节能和耐久性能的综合考量来评价暖边间隔条性能更为可靠。

暖边间隔条的耐久性,往往取决于其高分子聚合物材料的选取,从热失重和紫外线照射的测试结果与数据分析中可看出,高聚物发生光氧化降解需要具备三个条件,即紫外线照射、有氧的环境、一定的高温。普遍的方法是通过往材料中添加光稳定剂和抗氧剂来提高材料自身性能,或者向中空腔内充惰性气体。探讨这些性能指标旨在为暖边间隔条更节能、更耐久、更经济实用及更优化的发展提供思路。

参考文献

[1] 王积刚,黄日勇. 铝合金门窗幕墙节能技术概述[J]. 建筑节能,2007,01.

[2] 绝热材料稳态热阻及有关特性的测定——防护热板法GB/T 10294-2008 [S]. 2008.

[3] 刘元俊,贺传兰,邓建国等. 热重法测定聚合物热降解反应动力学参数进展[J]. 工程塑料应用,2005.

[4] ALU-PRO srl. Test Report of UV Radiation as per DIN EN ISO 4892-2 [R]. 2017-Mar-01.

铝窗系统在被动式建筑中大量应用的可行性

沈乐维

天津市格瑞德曼建筑装饰工程有限公司，十叶草（天津）科技有限公司

摘　要：传统理论认为铝窗不适宜在被动式建筑中大量应用，因为铝合金材质的导热系数高。但我们认为，铝合金材料无论从材料强度还是材料加工的难易程度而言，都是值得推广的；如果设计得当，在被动式建筑中大量应用是符合我国国情和建筑行业发展趋势的。

关键词：铝窗系统；被动式建筑；大量应用

1　引言

建筑门窗行业目前能够称为"节能门窗"的有三大类：铝窗、木窗、塑窗；能够满足被动式低能耗建筑标准的门窗也不外乎这三大类。在欧美市场上，将这三种门窗进行细分，多层住宅建筑多以塑窗为主，高层、公建多以铝窗为主，低层独立屋（别墅）多以木窗为主。我国多数时候沿袭了欧美国家和地区的做法，唯一不同的是由于传统审美和使用习惯的沿袭，我国多层建筑大多也使用铝窗。

铝窗自20世纪90年代传入我国，发展至今已经经历了将近20年，如今在我国建筑门窗市场上的占有率高达55%以上。随着我国房地产迅猛发展年代的结束，房地产开发行为进入了理性的年代，预计未来随着房地产开发行业的走势，与之息息相关的建筑部品行业包括门窗行业，会从过去低门槛的施工为主转变为研发生产为主，从而带动产业升级。

在全面推广被动式建筑的呼声下，铝窗由于其材质导热性能的不足，在门窗领域的市场占比会有下降的可能，但基于我国门窗行业与业主的使用习惯，铝窗依旧会在这三类门窗中占有绝大部分比例。那么，铝窗究竟能否满足被动式建筑的要求呢？

2 德国被动房研究院(PHI)的要求

我们知道,德国被动房研究院(PHI)对于满足被动式建筑的用窗有着很简单的要求,仅对整窗的U值(准确地说,是针对窗框的U值)进行计算,针对产品所处的气候带进行甄别。根据PHI原则,气候带被分为7类(图1)。我国气候带的分布却有着异于其他国家的问题,由于我国南北东西跨度较大,占了6类分布带,而且气候带分布较为复杂:在北方地区,就分布着两个气候带,黑龙江、吉林两省与内蒙古、青海、宁夏以及西藏北部和新疆西部与北部被共同分入严寒气候带(Cold),东北三省的辽宁、河北省(含京津)、山西省、陕西省和甘肃省被共同分入寒冷地区气候带(Cool,temperate);北至山东南到闽北,西至川西,被分入亚温带地区气候带(Warm,temperate);云南单独被划入温带地区气候带(Warm);广西南部、广东、海南以及闽南地区被分入亚热带气候带(Hot);台湾省被列为热带气候带(Very hot)。面对如此复杂的气候带分布,我们认为铝窗就其材质而言,相对于其他两种材料有着应对多种复杂气候环境的优势。本文主要讨论在寒冷地区气候带(Cool,temperate)环境中,被动式建筑对门窗的要求,以及铝窗是否能够满足这个要求。

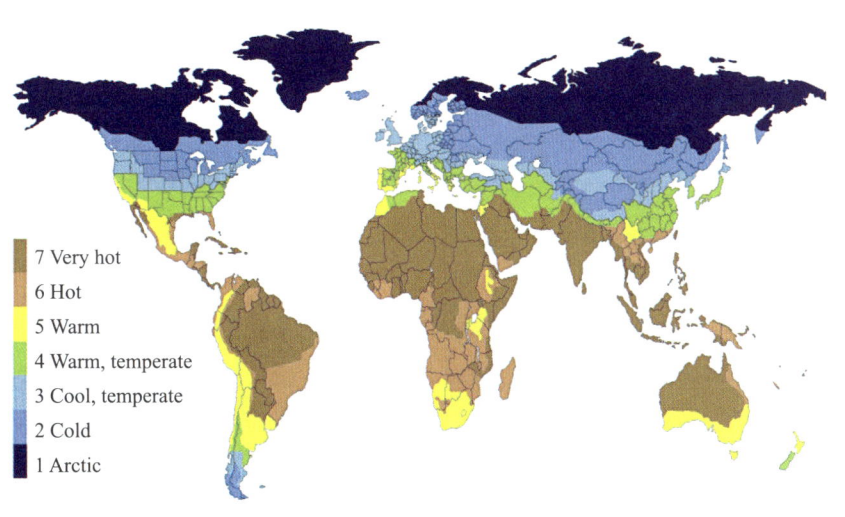

图1 全球气候带分布图

寒冷地区气候带（Cool，Temperate）覆盖了我国华北平原的大部分地区。按照PHI的要求，这个地区的门窗计算值要满足U值≤0.8，而我国第一部被动式低能耗建筑标准（被动式低能耗居住建筑节能设计标准，DB13J/T 177-2015）对窗的要求是实测数据满足K值≤1.0、气密性≥8级、水密性≥4级，基于实测数据略低于计算数据的常识以及K值本身低于U值的原则，再加上我国实验室检测条件远比欧美国家实验室检测条件苛刻，较之PHI偏重理论的计算要求，这个标准并非降低了，而是在一定程度上有所提高，充分诠释了我国建筑行业标准制定工作践行"实践是检验真理的唯一标准"这一宗旨的工作原则。

3　使用铝窗系统在被动式建筑标准下的优势及劣势

第一，我们认为铝窗系统完全能够满足被动式建筑的各项要求；第二，铝合金材料的热膨胀系数远低于木材与PVC材料，这有利于材料的南北运输；第三，铝合金材料材质及表面处理后的抗腐蚀能力远高于木材；第四，铝合金材料的抗弯强度、抗疲劳强度远高于PVC材料；第五，铝合金材料加工难度较低，成材率高，饰面多样，加工设备成本低，易于推广。但铝合金窗系统的问题也是致命的，就是铝合金材料的导热性能高，大部分情况下窗框传导只能靠断桥来解决，隔热断桥的长度直接影响着铝窗框的隔热性能，因而隔热断桥的品质就直接成为铝合金窗系统的核心问题。但这在铝窗系统的材料环节是可以解决的，毕竟有如泰诺风等德国企业生产的PA66材料能够在一定环境、时间条件下满足整窗安全要求。

4　隔热断桥的大小和强度对整窗各项性能的影响

一般来说，通过PHI认证的断桥铝合金窗系统，隔热断桥大都在60mm以上，很少有小于50mm的断桥铝窗系统通过认证。那么，如果使用这么大的断桥，整窗的其他物理性能是否会出现变化，大断桥在使用过程中受力出现衰减是否会对整窗的密闭性能产生影响，对于这些问题我们还没有系统的研究数据。这尚且是在整窗环节，如果按照被动式建筑要求的方法进行整窗安装，安装后整窗的物理性能（抗形变能力）有可能会再被衰减。图2所示是德国某通过PHI认证的在使用250mm外墙保温系统的情况下铝合金窗系统的安装节点，红色圈中所示是该系统安装时使用的预埋钢件，为了躲避断桥，窗框与结构预埋件接触的尺寸只有不到整体尺寸的1/3，而大部分窗框悬挑在结构件外侧，仅用外保温材料进行承托，隔热断桥承担了大量的压力甚至剪切力，这样会不会在安装后出现安全问题？图3所示，是该系统在使用180mm外墙保温系统的情况下的安装节点，虽然将窗框的部分缩进了结构墙里面，但是这违背了PHI对于整窗安装优化的等温线理论的诠释。

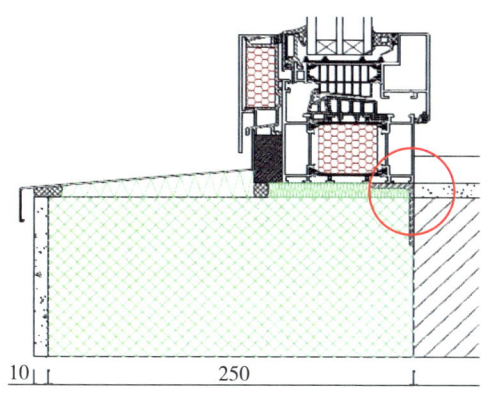
图2　使用250mm外墙保温系统的铝合金窗系统安装节点
资料来源：PHI网站某铝窗系统认证证书

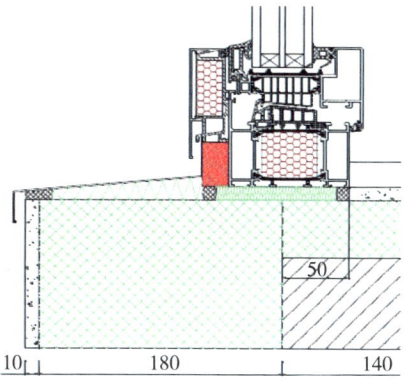
图3　使用180mm外墙保温系统的铝合金窗系统安装节点
资料来源：PHI网站某铝窗系统认证证书

5　GM-100Passiv铝窗系统的解决方案

我们认为原则上铝窗系统完全能够满足被动式建筑的要求，但在选择铝窗系统隔热断桥材料时，不宜选择过大过长的材料，35~40mm是比较合理的范围，这样可以保障在外悬挑安装的情况下整窗的安全性，但仅靠35~40mm隔热断桥无法满足被动式建筑对整窗传热系数的要求。所以，我们采用了与外墙保温原理相同的铝窗框外保温材料，通过隔热断桥与窗框外保温的共同作用，在满足整窗K值≤0.8的节能要求的前提下，最大程度地削弱了PA66断桥材料本身的衰减性对整窗强度的影响，提高整窗使用年限，同时有效降低铝合金窗系统在被动式建筑领域应用的成本。图4所示的GM外保温铝窗系统通过外保温与隔热断桥的结合，完全满足整窗在被动式建筑领域应用的各项指标。

我们采用39mm泰诺风隔条，结合外保温型材设计，将整窗传热系数控制在K=0.83W/（m²·K）的水平（实测值），结合完整的被动式建筑门窗墙体施工节点方案，如图5、图6所示，我们总结出了一整套完善的、满足被动式建筑要求的铝合金门窗系统解决方案。铝合金窗系统检测数据如表1。

图4 GM外保温铝窗系统

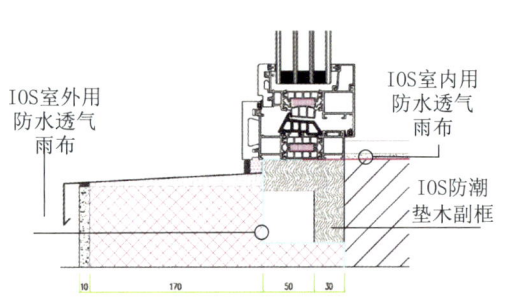

图5 被动式建筑门窗墙体施工节点1

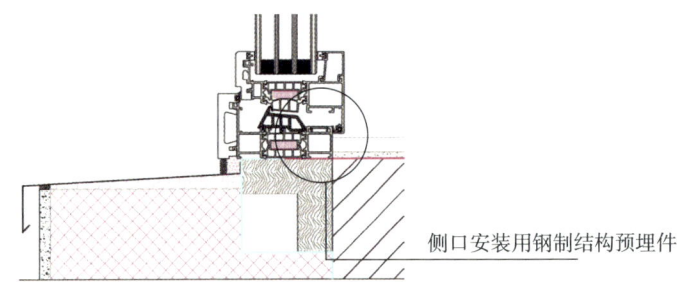

图6 被动式建筑门窗墙体施工节点2

表1 GM-100Passiv铝合金窗系统检测数据

	项目	参数指标	标准
1	抗风压性能	≥5000Pa	国家标准9级
2	气密性能（单位缝长）	0.35~0.39m³/（m·h）	国家标准8级
3	气密性能（单位面积）	0.63~0.71m³/（m²·h）	国家标准8级
4	水密性能	700Pa	国家标准6级
5	传热系数	K=1.5W/（m²·K）	国家标准8级
6	隔声性能	Rw=41dB	国家标准4级

6 关于铝窗系统安装的其他问题

在图5和图6所示的安装节点中,我们使用的系统配件如结构预埋件、防潮垫木、防水透气膜等,都需要一一匹配。

GM-100Passiv系统在安装的时候,将德国安所化工(ISOChimie)出品的ISO-Top Winframer System Bracket 80/80防潮垫木用作窗下口安装,如图7所示,室内和室外对所有不同材料的接口部位使用ISO-Con-nect Inside FD和ISO-Connect outside FD防水雨布进行粘贴裹覆,如图8、图9所示。

图7 德国安所化工的防潮垫木

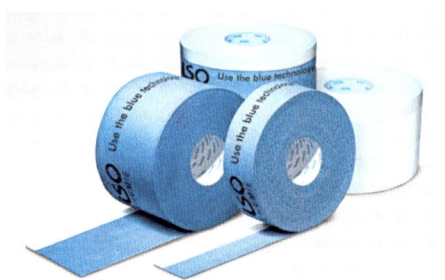

图8 ISO-Connect Inside FD防水雨布

图9 ISO-Connect outside FD防水雨布

7 总结

综上所述,铝窗系统完全可以满足被动式建筑对外窗包括节能性能、物理性能等各项综合性能在内的要求,关键是如何设计和采用何种配件,我们用现在的建筑部品发展理念来回顾我国20世纪80年代使用的空腹钢窗,已经完全不能够满足现行的各种关于门窗的规范了,但是冷弯钢型材制作的钢窗系统却不但能够满足我国各项规范,而且完全满足德国PHI对门窗的要求;这充分说明了建筑部品的发展曲线是螺旋向上的,在螺旋的顶端看,似乎曲线画了一个圈又回到了原点(图10),但是在侧面看,它却是持续上升的(图11)。

 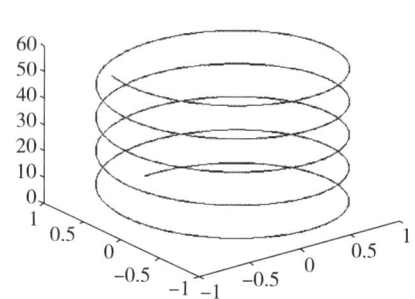

图10　建筑部品的发展曲线1　　　图11　建筑部品的发展曲线2

所以在我们看来，铝窗系统绝不会随着时代的脚步而被埋入坟墓；相反，随着技术的革新，产业的升级，更多优质的铝合金窗系统会如雨后春笋般地涌现，在被动式建筑领域得到大量的推广和应用是绝对可行和必行的。

保温材料对被动式铝合金门窗热工性能的影响[①]

赵及建 吕艳艳 杨连飞

河北奥润顺达窗业有限公司

摘　要：本文通过对断桥铝合金门窗几个常用产品进行模拟计算和数据分析，对比填充保温材料对其传热系数的影响，及保温材料填充到不同部位后断桥铝合金门窗传热系数、室内面温度的变化，得到保温材料在断桥铝合金门窗上的最优使用方法。

关键词：断桥铝合金门窗；保温材料；传热系数；模拟计算

1　引言

调查显示，在我国社会主要能耗中，建筑能耗从2000年起就占全社会总能耗的20%以上。随着近几年房地产的迅猛发展，建筑能耗已占全社会总能耗的40%以上，而通过门窗流失的能耗约占建筑能耗的50%。可见，建筑外门窗是建筑节能的薄弱环节，建筑节能的关键是门窗节能技术的提高。

评判门窗节能的一个主要参数是传热系数，即K值。K值越大，传递的热量越多，流失的能量也越多；反之，传递的热量越少，流失的能量也越少。因此，研究降低通过门窗的热量损失主要在于研究如何降低门窗的K值。

保温材料在建筑节能中有着重要的角色，应用于门窗同样可以提高门窗的保温隔热性能。目前市场上的铝合金门窗填充保温材料的制品已比比皆是，但实际上保温材料填充的位置、保温材料的种类均对门窗传热系数的影响有较大差异，甚至部分位置填充保温材料后，门窗传热系数并没有改善。本文对比了不同部位填充保温材料对断桥铝合金门窗保温性能的影响，供断桥铝合金门窗节能设计做参考。

---

① 课题：近零能耗建筑技术体系及关键技术开发（2017YFC0702600）。

表1 本文对比分类说明

铝合金系列	隔热腔高度（mm）	隔热腔宽度（mm）	玻璃配置	玻璃K值[W/(m²·K)]
65铝合金双玻	24	7.4+11.4	5Low-E+12A+5	1.808
65铝合金三玻	24	7.4+11.4	5Low-E+12A+5+12A+5	1.329
75铝合金双玻	35.3	12.6+8.4	5Low-E+12A+5	1.808
75铝合金三玻	35.3	12.6+8.4	5Low-E+12A+5+12A+5	0.329

2 基本原理

2.1 传热原理

传热是物理学上的一种物理现象，指由于温度差引起的热能传递现象。热传递中用热量量度物体内能的改变。热传递主要存在三种基本形式：热传导、热辐射和热对流。只要在物体内部或物体间有温度差存在，热能就必然以这三种方式中的一种或多种从高温处到低温处传递。

对于断桥铝合金门窗而言，热传导是通过固体传递热量的，主要发生在铝材、隔热条、胶条等固体之间；热对流是因空气流动产生的，主要发生在各个空腔内，空腔越大，对流越大，热量损失就越多；热辐射是指高温表面向低温表面辐射电磁波，与材料表面辐射率有关。

2.2 断桥铝合金门窗结构

如图1所示为常规24mm隔热条断桥铝合金门窗的节点。其中，室外侧铝材空腔称为冷腔，室内侧铝材空腔称为暖腔，压线与扇（框）铝侧壁围成的腔体称为压线腔，安装玻璃的位置称为玻璃槽口，隔热条围成的腔体称为隔热腔，图示尺寸分别为框（7.4mm）、扇（11.4mm）、隔热腔宽度（24mm）。后文所用的名词均与此相同。

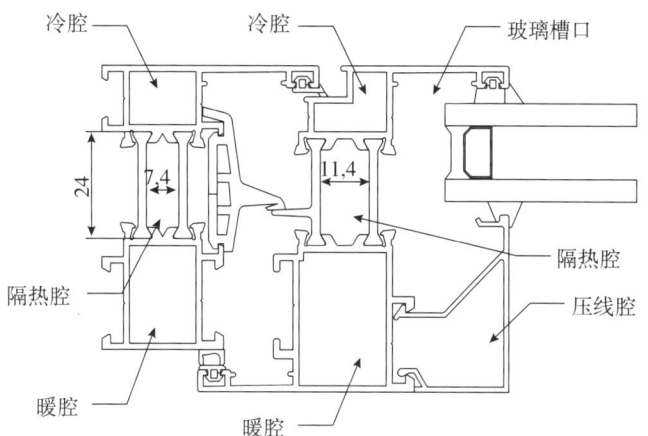

图1 断桥铝合金门窗结构及腔体

2.3 保温材料的种类

保温材料一般是指导热系数小于或等于0.12W/（m·K）的材料。保温材料发展很快，在工业和建筑中采用良好的保温技术与材料，对建筑节能往往可以起到事半功倍的效果。建筑中每使用一吨矿物棉绝热制品，一年可节约一吨石油。

目前建筑常用的保温材料有EPS（模塑聚苯乙烯泡沫）、XPS（挤塑聚苯乙烯泡沫）、聚氨酯发泡、玻璃棉、岩棉等。本文填充的保温材料是导热系数为0.029W/（m·K）的挤塑聚苯乙烯泡沫。

2.4 分类说明

本文选用隔热条高度为24mm的65系列断桥铝合金门窗和隔热条高度为35.3mm的75系列断桥铝合金门窗，分别配置带一片Low-E玻璃的双层中空玻璃和三层中空玻璃进行模拟计算，具体分类见表1。其中，Low-E玻璃选用南玻CES11-80_5ChinaID：30209；窗型为750*1500单开启，后文提到的系列配置均与表1一致；计算参考标准为《建筑门窗玻璃幕墙热工计算规程》JGJ/T 151-2008[1]，K值计算边界条件为该规程冬季标准计算条件，如表2。

表2 计算边界条件

冬季标准计算条件	
室内空气温度T_{in}	20.0℃
室外空气温度T_{out}	−20.0℃
室内对流换热系数$h_{c,in}$	3.60W/(m²·K)
室外对流换热系数$h_{c,out}$	16.00W/(m²·K)
室内平均辐射温度$T_{rm,in}$	20.0℃
室外平均辐射温度$T_{rm,out}$	−20.0℃

3 断桥铝合金门窗各腔体填充保温材料对传热系数的影响

3.1 框、扇隔热腔填充保温材料

用上文分类说明中的玻璃配置，对比不同系列断桥铝合金门窗隔热腔填充保温材料对传热系数的影响，具体数据见表3。

表3 隔热腔填充保温材料对K值的影响

铝合金系列	填充方式	框K值[W/(m²·K)]	线传热系数(W/m·K)	框+扇投影宽度(mm)	整窗K值[W/(m²·K)]	整窗K值差值[W/(m²·K)]
65铝合金双玻	腔体不填充	3.06	0.0731	97.50	2.494	0.053
	隔热腔填充	2.85	0.0796	97.50	2.441	
65铝合金三玻	腔体不填充	2.92	0.0718	97.50	2.133	0.055
	隔热腔填充	2.71	0.0774	97.50	2.078	
75铝合金双玻	腔体不填充	2.66	0.0757	108.34	2.385	0.089
	隔热腔填充	2.36	0.0838	108.34	2.296	
75铝合金三玻	腔体不填充	2.45	0.0826	108.33	2.033	0.093
	隔热腔填充	2.14	0.0906	108.33	1.940	

表3为隔热腔填充保温材料对断桥铝合金门窗K值的影响，可以看出，隔热腔填充保温材料后有如下变化：（1）对于65铝合金窗配双层中空玻璃，框K值降低0.21W/(m²·K)，整窗K值降低0.053W/(m²·K)；（2）对于65铝合金窗配

三层中空玻璃，框K值降低0.21W/（m²·K），整窗K值降低0.055W/（m²·K）；（3）对于75铝合金窗配双层中空玻璃，框K值降低0.3W/（m²·K），整窗K值降低0.089W/（m²·K）；（4）对于75铝合金窗配三层中空玻璃，框K值降低0.31W/（m²·K），整窗K值降低0.093W/（m²·K）。可见，隔热腔填充保温材料能有效降低断桥铝合金门窗K值，且隔热腔面积越大，K值降低越多。

同时，从图2~图9的等温线分布图可以看出：（1）隔热腔填充保温材料后等温线分布更平顺；（2）对比图2与图3、图4与图5，65铝合金窗隔热腔填充保温材料后，扇隔热腔等温线增加一条；（3）对比图6与图7、图8与图9，75铝合金窗隔热腔填充保温材料后，框隔热腔等温线增加一条；（4）同一系

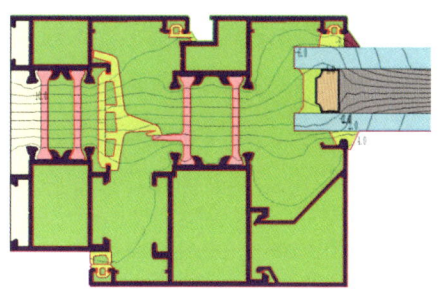

图2　65铝合金配双玻不填充节点等温线

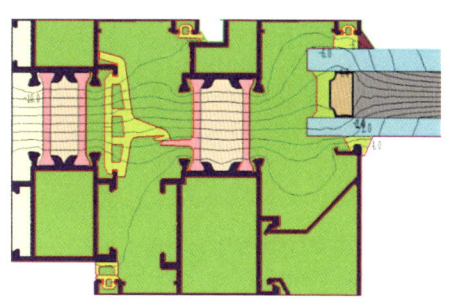

图3　65铝合金配双玻隔热腔填充节点等温线

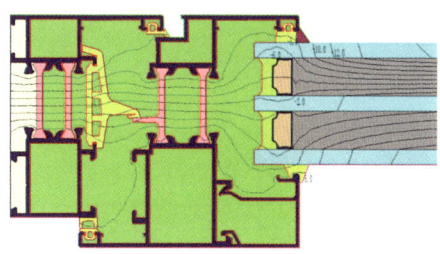

图4　65铝合金配三玻不填充节点等温线

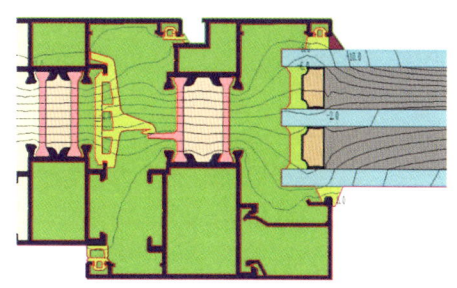

图5　65铝合金配三玻隔热腔填充节点等温线

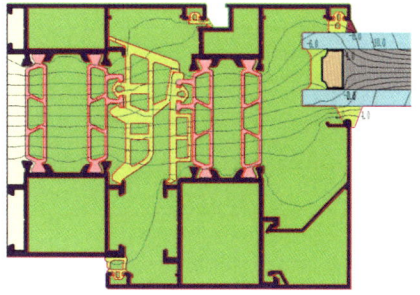

图6　75铝合金配双玻不填充节点等温线

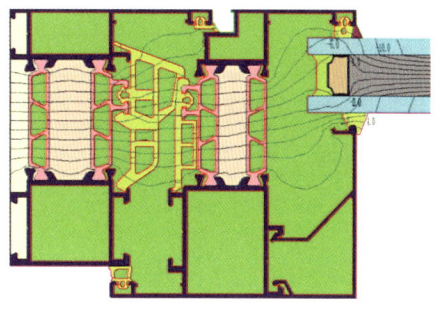

图7　75铝合金配双玻隔热腔填充节点等温线

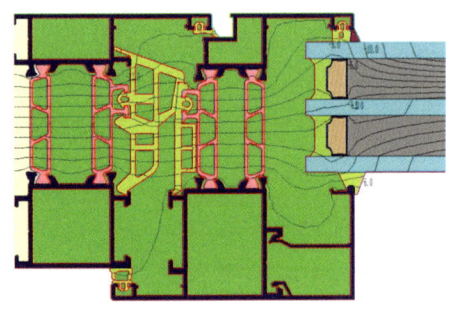 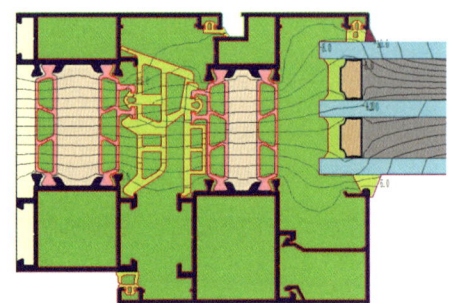

图8 75铝合金配三玻不填充节点等温线　　图9 75铝合金配三玻隔热腔填充节点等温线

列节点隔热腔填充保温材料后,相同温度的等温线更靠室外侧。

表4为隔热腔填充保温材料断桥铝合金门窗室内表面的温度变化,可以看出:(1)对于65铝合金,隔热腔填充保温后,窗室内表面温度提高0.5~0.9℃;(2)对于75铝合金,隔热腔填充保温后,窗室内表面温度提高0.7~1.4℃;(3)75铝合金的温度差值比65铝合金的大,即隔热腔填充保温材料对75铝合金室内窗框表面温度提高更有效;(4)窗框表面的温度变化比窗扇和压线表面更明显。

同时,从图10与图11、图12与图13、图14与图15、图16与图17的温度分布图对比可以看出:隔热腔填充保温材料后与不填充相比,暖腔的温度云图更偏红,同时对应温度示意条,可知隔热腔填充保温材料后窗框、扇、玻璃边缘室内侧温度均升高。

表4　隔热腔填充保温材料窗室内表面温度变化

铝合金系列	填充方式	室内侧温度-框(℃)	差值(℃)	室内侧温度-扇(℃)	差值(℃)	室内侧温度-压线(℃)	差值(℃)
65铝合金双玻	腔体不填充	4.84	0.81	6.5	0.5	6.5	0.49
	隔热腔填充	5.65		7		6.99	
65铝合金三玻	腔体不填充	5.18	0.92	6.58	0.58	6.56	0.56
	隔热腔填充	6.1		7.16		7.12	
75铝合金双玻	腔体不填充	7.45	1.43	8.55	0.69	8.49	0.63
	隔热腔填充	8.88		9.24		9.12	
75铝合金三玻	腔体不填充	7.43	1.47	8.6	0.76	8.53	0.72
	隔热腔填充	8.9		9.36		9.25	

图10 65铝合金配双玻不填充节点温度分布

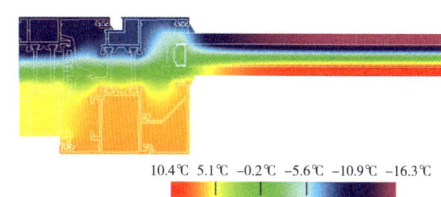
图11 65铝合金配双玻隔热腔填充节点温度分布

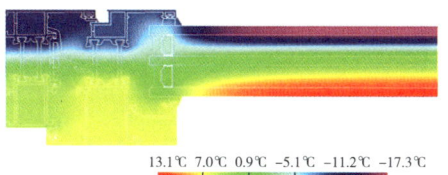
图12 65铝合金配三玻不填充节点温度分布

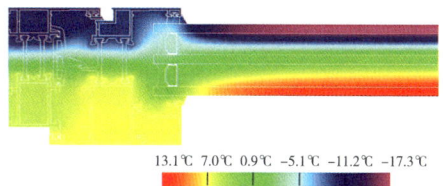
图13 65铝合金配三玻隔热腔填充节点温度分布

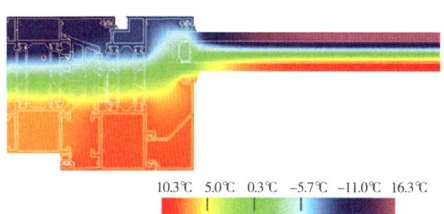
图14 75铝合金配双玻不填充节点温度分布

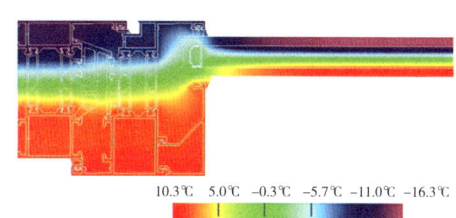
图15 75铝合金配双玻隔热腔填充节点温度分布

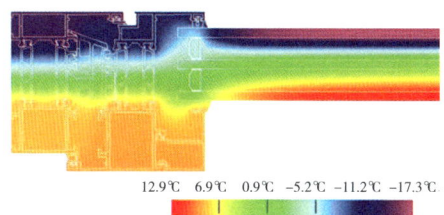
图16 75铝合金配三玻不填充节点温度分布

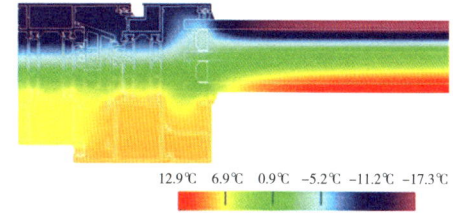
图17 75铝合金配三玻隔热腔填充节点温度分布

3.2 玻璃槽口填充保温材料

用上文分类说明中的玻璃配置，对比不同系列断桥铝合金门窗玻璃槽口填充保温材料对传热系数的影响，具体数据见表5。

从表5可以看出，玻璃槽口填充保温材料后有如下变化：（1）对于65铝合金窗配双层中空玻璃，框K值降低0.29W/（m²·K），整窗K值降低0.1W/（m²·K）；（2）对于65铝合金窗配三层中空玻璃，框K值降低0.3W/（m²·K），整窗K值降低0.105W/（m²·K）；（3）对于75铝合金窗配双层中空玻璃，框K值降低0.39W/（m²·K），整窗K值降低0.147W/（m²·K）；（4）对于75铝合金窗配三层中空玻璃，框K值降低0.306W/（m²·K），整窗K值降低0.128W/（m²·K）。可见，玻璃槽口填充保温材料能有效降低断桥铝合金门窗K值，整窗K值降低约0.1W/（m²·K），且对大系列的门窗降低效果更显著。

同时，从图18至图21与不填充的等温线分布图对比可以看出：（1）玻璃槽口填充保温材料后等温线分布更平顺；（2）对比图18与图2、图19与图4，65铝合金窗玻璃槽口填充保温材料后，配双玻时扇隔热腔等温线增加一条，配三玻时扇隔热腔等温线增加两条；（3）对比图20与图6，75铝合金窗玻璃槽口填充保温材料后，配双玻时扇隔热腔等温线增加一条；（4）同一系列节点玻璃槽口填充保温材料后，相同温度的等温线更靠室外侧。

表5 玻璃槽口填充保温材料对K值的影响

铝合金系列	填充方式	框扇K值 [W/(m²·K)]	线传热系数 [W/(m·K)]	框扇投影宽度（mm）	整窗K值 [W/(m²·K)]	整窗K值差值 [W/(m²·K)]
65铝合金双玻	腔体不填充	3.06	0.0731	97.50	2.494	0.100
	玻璃槽口填充	2.77	0.0736	97.50	2.395	
65铝合金三玻	腔体不填充	2.92	0.0718	97.50	2.133	0.105
	玻璃槽口填充	2.62	0.0731	97.50	2.029	
75铝合金双玻	腔体不填充	2.66	0.0757	108.34	2.385	0.147
	玻璃槽口填充	2.27	0.0768	108.34	2.237	
75铝合金三玻	腔体不填充	2.45	0.0826	108.33	2.033	0.128
	玻璃槽口填充	2.144	0.0794	108.33	1.905	

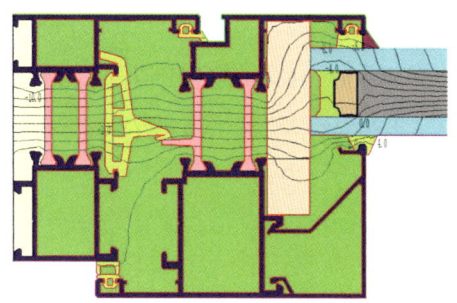

图18　65铝合金配双玻玻璃槽口填充节点等温线

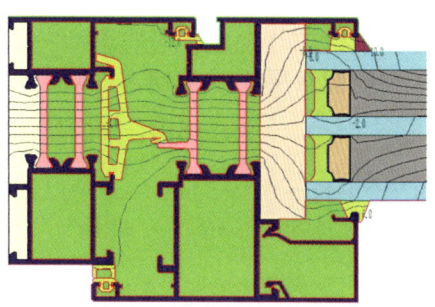

图19　65铝合金配三玻玻璃槽口填充节点等温线

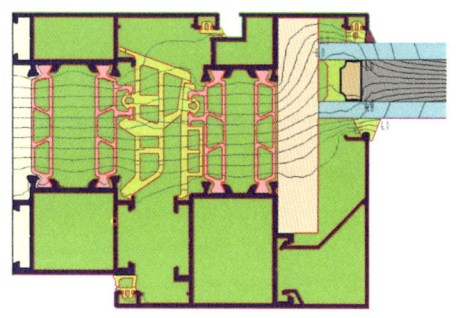

图20　75铝合金配双玻玻璃槽口填充节点等温线

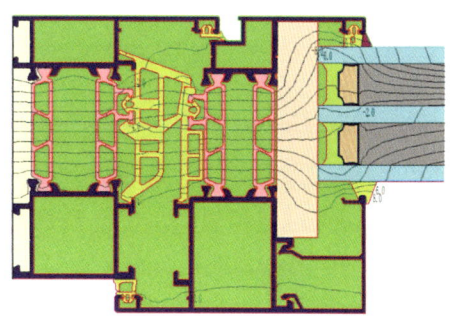

图21　75铝合金配三玻玻璃槽口填充节点等温线

表6为玻璃槽口填充保温材料断桥铝合金门窗室内表面的温度变化，可以看出：（2）对于65铝合金，玻璃槽口填充保温后，窗室内表面温度提高0.36~1.28℃（2）对于75铝合金，玻璃槽口填充保温后，窗室内表面温度提高0.81~1.51℃；（3）75铝合金的温度差值比65铝合金的大，即玻璃槽口填充保温材料对75铝合金室内窗框表面温度提高更有效；（4）与隔热腔填充保温材料的不同之处在于，窗扇和压线表面的温度变化比窗框表面更明显，因为保温材料填充的位置距离窗扇和压线更近。

表6　玻璃槽口填充保温材料窗室内表面温度变化

铝合金系列	填充方式	室内侧温度-框(℃)	差值(℃)	室内侧温度-扇(℃)	差值(℃)	室内侧温度-压线(℃)	差值(℃)
65铝合金双玻	腔体不填充	4.84	0.58	6.5	1.11	6.5	1.11
	玻璃槽口填充	5.42		7.61		7.61	

续表

铝合金系列	填充方式	室内侧温度-框(℃)	差值(℃)	室内侧温度-扇(℃)	差值(℃)	室内侧温度-压线(℃)	差值(℃)
65铝合金三玻	腔体不填充	5.18	0.36	6.58	1.27	6.56	1.28
	玻璃槽口填充	5.54		7.85		7.84	
75铝合金双玻	腔体不填充	7.45	0.81	8.55	1.42	8.49	1.48
	玻璃槽口填充	8.26		9.97		9.97	
75铝合金三玻	腔体不填充	7.43	0.85	8.6	1.46	8.53	1.51
	玻璃槽口填充	8.28		10.06		10.04	

同时，从图22与图10、图23与图12、图24与图14、图25与图16的温度分布图对比，可以看出：玻璃槽口填充保温材料后与不填充相比，暖腔的温度云图更偏红，同时对应温度示意条可知玻璃槽口填充保温材料后，窗框、扇、玻璃边缘室内侧温度均升高。

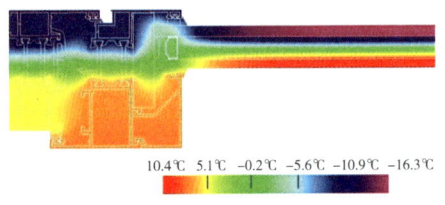

图22 65铝合金配双玻玻璃槽口填充节点温度分布

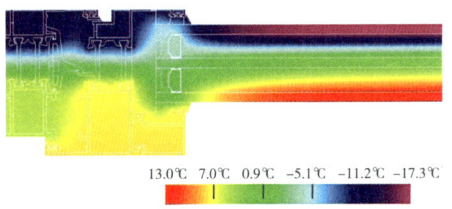

图23 65铝合金配三玻玻璃槽口填充节点温度分布

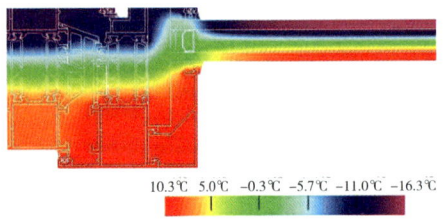

图24 75铝合金配双玻玻璃槽口填充节点温度分布

图25 75铝合金配三玻玻璃槽口填充节点温度分布

3.3 各个铝腔填充保温材料

用上文分类说明中的玻璃配置,对比不同系列断桥铝合金门窗各个铝腔填充保温材料对传热系数的影响,具体数据见表7。

从表7可以看出,对65铝合金配双层中空玻璃、65铝合金配三层中空玻璃、75铝合金配双层中空玻璃、75铝合金配三层中空玻璃均有如下结论:在框扇冷腔、框扇暖腔、压线腔填充保温材料,对框扇K值、线传热系数、整窗K值无影响。

表7 不同铝腔体填充保温材料对K值的影响

铝合金系列	填充方式	框K值 [W/(m²·K)]	线传热系数 [W/(m²·K)]	框扇投影宽度(mm)	整窗K值 [W/(m²·K)]
65铝合金双玻	腔体不填充	3.06	0.0731	97.50	2.494
	框扇冷腔填充	3.06	0.0731	97.50	2.494
	框扇暖腔填充	3.06	0.0731	97.50	2.494
	压线腔填充	3.06	0.0726	97.50	2.493
65铝合金三玻	腔体不填充	2.92	0.0718	97.50	2.133
	框扇冷腔填充	2.92	0.0718	97.50	2.133
	框扇暖腔填充	2.92	0.0718	97.50	2.133
	压线腔填充	2.92	0.0718	97.50	2.133
75铝合金双玻	腔体不填充	2.66	0.0757	108.34	2.385
	框扇冷腔填充	2.66	0.0757	108.34	2.385
	框扇暖腔填充	2.66	0.0757	108.34	2.385
	压线腔填充	2.66	0.0757	108.34	2.385
75铝合金三玻	腔体不填充	2.45	0.0826	108.33	2.033
	框扇冷腔填充	2.45	0.0826	108.33	2.033
	框扇暖腔填充	2.45	0.0826	108.33	2.033
	压线腔填充	2.45	0.0826	108.33	2.033

上述结论足以说明:对于断桥铝合金门窗,在完全由铝合金材料形成的封闭腔体里填充保温材料对窗传热系数没有改善。

4 结束语

通过两种断桥铝合金门窗产品K值模拟计算及分析,有如下结论:(1)隔热腔和玻璃槽口填充保温材料可以有效降低断桥铝合金门窗的传热系数,提高门窗保温性能;(2)断桥铝合金门窗冷腔、暖腔、压线腔体等完全由金属围合而成的封闭空腔里填充保温材料对门窗保温性能没有改善;(3)产品系列越大,即隔热腔、玻璃槽口越大,填充保温材料后门窗传热系数降低的越多,门窗室内侧表面温度提高的也越多。

参考文献

[1] 建筑门窗玻璃幕墙热工计算规程JGJ/T 151-2008 [S].

浇注式隔热铝合金型材在受力弯曲情况下的形变规律

何振程

亚松聚氨酯（上海）有限公司

摘　要： 现在很多铝合金门窗、幕墙都采用断桥隔热技术，铝合金型材配合木包铝技术，甚至能够达到被动房的节能要求。但在长期的使用过程中，其安全性能能否通过理论计算得到保证就成了关键问题。对此，本文计算了铝合金复合型材的结构性能，揭示其弯曲形变与应力之间的关系，以及如何预知隔热材料的剪切强度。

关键词： 浇筑式隔热铝合金型材；形变规律；被动房节能要求

1　引言

现在很多铝合金门窗、幕墙都采用断桥隔热技术，它们重量轻、韧性好、强度大、节能、抗老化性能好，受到了咨询顾问、设计师、建筑师、门窗厂、幕墙公司和业主的青睐，发展前景光明。铝合金型材配合木包铝技术，甚至能够达到被动房的节能要求。那么，在长期的使用过程中，经受50年一遇的风荷载，其安全性能能否通过理论计算得到保证呢？铝合金隔热梁的强度和刚度计算就成了关键！

随着这项技术的大量使用，设计师必须用他们熟悉的计算方法和公式来合理设计，才能保证设计方案既安全又经济。铝合金复合型材的结构性能如何计算，其弯曲形变与应力之间的关系如何，隔热材料的剪切强度如何预知？本文将就以上问题进行讨论。

2　两种隔热系统的发展

自从隔热材料开始用于铝合金门窗、幕墙系统，就有两种系统在市场处于领先地位，即常说的浇注系统和穿条系统。

浇注隔热技术始于20世纪60年代的美国。20世纪70年代早期，伴随着中空玻璃的发展应用,浇注隔热铝门窗迅猛发展。1990年,美国建筑制造协会(AAMA)颁布了TIR-A8-90标准,指导隔热铝门窗、幕墙、门厅、天窗等产品的制造。2016年,美国建筑制造协会(AAMA)修编了铝合金隔热技术标准,颁布了TIR-A8-16标准,更好地解决了实际存在的问题,指导铝合金隔热产品的制造。

穿条隔热技术始于20世纪70年代前叶的欧洲。为了满足特殊工程的需要,Ensinger GmbH和Wicona公司将此技术发展为结构隔热技术,并于1978年用于建筑门窗。在2004年颁布了EN14024标准,以指导铝合金门窗、幕墙等产品的生产制造。

浇注隔热铝合金技术已在北美地区成功应用了40多年,市场占有率在80%以上,工艺成熟,整体结构性强,生产效率高,质量稳定,成本低,隔热效果好;其标准AAMA TIR-A8-16更具有权威性,很值得我们借鉴。本文将重点讨论浇注隔热技术的结构性能计算。

3 浇注隔热技术的结构性能计算

如图1所示,当复合铝合金型材受到载荷(集中、均布、三角或梯形)时,两块铝合金型材的外侧表面较挨着隔热胶的内侧表面承受更大的压缩力或拉伸力。所以,在两块铝合金型材截面内,靠近外侧的应力要大一些;靠近隔热胶的应力要小一些。由于两个铝合金型材截面内应力分布的差别,就产生了一定的力矩。

在复合铝合金型材任意截面内,上半部型材的平均压缩力(F_1)与截面内不同的压缩力之和相等;F_1的作用点为上半部型材的形心(在上半部型材的中心轴线上)。下半部型材的平均拉伸力(F_2)与截面内不同的拉伸力之和相等;F_2的作用点为下半部型材的形心(在下半部型材的中心轴线上)。由于隔热材料与铝合金的弹性模量相差悬殊,故隔热材料的压缩、拉伸应力忽略不计。

由于隔热胶的剪切形变,任意

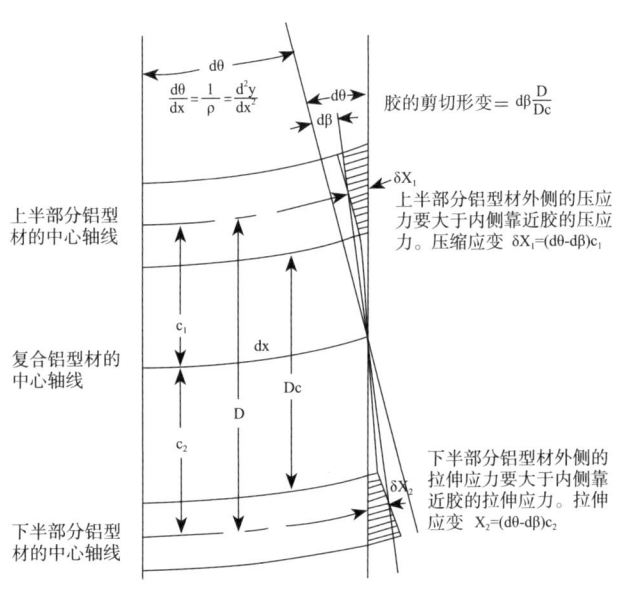

图1 复合铝合金型材的弯曲形变分析图

截面内（延着中心轴线）存在一个平均压缩力（F_1）和一个平均拉伸力（F_2）。因复合型材杆件的静止，所以，两力相等（$F_1=F_2$），方向相反。

任意截面内（延着中心轴线），上半部型材的中心轴线之上，压缩应力增加；上半部型材的中心轴线之下，压缩应力减少，应力间相互平衡。同样的情况，下半部型材的中心轴线之上，拉伸应力减少；下半部型材的中心轴线之下，压缩应力增加，应力间相互平衡。

$$M = M_c + M_o \tag{1}$$

M：由于受到载荷，而产生的力矩。

M_c：由于两个大小相等、方向相反的平均力（F_1、F_2），而产生的力矩。

M_o：由于两块铝合金型材截面内应力分布的不同，而产生的力矩。

$$M_c = -S_1 a_1 c_1 + S_2 a_2 c_2 \tag{2}$$

这里，S_1、S_2分别表示上半部型材的压缩应力和下半部型材的拉伸应力（压缩应力为负的）。a_1、a_2分别为上、下半部型材的横截面积。c_1、c_2分别是复合型材的中心轴线至上、下半部型材中心轴线的距离。

$$D = c_1 + c_2 \tag{3}$$

因为$F_1 = F_2$，所以

$$S_1 a_1 = S_2 a_2 \tag{4}$$

将公式（3）、（4）代入公式（2），

$$M_c = -S_1 a_1 D \tag{5}$$

在上半部型材截面内的应力（S_1）等于其弹性模量乘以应变，

$-S_1 = E_1 \dfrac{\delta x_1}{dx}$，又因为$\delta x_1 = (d\theta - d\beta) c_1$，所以：

$$-S_1 = E_1 c_1 \dfrac{d\theta - d\beta}{dx} = E_1 \left(\dfrac{d\theta}{dx} - \dfrac{d\beta}{dx} \right) c_1 \tag{6}$$

$$\dfrac{d\theta}{dx} = \dfrac{1}{\rho}$$

这里的ρ表示曲率半径。由微积分学可知曲率半径可表达如下。

$\dfrac{1}{\rho} = \dfrac{\dfrac{d^2 y}{dx^2}}{\left[1 + \left(\dfrac{dy}{dx}\right)^2\right]^{\frac{3}{2}}}$，在实际应用中$\dfrac{dy}{dx}$很小，$\left[1 + \left(\dfrac{dy}{dx}\right)^2\right]^{\frac{3}{2}}$近似等于1。

$$故：\dfrac{d\theta}{dx} = \dfrac{d^2 y}{dx^2} \tag{7}$$

隔热胶的剪切模量＝剪切应力/剪切形变

$$G = S_{sc}/(\beta D/Dc)$$

$$\beta = S_{sc}(G\ D/Dc) \tag{8}$$

对公式（8）两侧进行微分：

$$\frac{d\beta}{dx} = \frac{(dS_{sc}/dx)}{(GD/Dc)} \tag{9}$$

在复合杆件任意界面下对胶的剪切力称为Vc，它等于隔热胶的剪切应力乘以上下两块型材的形心距离再乘以胶的宽度，即：

$$Vc = S_{sc}\ Db$$

$$S_{sc} = Vc/(bD) \tag{10}$$

对公式（10）两侧进行微分，得：

$$dS_{sc}/dx = (dVC/dx)/(bD) \tag{11}$$

隔热胶在水平方向的剪切力dF，等于隔热胶的剪切应力S_{sc}乘以胶的宽度b，再乘以胶的单元长度dx，即：

$$dF = S_{sc}\ bdx \tag{12}$$

因为公式（2）可以写作Mc=FD

故：$dF/dx = (dMc/dx)/D$

$$S_{sc} = (dMc/dx)/(bD) \tag{13}$$

由公式（10）和公式（13）得：

$$Vc/(bD) = (dMc/dx)/(bD)$$

$$Vc = dMc/dx \tag{14}$$

$$\frac{d\beta}{dx} = -\frac{dS_{sc}}{dx}\frac{Dc}{DG} = \frac{-dVc}{(bD)dx}\frac{Dc}{DG} \tag{15}$$

因为$F_1 = F_2$，及相似三角形，

故：$a_1c_1 = a_2c_2 = a_2(D - c_1) \tag{16}$

于是：$c_1 = \dfrac{a_2 D}{a_1 + a_2} \tag{17}$

公式（6）可以写作：$-S_1 = E_1\left(\dfrac{d^2y}{dx^2} + \dfrac{dVc}{dx}\dfrac{Dc}{bD^2G}\right)\left[\dfrac{a_2 D}{a_1 + a_2}\right]$

公式（5）可以写作：$Mc = E_1\left(\dfrac{d^2y}{dx^2} + \dfrac{dVc}{dx}\dfrac{Dc}{bD^2G}\right)Ic \tag{18}$

$$此处的 I_c = \frac{a_1 a_2 D^2}{a_1 + a_2} \tag{19}$$

$$现在 M_0 = (EI_{01} + EI_{02})\frac{d^2y}{dx^2} = EI_0 \frac{d^2y}{dx^2} \tag{20}$$

$$I_0 = I_{01} + I_{02} \tag{21}$$

I_{01}、I_{02}分别表示为上下两块铝型材相对于各自中心轴线的惯性矩。

将公式（18）和公式（20）代入公式（1），得：

$$M = E(\frac{d^2y}{dx^2} + \frac{dV_c}{dx}\frac{D_c}{bD^2G})I_c + EI_0\frac{d^2y}{dx^2} \tag{22}$$

由此可以得出

$$\frac{d^2y}{dx^2} = \frac{M}{EI} - \frac{I_c D_c}{I b D^2 G}\frac{dV_c}{dx} \tag{23}$$

$$此时 I = I_c + I_0 \tag{24}$$

隔热胶承受的剪切力V_c等于全部的剪切力V减去上、下两块铝型材受的剪切力V_0：

$$V_c = V - V_0 = V - \frac{dM_0}{dx} = V - EI_0 \frac{d^3y}{dx^3} \tag{25}$$

将公式（25）两侧微分，得：

$$\frac{dV_c}{dx} = \frac{dV}{dx} - EI_0 \frac{d^4y}{dx^4} \tag{26}$$

$$令 G_P = \frac{IbD^2G}{I_c D_c} \tag{27}$$

$$c = \frac{G_P}{EI_0} \tag{28}$$

将公式（23）、（25）、（26）重组得到：

$$\frac{d^2y}{dx^2} = \frac{M}{EI} - \frac{dV}{dx}\frac{1}{G_P} + \frac{d^4y}{dx^4}\frac{1}{c} \tag{29}$$

公式（29）也可以写作：

$$\frac{d^4y}{dx^4} - c\frac{d^2y}{dx^2} = -\frac{c}{EI}M + \frac{dV}{dx}\frac{1}{EI_0} \tag{30}$$

公式（30）是AAMA TIR-A8-16的最基本公式。将公式（30）两侧积分，得：

$$\frac{d^3y}{dx^3} - c\frac{dy}{dx} = -\int \frac{cM}{EI}dx + \frac{V}{EI_0} + c_{14} \tag{31}$$

当 $x=0.5L$ 时，$dy/dx=0$，$d^3y/dx^3=0$，$V=0$；所以：

$$c_{14} = \frac{c}{E_1I} \int Mdx \tag{32}$$

对公式（31）两则积分，得：

$$\frac{d^2y}{dx^2} - cy = -\frac{c}{EI} \iint Mdx^2 + \frac{M}{EI_0} + c_{14}x + c_{13} \tag{33}$$

当 $x=0$ 时，$y=0$，$d^2y/dx^2=0$，$M=0$，所以 $c_{13}=0$

由于载荷（集中、均布、三角或梯形）形式不同，M最多可以用（ax^3+bx^2+cx+d）来表示，所以公式（33）可以写作：

$$\frac{d^2y}{dx^2} - cy = \sum_{n=0}^{5} c_n x^n \tag{34}$$

公式（33）为二阶常系数非齐次线形微分方程，

设它的特解方程为：
$$y_p = \sum_{n=0}^{5} D_n x^n \tag{35}$$

对公式（35）微分，得：

$$\frac{dy_p}{dx} = 5D_5x^4 + 4D_4x^3 + 3D_3x^2 + 2D_2x + D_1 \tag{36}$$

对公式（36）再微分，得：

$$\frac{d^2y_p}{dx^2} = 20D_5x^3 + 12D_4x^2 + 6D_3x + 2D_2 \tag{37}$$

用 $-c$ 乘以公式（35）得：

$$-cy_p = -c(D_5x^5 + D_4x^4 + D_3x^3 + D_2x^2 + D_1x + D_0) \tag{38}$$

公式（37）加上公式（38），然后与公式（34）右侧的x项的系数相比对，得：

$D_5 = -c_5/c$ 　　　　　　　　　$D_2 = -(c_2/c) - 12(c_4/c^2)$
$D_4 = -c_4/c$ 　　　　　　　　　$D_1 = -(c_1/c) - 6(c_3/c^2) - 120(c_5/c^3)$
$D_3 = -(c_3/c) - 20(c_5/c^2)$ 　　$D_0 = -(c_0/c) - 2(c_2/c^2) - 24(c_4/c^3)$

公式（34）的齐次线性微分方程为：

$$\frac{d^2y}{dx^2} - cy = 0 \tag{39}$$

公式（39）的通解为：
$$y_c = F_1 e^{x\sqrt{c}} + F_2 e^{-x\sqrt{c}} \tag{40}$$

所以公式（34）的通解为：
$$y = y_p + y_c = D_5 x^5 + D_4 x^4 + D_3 x^3 + D_2 x^2 + D_1 x + D_0 + F_1 e^{x\sqrt{c}} + F_2 e^{-x\sqrt{c}} \tag{41}$$

当x＝0时，y＝0，得：
$$F_1 = -D_0 - F_2 \tag{42}$$

对公式（41）微分得：
$$\frac{dy}{dx} = 5D_5 x^4 + 4D_4 x^3 + 3D_3 x^2 + 2D_2 x + D_1 + F_1 \sqrt{c} \cdot e^{x\sqrt{c}} - F_2 \sqrt{c} \cdot e^{-x\sqrt{c}} \tag{43}$$

当x＝0.5L时，dy/dx＝0，得：
$$F_2 = \frac{(5/16)D_5 L^4 + (1/2)D_4 L^3 + (3/4)D_3 L^2 + D_2 L + D_1 - D_0 \sqrt{c} \cdot e^{-r}}{\sqrt{c} \cdot (e^r + e^{-r})} \tag{44}$$

此处的 $r = (L/2) \cdot \sqrt{c}$

上面的积分公式也为计算铝合金型材的应力提供了基础。靠近型材边缘的压缩或拉伸应力要大一些（较靠近胶的铝合金型材），取S_{11}为上半部型材的最大压缩应力，C_{11}为上半部型材的中心轴线至上半部型材最外边的距离，有下面的关系：

$$S_{11} = F_1/a_1 + \frac{M_{01} c_{11}}{I_{01}} = \frac{M - M_0}{D a_1} + \frac{M_{01} c_{11}}{I_{01}} = \frac{M - E_1 I_0 d^2 y/dx^2}{a_1 D} + E_1 c_{11} d^2 y/dx^2 \tag{45}$$

取S_{22}为下半部型材的最大拉伸应力，C_{22}为下半部型材的中心轴线至下半部型材最外边的距离，有下面的关系：

$$S_{22} = \frac{M - E_1 I_0 d^2 y/dx^2}{a_2 D} + E_2 c_{22} d^2 y/dx^2 \tag{46}$$

在公式（45）、（46）中
$$d^2 y/dx^2 = 20D_5 x^3 + 12D_4 x^2 + 6D_3 x + 2D_2 + c(F_1 e^{x\sqrt{c}} + F_2 e^{-x\sqrt{c}}) \tag{47}$$

隔热胶的剪切应力源于公式（10）
$$S_{sc} = Vc/(bD) = \frac{d\,Mc/dx}{b\,D} = \frac{dM/dx - dM_0/dx}{b\,D}$$

$$S_{sc} = \frac{V - d(E_1I_0 d^2y/dx^2)/dx}{bD} = \frac{V - E_1I_0 d^3y/dx^3}{bD} \quad (48)$$

在公式（48）中

$$d^3y/dx^3 = 60D_5x^2 + 24D_4x + 6D_3 + c^{1.5}(F_1e^{x\sqrt{c}} - F_2e^{-x\sqrt{c}}) \quad (49)$$

4 小结

（1）最大变形位置在复合铝合金型材杆件的中心，参考公式（41）。对于主要受力杆件的相对挠度值不应大于L/180（L为杆件的长度），或幕墙的绝对挠度值在20mm以内；

（2）铝合金型材最大压缩、拉伸应力的位置在复合铝合金型材杆件的中心，参考公式（45）、（46）。酌情选择合适的铝合金牌号和热处理状态（6063-T5、6063-T6、6061-T6）；

（3）隔热胶最大的剪切应力位置处于复合杆件的两端，参考公式（48）。根据GB/T 23615.2-2017，隔热胶应选用2级胶（适用于幕墙及风压大于2000Pa的建筑的门或窗）。

参考文献

[1] John A.Hartsock and Ken P.Chong, m.Asce.,"Analysis of Sandwich Panels with Formed Faces".Journal of the Structural Division.Vol.102 NO.ST4. APRIL 1976.

[2] Ken P.Chong,F.Asce.,"Materials for the New Millennium".Proceedings of the Fourth Materials Engineering Conference Washington,D.C.November 10-14 1996.

[3] AAMA TIR-A8-16,Structual Performance of the Composite Thermal Barrier Framing Systems PUB- LISHED:9/16.

[4] 铝合金建筑型材用隔热材料 第2部分：聚氨酯隔热胶GB/T 23615.2-2017［S］.

[5] 铝合金型材截面几何参数算法及计算机程序要求YS/T 437-2018［S］.

- 技术产品应用 -

被动房室内新风管道优化设计

杜迪[1] 陈旭[2]

1 北京康居认证中心；2 北京建筑大学环境与能源工程学院

摘　要： 被动房依靠新风系统实现热回收及调节室内空气质量，合理的新风管道设计尤为重要。本文主要研究了被动房新风系统管道的保温方案及新风管道的新风送风口与回风口位置。通过公式计算对管道保温提出合理方案，并通过管道长度对沿程阻力的影响，利用Airpak软件对被动房办公室新风进行数值模拟所得到室内气流组织的温度场及速度场对新风管道及出口进行设计，望对被动房室内新风设计提供一定的借鉴作用。

关键词： 被动房；管道保温；新风管道；风口位置

1　引言

被动房需新风换气机实现热回收及调节室内空气循环[1]。在夏季运行的时候，室外引入的新风可以通过室内排风获得冷量，使引入室内的新风温度降低，根据《河北省被动式低能耗居住建筑节能设计标准》，这一过程的热交换效率须在60%以上[2]。同理，在冬季运行的时候，室外引入的新风可以被室内的排风加热，从而提高引入室内的新风温度，根据《河北省被动式低能耗居住建筑节能设计标准》，这一过程的热交换效率须在75%以上。显热新风换气机工作的原理是通过排风管的室内排风和通过进风管的外界新风呈现交叉方式流经热交换芯，如图1所示。由于气流分隔板两侧存在温差和蒸汽分压差，所以新风和室内排风这两股气流会通过分隔板产生热传递现象（即显热

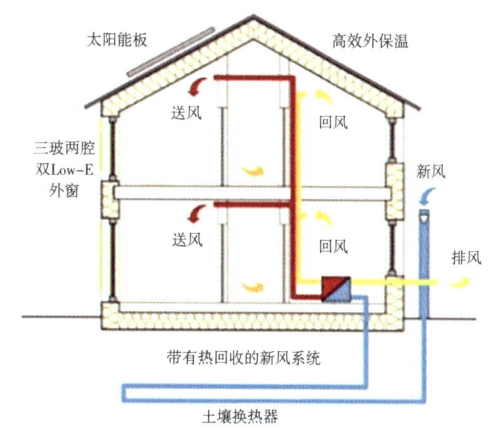

图1　显热新风换气机工作原理图

交换现象)。这一过程中只发生能量的交换,并不发生物质的转移,因此不会形成交叉污染。同时显热新风换气机还具备维护保养程度较低、设备费用较低、无自身能耗等优点。

目前被动房新风设计较少,本文将针对管道保温、管道位置及送回风口进行优化设计,如图1所示。

2 新风系统管道保温方案

2.1 新风系统管道温度计算

被动房新风系统设计共涉及4种风管,分别是送风管道热交换芯到室内的风管、回风管道室内到热交换芯的风管、新风管道室外到热交换芯的风管、排风管道热交换芯到室外的风管,如图2所示。

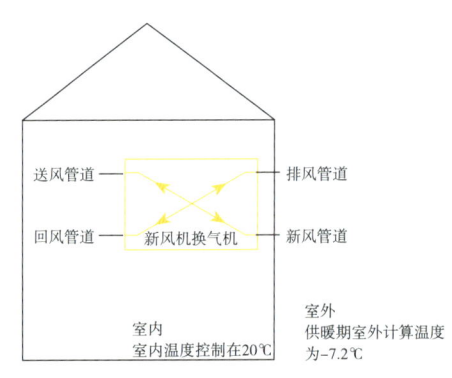

图2 被动房新风系统设计管道

假设某地区供暖室外计算温度为-7.2℃,冬季被动房室内送风管道的风温不低于16℃,可根据显热交换率式(1-1)分别计算出各个管道的进出口温度。

$$\eta = \frac{t_1 - t_2}{t_2 - t_3} \cdot 100\% \qquad (1-1)$$

式中:

η ——显热交换率,%;

t_1 ——新风的送风温度;即室外空气的温度,℃;

t_2 ——新风的出风温度;即新风送至室内的温度,℃;

t_3 ——排风的初始温度;即室内温度,℃。

根据《河北省被动式低能耗居住建筑节能设计标准》,冬季室内温度要求在20℃以上,而夏季室内温度要求在26℃以下。以显热新风换气机显热交换率75%进行计算,可求得新风出风温度为13.2℃,小于被动房冬季室内新风出风温度16℃的设计标准。在流量相同且不漏风的情况下,根据能量守恒定律,进风升温等于排风的降温,经过计算得出热交换后排风出口温度为0.4℃。

在送风过程中,新风流经室外到热交换芯和热交换芯到室内的风管的管道、排风流经热交换芯到室外的管道。在冬季时由于管道温度过低,这三类管道将成为很大的冷源,不利于新风与排风之间热交换。因此,应当在上述三种管道外侧铺设保温层以阻断冷源。

2.2 新风系统管道保温厚度计算

可以根据送风管道管径、排风管道管径、新风管道管径,并按照被动式建筑室内风管风速控制的要求,即室内主风管风速在2~3m/s;支风管风速不大于2m/s,由式(1-2)到式(1-4)可计算出管道保温的厚度[3]。

(1)管道单层保温厚度公式

$$t_s = \frac{\frac{1}{\lambda}ln\frac{D_E}{D_0} \cdot t_a + \frac{2000}{\alpha D_E} \cdot t}{\frac{1}{\lambda}ln\frac{D_E}{D_0} + \frac{2000}{\alpha D_E}} \quad (1-2)$$

式中:

t_s ——包裹保温后管道保温层外表面温度,℃;

λ ——保温材料导热系数,此案例用的是岩棉管壳,导热系数为0.045W/(m·K),W/(m·K);

D_E ——保温层外径,mm;D_0 ——风管外径,mm;

t_a ——室内环境温度,按照被动房技术要求冬天控制在20℃,夏天控制在26℃,℃;

α ——保温结构外表面传热系数,见式(1-3),℃;

t ——风管内介质温度,℃。

(2)保温结构外表面传热系数公式

风管保温结构表面传热系数为保温层材料的辐射传热系数与对流换热系数之和。可按照式(2-3)计算:

$$\alpha = \alpha_n + \alpha_c \quad (1-3)$$

式中:

α ——保温结构外表面传热系数,W/(m²·K);

α——辐射传热系数，见式（2-4），W/（m²·K）；

α_c——对流传热系数，见式（2-5），W/（m²·K）。

辐射传热系数计算公式：

$$\alpha_n = \frac{5.67\varepsilon}{t_s-t_a}\left[\left(\frac{273+t_s}{100}\right)^4 - \left(\frac{273+t_a}{100}\right)^4\right] \quad (1-4)$$

式中：

α_n——辐射传热系数，W/（m²·K）；

ε——保护层材料黑度，此处取0.8；

t_s——风管保温材料外表面期望温度，此处取18℃；

t_a——室内环境温度，按照被动房技术要求冬天控制在20℃，夏天控制在26℃；

对流传热系数计算公式：

$$\alpha_c = 72.81\frac{\omega^{0.6}}{D_E^{0.4}} \quad (1-5)$$

式中：

ω——室外风速，m/s；

D_E——保温层外径，mm。

利用上述公式，可推算出排风管道、新风管道及送风管道采用不同厚度时岩棉管壳管道表面的温度，结果见表1。

表1 排风管道、新风管道及送风管道保温厚度与表面温度计算

排风温度	保温材料	导热系数	表面温度
0.4℃	40mm厚岩棉保温	0.045W/（m·K）	16.782℃
	60mm厚岩棉保温		17.829℃
	80mm厚岩棉保温		18.388℃
新风温度	保温材料	导热系数	表面温度
−7.2℃	80mm厚岩棉保温	0.045W/（m·K）	18.045℃
	100mm厚岩棉保温		18.463℃
	120mm厚岩棉保温		18.745℃
新风温度	保温材料	导热系数	表面温度
13.2℃	20mm厚岩棉保温	0.045W/（m·K）	18.059℃
	40mm厚岩棉保温		18.927℃
	60mm厚岩棉保温		19.276℃

结合被动房保温效果要求，管道增加保温后的表面温度不应该低于18℃。结合管道保温效果和材料经济性，可得出送风管道外保温的厚度为40mm，排风管道外保温的厚度为80mm，新风管道保温厚度为100mm。同时，需要暖通设计人员充分考虑由于保温厚度的增加而导致没有足够的施工空间等问题。

3 送风口与回风口设计及计算

3.1 送风口及回风口设计

暖通回风方式分为上进下回式、上进上回式、中送上下回式及下送上回式。

（1）上进下回式，即送风口位于空调区的上部，回风口位于空调区的下部。该方案的优点是能够形成比较均匀的温度场和速度场，送风和回风不易发生"短路"，是混合式送风的基本方式；缺点是回风口和回风管道的设置不便。

（2）上进上回式，即送风口位于空调区的上部，回风口也位于空调区的上部。室外新风与室内空气充分混合后进入工作区，排风由空调区上部的回风口排出空调区。该方式适用于不适在房间下部布置排风口的场所，且这种回风方式易发生气流短路现象。

（3）中送上下回式，即中送上、下回方式，送风口位于空调区的中部，回风口空调区的上部或者下部。室外新风由空调中部直接进入工作区，排风由空调区上部或者下部的回风口排出空调区。在某些高大建筑内，实际工作区仍在2m以下，不需要将整个空间作为调节的对象，可以采用中部送风的方式，且具有一定的节能效果。

（4）下送上回式，即下送上回方式。送风口位于空调区的下部，回风口位于空调区的上部。室外新风由空调下部进入室内与房间内空气混合，排风由空调区上部的回风口排出空调区。该方式适用于室内余热量很大，特别是热源靠近顶棚的场所。

无论利用哪种方式，被动房新风设计的主要目的是通过形成有效的新风区、溢流区及排风区，使新风在室内得以充分循环，进而覆盖到房间的每一个角落。

图3展示了理想状态下的被动房室内新风组织设计，描述了经过新风热交换机的室外新风通过客厅上部进入室内，在卫生间设置回风口将室内污浊空气通过回风管道引入新风换气机，进行室内空气的余热回收利用。该方案的优点是利用卫生间排风产生的负压使起居室形成了溢流区，即使不用在起居室额外增加新风管道也能保证起居室内充满新风，从而实现新风循环的

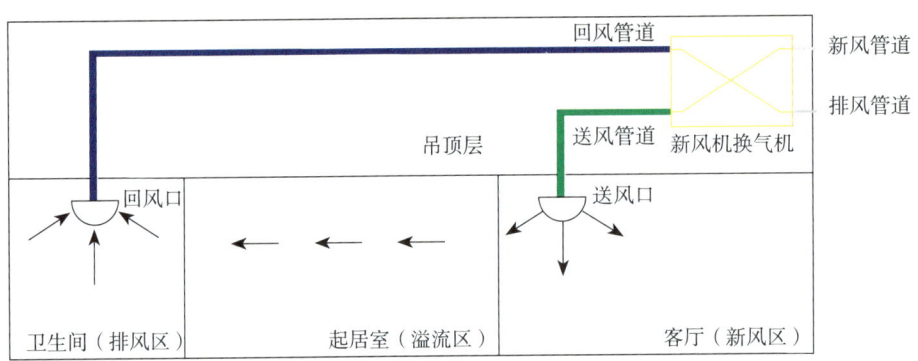

图3　理想状态下的被动房室内新风组织设计

目的；回风口设置在卫生间，使卫生间内产生了负压，保证卫生间内的异味不会扩散到起居室；节省送风管道的材料费与安装费。

3.2　风管阻力的计算

由上面例子得出，一方面良好合理的送风口与回风口的设置可以大大减少额外风管的布置。另一方面，为了保证新风换气机能正常通风，需要克服管网阻力的静压和把气体输送除去的动压。

风机中的静压只存在于风机进出口管网中，并且一定等于管网阻力。风机动压在风机进出口管网中没有任何消耗。当风机进出口管网的截面积相同时，风机进出口的动压相等。如果管网的截面积不同，管网中的动压也不同。所以，新管道管道长度的减少以及管道的弯头阀门的减少等同于整个管系的沿程阻力和局部阻力减少，风机将会更加省电。以下为风管阻力计算公式：

（1）风管沿程阻力计算公式：

$$\Delta P_m = \frac{\lambda \cdot v^2 \cdot \rho \cdot L}{2D} \qquad (2\text{-}1)$$

式中：

ΔP_m——风管沿程阻力，pa；

λ ——摩擦阻力系数，此系数为经验值，一般取值范围是0.017~0.034；

v ——风管内介质流速，m/s；

ρ ——风管内介质密度，kg/m³；

L ——风管长度，m。

（2）风管局部阻力计算公式：

$$\Delta P_n = \frac{\xi \cdot v^2 \cdot \rho}{2} \qquad (2\text{-}2)$$

式中：

ΔP_n ——风管局部阻力，pa；

ξ ——综合局部阻力系数，此系数为经验计算值，计算过程见公式（2-3）；

v ——风管内介质流速，m/s；

ρ ——风管内介质密度，kg/m³。

（3）综合局部阻力系数公式：

$$\xi = E \cdot 0.75 + V + T \qquad (2\text{-}3)$$

式中：

ξ ——综合局部阻力系数；

E ——整个风管系统中弯头数量；

V ——整个风管系统中阀门数量；

T ——整个风管系统中阀门数量。

通过式（2-1）至式（2-3）可以计算出整个风管系统的全压，即管道局部阻力与管道沿程阻力之和。当新风风机所能提供的风压大于管道系统的全压时，说明风机选型正确。新风机风机能提供的风压按照式（2-4）计算。

风机风压计算公式：

$$\Delta P_0 = \frac{\eta \cdot \kappa \cdot W \cdot 3600}{Q} \qquad (2\text{-}4)$$

式中：

ΔP_0 ——风机风压，pa；

η ——风机机械传动效率，%；

κ ——风机效率，%；

W——风机电功率，kw；
Q——风机风量，m^3/h。

根据式（2-1）至式（2-4），进行管道阻力计算，数据详见4.1节。

4 工程实际案例分析

4.1 项目分析

图4为某项目工程项目的被动房教室新风系统管道布置，房间净深8米。设计者的设计思路是从右侧门上口吊顶层引入新风，进入房间后将新风管道均匀分为4路。其目的是为了使新风可以均匀地分布到房间当中，实现新风循环的作用。同时在左侧门上口处设置排风装置，目的是将室内的空气引导至走廊中，再通过走廊的集中排风管道将室内污浊空气引向新风换气机进行余热回收利用。值得注意的是，设计者考虑到卫生间产生的气体若进行集中排风引到新风换气机中实现热交换，会导致室内新风被污染。故而设计者在卫生间设置了独立的排风系统，即将卫生间的污浊空气直接引入独立的排风井，不参与新风热交换。

但此项目设计方案存在两个问题。

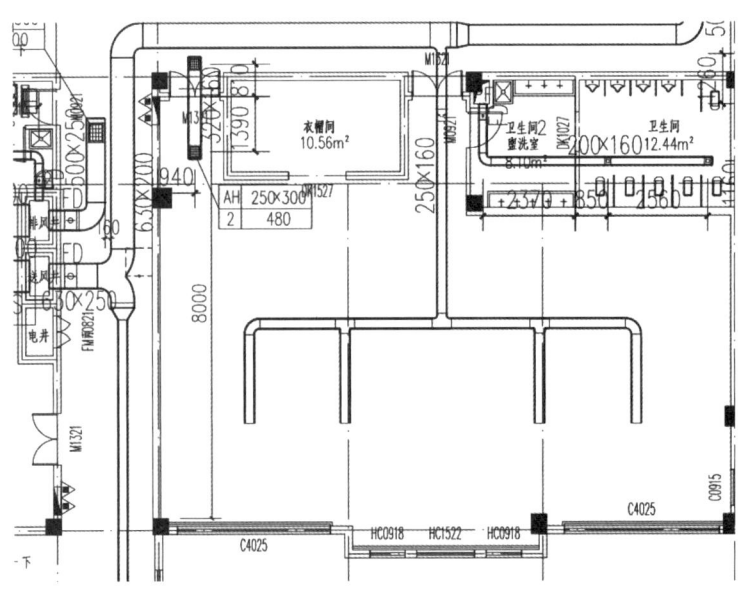

图4 某工程项目的被动房教室新风系统管道布置

（1）本设计中卫生间采用局部排风系统，风量较大。被动式建筑气密性非常好，当卫生间排风系统启动时，使用者是否按照设想及时开关换气扇不可预估，应审慎考虑回风系统与新风系统的联动关系，否则会导致建筑处于负压状态。同时，大量富有剩余焓值的空气未经热回收就被排出室外，浪费部分室内余热，应把卫生间通风纳入建筑整体通风考虑。可采取以下措施：显热换气机不会污染新风，可通过风井统一回收卫生间的排风废热，并根据风量进行补风；还可加大每一层新风量，把每层的卫生间排风直接并入新风换气机的排风管，排风口从走廊挪到卫生间，并在卫生间的墙壁和门上做出足够的溢流口。但该措施在实际工程案例中，业主可能担心新风换气机出现质量问题，导致卫生间的废气污染新风，最终使整个房间充满异味，所以使用该措施需要考虑业主是否能接受。

（2）新风管线太长会造成不必要的送风压力损失，增加风机功耗。在面积较小的空间内且被动房气密性较好的工况下，送风管道不必延伸至房间深处[4]。送风口设置在房间边缘，用送风百叶调整角度就可以满足将新风送入室内的需求。因此，可将送风管道的送风口布置在右侧门上口部分，在门下口留有合理的通风缝隙，就可以保证室内空气的流通。按照上文所述，也就是教室为新风区，走廊为溢流区，集中排风口处为排风区。

按照门上口送新风、门下口排风这种方式结合该项目案例，根据式（2-1）至式（2-4），计算得到若减少管长为10m、管径为250mm×160mm的管道局部阻力为24.16Pa，则沿程阻力为11.85Pa。

4.2 Airpak模拟

通过Airpak（CFD）模拟仿真软件对该方案进行室内气流模拟分析，以确定门上口送风、门下口回风这种方式可保障在面积较小的空间内，新风可以均匀地分布于整个房间。

图5为Airpak新风模拟——速度矢量图，图中新风送风口位置离地高度2.5米，图中的Opening1、opening2表示门上方新风出口，出口风速3m/s；vent1、vent2表示门下口回风洞。

根据图5所示，新风在入口处速度最快，产生向前的运动轨迹。但通过无隔间壁面，由于压力骤减，新风方向发生改变，贴近壁面向前流动。在房间远离新风口位置，依然存在一定风速。

根据图6可观察到新风质子运动轨迹，观察到引进的新风可达到室内最远端，即形成良好的新风循环，表明门上口送风、门下口回风在面积较小的空间内具有可行性。

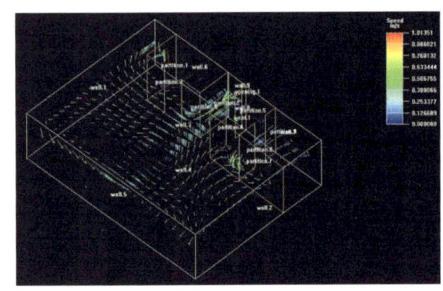 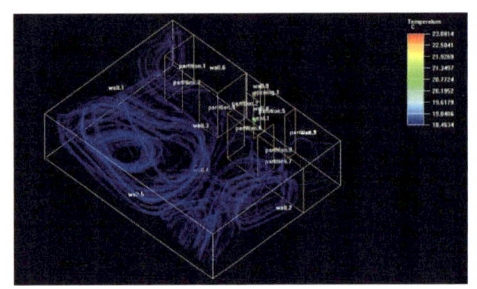

图5　Airpak新风模拟–速度矢量图　　　　图6　Airpak新风模拟–质子运动轨迹图

5　总结及优化

计算了新风管道保温方案，得出送风管道、排风管道、新风管道保温厚度适宜的岩棉外保温层厚度。同时对新风送风口及污风排风口位置进行设计，充分利用室内空气余热，增加新风送风口温度。减少新风管网的管长时也减少相应沿程阻力及管道造价，且在面积较小的空间内可实现新风循环。对此类工程，还可进一步优化，如以下几点。

（1）在严寒地带，由于冬季室外温度较低，可采取地道风形式预热新风。由于地道风系统利用天然地层蓄热，可降低建筑能耗。

（2）若室内外温差较大致使新风送风口温度较低，还可增加一个低功率的空气预热器，或者将新风管道与风机盘管结合进行混风处理，以提升新风送至室内的出口温度。

（3）新风送风口及回风口分别设置在门上及门下时，需保持较大距离，以免出现气流短路现象。同时风

口面积较小，以增加风速，使新风到达空间最远端。

（4）若卫生间回风，可将回风管道单独与新风换气机连接，实现卫生间余热回收。但新风量需增大，增大新风循环以保持室内正压。

（5）可采用CFD流体模拟仿真软件对房间气流组织模拟预测。根据不

同房间、适用类型，对排风管道进行设置模拟以减少风机压力。在保障使用功能的情况下，保证经济最大化。

（6）可尝试以地送风形式（下送下回或下送上回式）增强室内空气流动，减少空气滞留区。

由于实验空间有限，本文依然存在可改进之处。望对被动房新风设计等工程提供借鉴。

参考文献

［1］文林峰，张小玲.中国被动式低能耗建筑年度发展研究报告（2017）［M］.北京：中国建筑工业出版社，2017:1-2.

［2］被动式低能耗居住建筑节能设计标准DB13（J）/T 177-2015［S］.

［3］中小型热电联产工程设计手册［M］.北京：中国电力出版社，2005:334-345.

［4］贝特霍尔德考夫曼，沃尔夫冈费斯特.德国被动房设计和施工指南［M］.北京：中国建筑工业出版社，2015:70-75.

被动式超低能耗建筑门窗安装墙体洞口热桥分析

魏贺东 赵及建 张福南

河北奥润顺达窗业有限公司

摘　要：门窗安装位置的选择对整窗的传热系数有着至关重要的影响，如果被动式超低能耗建筑门窗安装选择位置不当，就可完全抵消掉设计师对提高门窗本身的保温性能所做的研究设计[1]。我们根据软件flixopro8计算模拟窗户洞口的线传热系数，得出门窗与不同墙体结构之间线传热系数最小的窗户安装位置和影响门窗洞口线传热系数的决定性因素。

关键词：被动窗；门窗安装位置；墙体门窗洞口线传热系数

1　引言

随着被动式超低能耗建筑的兴起，被动式超低能耗建筑用窗在市场上也得到了大量开发和应用，被动窗的市场大有万花齐放、百家争鸣的景象，对我国被动式超低能耗建筑的发展起到了良好的推动作用。

透明部分外围护结构作为被动式超低能耗建筑中最主要部件之一，其面积在整个建筑中占维护结构面积的12%，但是在建筑外围护结构的热损失中，门窗的热损失却占整体热损失的50%，被行业称为"建筑能量流失的黑洞"。如果被动式超低能耗建筑门窗安装选择位置不当，就会完全抵消掉设计师对提高门窗本身的保温性能所做的研究设计。基于上述情况，本文对门窗安装位置的热桥进行了分析研究，力求门窗在不同墙体结构上安装的位置选择中热损失最小。

2　门窗安装现状

被动式超低能耗建筑经过近30年的发展，相关技术已经成熟。国内近年来新建建筑和既有建筑改造按照被动式超低能耗标准建设的数量有所增加，但是体量占比依然很小。据不完全统计，已建成项目和在建项目有160个，占国内总建筑项目的数量不足0.1%，相关标准也不够完善，已入住的被动式住宅项目数量更是稀少，被动式超低能耗建筑在中国还处于起步阶段，有很长的路要走。在中国建筑中一步节能到四步节能的建筑体量是巨大的，包括农村自建房、老旧项目改造、窗户的安装位置也基本没有统一的要求，大多依据结构或者室内窗台的大小，选择安装门窗的位置，并没有完全考虑门窗安装的位置对于门窗整体性能的影响。因为门窗作为透明外围护结构既要起到保温的作用，同时还要保证采光、隔声等基本使用需求。

基于上述情况，为了保证门窗性能，进行一系列研究，产生了门窗安装位置的选择变化。门窗安装位置的变化和墙体厚度，墙体结构及保温的应用息息相关。本文从砖结构、钢筋混凝土结构、木结构、三种墙体，分别对门窗安装位置进行热工性能分析，通过对比窗户安装洞口的线传热系数，得出在不同墙体结构中门窗安装性能最佳、能耗相对较低的位置。

3 研究结构及门窗安装位置的选择

为了保证研究数据多样性和可对比性，笔者首先对研究的墙体结构进行确定。国内农村现有居住建筑的墙体基本都没有铺设保温，与之相反的是被动式超低能耗建筑的墙体结构要铺设较厚的保温材料，且要达到不同气候区对于墙体保温的要求。因此笔者列出表1中两种较为极端的情况：一种是墙体结构不安装保温，另一种是墙体结构安装保温且传热系数达到被动式超低能耗建筑中寒冷地区对墙体K值的要求。依据表2《被动式超低能耗绿色建筑技术导则》，寒冷地区围护结构平均传热系数参考值为0.10～0.25，笔者取$K \leqslant 0.15W/(m^2 \cdot K)$[2]墙体结构进行计算模拟，依据窗户安装位置的调整，引起洞口的线传热系数变化，最终得出不同的墙体结构被动式门窗安装的最佳位置。

根据我国第一部被动式超低能耗建筑设计规范《被动式超低能耗居住建筑节能设计标准》中的规定整窗传热系数$K \leqslant 1.0W/(m \cdot K)$[3]及墙体结构研究方向，确定以目前市场上主流的被动窗（以下简称"被动窗"）：passive130C，并基于墙体结构是否安装保温材料确定了安装位置以表3中为主的几种被动窗安装位置的研究对象。

表1　墙体结构

无保温	有保温 [K≤0.15W/(m²·K)]
砖结构370mm	砖结构外贴200mm SEPS
混凝土结构200mm	混凝土结构外贴210mm SEPS
木结构200mm	木结构填充250岩棉

表2　《被动式超低能耗绿色建筑技术导则》围护结构平均传热系数（K）参考值

K(W/m²·K)	严寒地区	寒冷地区	夏热冬冷地区	夏热冬暖地区	温和地区
外墙、屋面	0.10–0.20	0.10–0.25	0.20–0.35	0.25–0.40	

表3　安装位置

无保温	有保温
室内侧	室内侧
居中	居中
室外侧	室外侧
	外挂
	外挂且保温覆盖窗框

表3中门窗安装位置的选择，分为有保温和无保温两大类的墙体洞口，而安装位置也大致分洞口内安装和洞口外安装两种。通过计算模拟表3中门窗的安装位置并绘制曲线对比图，即可得到六种不同墙体结构门窗安装时热损失最小的安装位置。

4　门窗洞口热损失计算

本文应用flixopro8热工分析软件（以下简称"分析软件"）进行热工模拟（图1），采用有限元的方法进行热工分析。依据《民用热工建筑设计规范》GB 50176-2016、ENISO 10077-2、ENISO 10211-1等标准进行参数编辑[4-5]。依据表1及表3中确定的墙体结构及被动窗passive 130C，分别模拟计算洞口热损失并生成计算结果。环境参数见表2。

- 技术产品应用 -

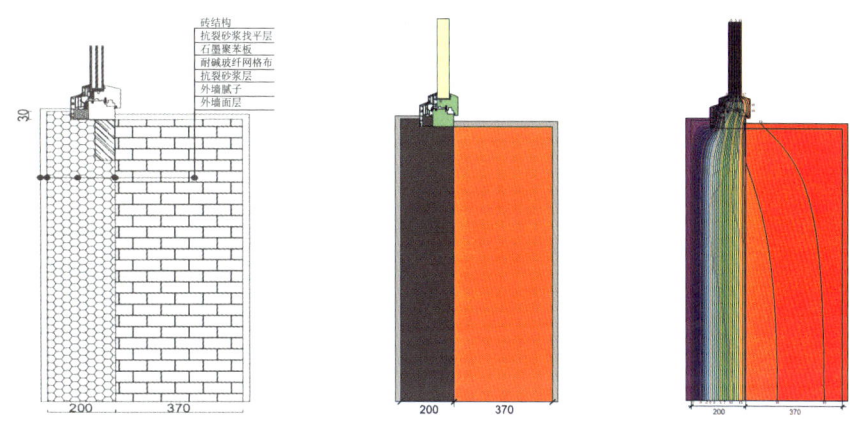

图1 模拟计算模型示意

5 被动式超低能耗建筑门窗安装位置变化模拟分析

5.1 无保温墙体结构被动窗安装位置模拟分析

以表1中墙体结构为计算模型，被动窗passive130C的安装位置依据表3中无保温墙体结构按照室内侧、居中、室外侧安装位置，依次建模并计算模1拟洞口位置线传热系数，将得出研究所需的实验数据绘制为方便对折线图，见表4、图2、图3。

表4 模拟环境参数

	室内R_i [(m²·K)/W]	室外R_e [(m²·K)/W]
温度℃	20	−10
表面换热阻R	0.13	0.04

由图3中所示，砖结构墙体（以下简称"砖墙"）在室外没有粘贴保温时，门窗居中安装洞口线传热系数是最低的，为0.126W/(m·K)；靠近室外侧安装洞口线传热系数是最高的，为0.21W/(m·K)。

混凝土结构墙体（以下简称"混凝土墙"）在无保温的情况下，门窗靠近室内侧安装洞口线传热系数最低为0.12W/(m·K)，室外侧安装洞口线传热系数最高为0.176。在混凝土墙体安装窗户位置，从图2可看出，安装位置从室内向室外移动，其洞口线传热系数会逐渐增大，热损失也越大。

在混凝土墙没有保温时,窗户安装应尽可能靠近室内侧安装。

木结构墙体(以下简称"木墙")在没有增加保温或者防火措施时,窗户安装洞口线传热系数最小为居中安装0.018W/(m·K),洞口线传热系数最大为室内侧安装0.031W/(m·K)。

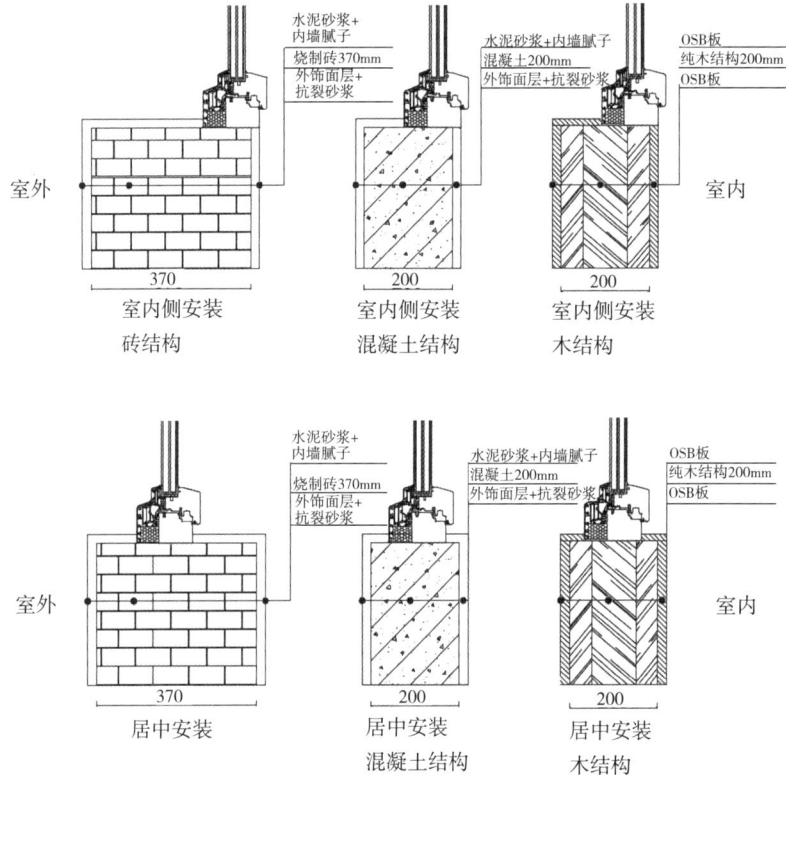

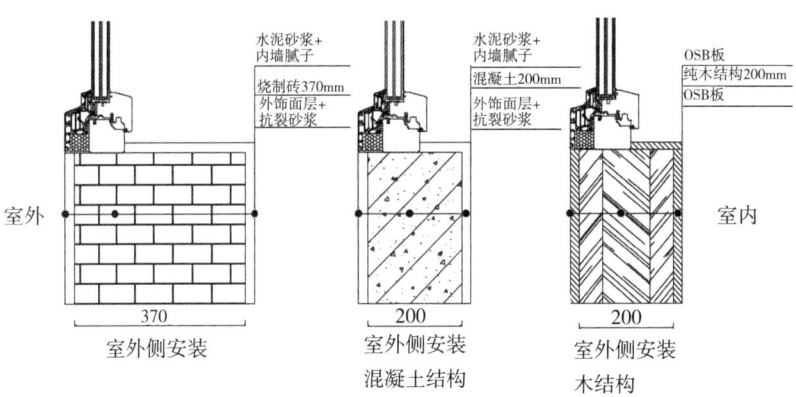

图2 模拟安装位置模型节点展示

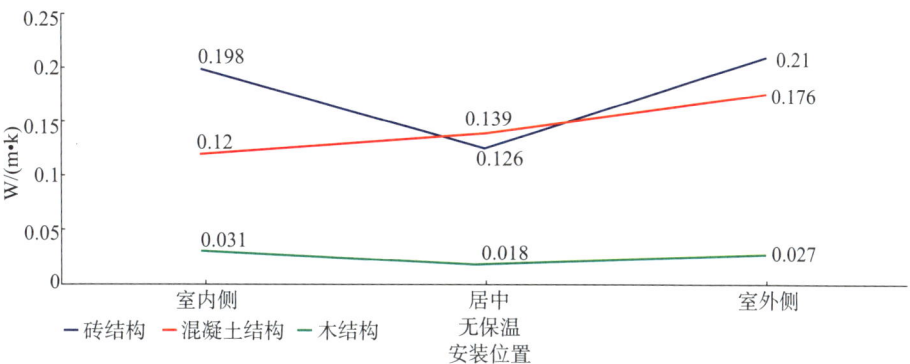

图3 无保温墙体结构窗户安装位置变化洞口线传热系数变化折线图

5.2 有保温墙体结构被动窗安装位置模拟分析

以表1中墙体结构为计算模型，被动窗passive130C的安装位置依据表3中有保温墙体结构，按照室内侧、居中、室外侧、外挂式及保温覆盖窗框安装位置，依次建模并计算模拟洞口位置线传热系数，将得出研究所需的实验数据绘制为折线图，见图4。

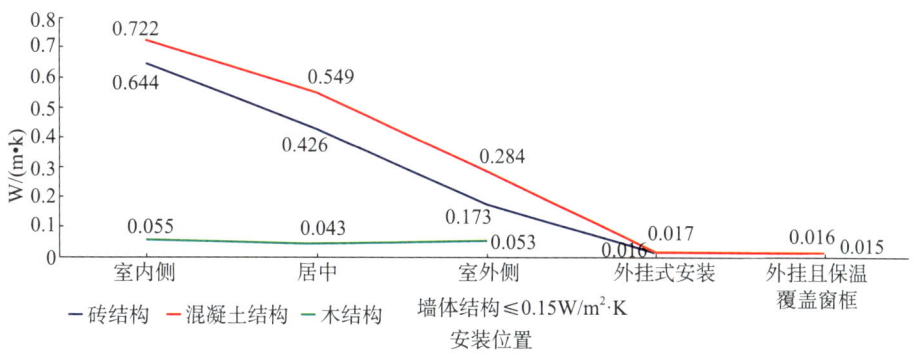

图4 有保温墙体结构窗户安装位置变化洞口线传热系数变化折线图

由图4可见，砖墙室外粘贴保温后窗户安装方式采用外挂式安装且保温覆盖窗框时，其洞口线传热系数最低为0.015W/（m·K）；而窗户靠近室内侧安装时，其洞口线传热系数最高为0.644W/（m·K）是前者线传热系数的43倍。

混凝土墙在粘贴保温后，窗户采用外挂式安装且保温覆盖窗框时，其洞口线传热系数最低为0.016W/（m·K）；而窗户靠近室内侧安装时，其洞口线传热系数最高为0.722W/（m·K），是前者线传热系数的45倍。

木墙在增加防火保温材料后窗户居中安装时，其洞口线传热系数最低为0.043W/（m·K）；而窗户靠近室内侧安装时，其洞口线传热系数最高为0.055W/（m·K）。

表5 被动窗安装在不同墙体不同位置洞口线传热系数表

墙体结构	安装位置 无保温			有保温 K≤0.15W/（m²·K）				
	室内侧	居中	室外侧	室内侧	居中	室外侧	外挂	外挂且保温覆盖窗框
砖结构	0.198	0.126	0.21	0.644	0.426	0.173	0.016	0.015
混凝土结构	0.12	0.139	0.176	0.722	0.549	0.284	0.017	0.016
木结构	0.031	0.018	0.027	0.055	0.043	0.053		

6 结论

通过以上分析，笔者认为对门窗洞口的线传热系数影响起决定性作用的有三种因素：门窗的安装位置、墙体材料、墙体是否采取保温措施。同时，在墙体安装有保温材料时，窗框尽可能安装到保温层中有利于降低门窗洞口线传热系数及热损失。在墙体无保温材料安装门窗的位置时：砖结构洞口门窗居中安装最优；混凝土结构洞口门窗靠近室内侧安装最好；木结构洞口门窗安装居中最好。

参考文献

［1］贝特霍尔德·考夫曼，沃尔夫冈·菲斯特. 德国被动房设计和施工指南［M］. 徐志勇译. 北京：中国建筑工业出版社，2015.
［2］被动式超低能耗绿色建筑技术导则［S］.
［3］被动式超低能耗居住建筑节能设计标准DB13（J）/T 273-2018［S］.
［4］民用热工建筑设计规范GB 50176-2016［S］.
［5］建筑门窗玻璃幕墙热工计算规程JGJ/T 151-2008［S］.

浅谈被动式超低能耗建筑保温系统的应用技术

田天[1] 约翰·罗赫特[2]

1 武汉工程大学土木工程与建筑学院2018级在职研究生；
2 美国免拆模专家、高级工程师

摘 要：本文通过对保温系统的施工工艺进行介绍，分析了目前市场政策环境和市场需求下，外保温、内保温、ICF保温的使用特点。

关键词：被动房；外保温；ICF

1 引言

2008年我国开始引入以德国为代表的欧洲被动式超低能耗建造技术及设计理念，尝试并且探索适合我国气候条件特点、建筑形式、节能方式和国情的被动式超低能耗建筑，为下一步提升我国建筑节能标准，发展我国被动式超低能耗建筑提供技术探索和规范储备。"被动房"这一概念是由德国建筑物理学家费斯特教授提出的，由于在使用过程中对能耗提出了较高的要求，所以对设计和施工、验收的要求相对严格。"被动房"一词并不仅代表一个特定能耗标准，而是一种兼顾能效和环境最佳舒适度的设计理念及住宅解决方案。[1]

2 国内保温的施工现状

随着近些年来我国建筑事业的迅猛发展，全国各地均出现了许多非常著名的地标型建筑，各大中小型城市的建筑发展水平也得到了很大提升，但同欧美等被动式超低能耗建筑发展比较早的国家相比，我国被动式超低能耗建筑的发展还只是刚刚起步阶段，目前还存在着许多现实问题急需解决，传统建筑行业的建设体系对被动式超低能耗建筑的规划、设计、施工、验收尚不了解。这些问题表现为全国大多数城市的规划建设审批部门目前没有审批超低能耗建筑的制度规范,现行的设计图纸国标图集中没有依据可以参照,没有明确被动式超低能耗建筑节点构造做法,设计院缺乏设计超低能耗建筑的设计能力,施工单位缺少专业的施工人员及培训,而国内的建筑施工人员又多由农民工组成,这就造成了被动式超低能耗建筑在我国推进缓慢的尴尬局面。

被动式超低能耗建筑的主要设计理念是良好的围护性能和保温性能,这是确保建筑设计满足无热桥、气密性、耐久性的基础,而现场操作技术人员缺乏相关的知识储备,在施工过程中对外墙保温板的破坏程度很大,直接使用电钻对外墙体和保温板进行钻眼会形成许多热桥,对外墙的整体保温效果造成影响。我国北方地区一般采用外保温的形式进行保温,一般外墙保温板厚度为8~10cm,后期也没有气密性验收的强制要求,这就造成了施工过程中的大量热桥现象,而被动式超低能耗建筑的关键控制指标之一就是气密性(图1)。

我国传统建筑采用的模板多为木模板、钢模板、铝模板、竹模板。而施工人员在使用这些模板时均未避免热桥效应,致使外墙会出现大面积的对拉螺栓孔,阳台也没有进行断热桥处理,加之后期的保温板粘贴施工质量得不到保证,而且厚度达不到被动式超低能耗建筑的围护要求,所以往往在能耗上得不到保障(图2)。目前我国门窗施工遵循先安装窗框的原则,这样窗户就缺乏系统性和整体性,加之窗户本身的质量不能满足被动式超低能耗窗户的气密性要求,四周边角又没有得到隔汽膜、透气膜密封的处理,所以这一部分区域往往会成为能耗消耗大的薄弱区(图3、图4)。

图1 施工中的外墙保温

图2 建筑外墙密布螺杆孔

图3 外窗橙安装

图4 外窗框安装

3 内保温

内保温结构形式也是我国目前采用较多的一种建筑形式。这种建筑形式如果不能很好地处理连接部位也容易产生热桥现象，结露与冻融极易造成墙面发霉、开裂。对于需要冬季采暖、夏季制冷的建筑，室内温度随季节变化不大，但是外墙和屋面受室外温度与太阳辐射的作用引起的温度变化幅度较大，当室外温度低于或者高于室内温度时，外墙膨胀或者收缩不断，这种反复徐变使保温隔热体系始终处于不稳定的状态[2]。在这种徐变应力反复作用易造成内墙保温体系的空鼓开裂，内墙及板对应的外墙部分基本得不到保温材料的保护，因此，此部位也容易形成热桥（图5）。

图5 内保温构造

4 风靡全球的ICF体系

4.1 发展背景

ICF（insulation concrete form）俗称绝热混凝土模块，即免拆模体系。ICF节能建筑体系自20世纪80年代诞生以来，经过40多年的发展，因其良好的保温性能和环保节能效果而风靡全球，尤其是在欧美发达国家得到了广泛的应用，目前已经发展成为许多不同特色和形式的节能建筑体系。[3]

ICF体系既适用于木结构体系，又适用于混凝土体系。内外保温由一次性成型的EPS制成。永久环保的EPS全绝热建筑模块采用积木承插式的建筑方式，解决了传统意义上的模板安装需要大吨位塔吊和吊车安装的局面。ICF体系用经过专利认证的链接热桥进行连接封堵，非常好地处理了热桥现象，可以根据建筑结构的不同形式及尺寸进行预制配件的选择，整个建筑全部用混凝土一次浇筑而成，形成了良好的内外结合围护结构，围护结构传热系数限值控制在0.15W/（$m^2 \cdot K$）。这种体系是一种完美结合，其良好的性能对建筑节能做出了较大贡献（图6、图7）。

图6 ICF与木结构结合

图7 John在美国建造免拆模体系

4.2 热成像对比

未添加保温层的建筑与使用ICF结构的添加了保温层的建筑的红外图像对比，越亮的部分表示能量散失越多（包括供暖和制冷）（图8、图9）。

图8 典型的无保温混凝土砌块结构

图9 保温混凝土模板（ICF）结构

4.3 ICF体系的优势

ICF体系的核心材料是EPS，EPS是其他材料无法替代的。含有戊烷的EPS在蒸汽的作用下使体积增加，具有优异的绝热性。EPS对生态无害、不提供细菌生长环境、材料不易变形、抗压性能好、不易老化、使用寿命长、具有良好的防潮、隔音功能、易于操作、建造速度很快，比传统的建造方式节省了时间，达到现场设备最小化，建筑结构的保温性能（热效率）为R 30-50墙壁（U .03- .02 walls），R 70-90天花板（U .014- .011ceilings），R 14-30地板（U .07- .03 floors），Sound attenuation between floors（楼层间隔音）。ICF高效建筑节能成本节约见表1，建筑模块的强度见表2。

表1 ICF高效建筑节能成本节约

类别		类别	
地板体系/平方米	节能成本	墙面体系/平方米	节能成本
混凝土	50%	木材	95%
钢筋	30%	支模	40%
木材	95%	拆模	95%
支模	50%	外墙保温	99%

续表

类别		类别	
地板体系/平方米	节能成本	墙面体系/平方米	节能成本
拆模	95%	施工时间	+5%

表2 模块可抵抗最强的龙卷风

FUJITA SCALE藤田级数（龙卷风等级）			DERIVED EF SCALE		OPERATIONAL EF SCALE	
F Number	Fastest 1/4-mile（mph）	3 Second Gust（mph）	EF Number	3 Second Gust（mph）	EF Number	3 Second Gust（mph）
0	40–72	45–78	0	65–85	0	65–85
1	73–112	79–117	1	86–109	1	86–110
2	113–157	118–161	2	110–137	2	111–135
3	158–207	162–209	3	138–167	3	136–165
4	208–260	210–261	4	168–199	4	166–200
5	261–318	262–317	5	168–199	5	166–200

5 ICF建筑体系与其他建筑体系

建筑体系分析指标见表3。

表3 建筑体系分析指标

类别	绿建三星级	装配式建筑	免拆模超低能耗体系
设计概念	设计理念以"四节一环保"为出发点，评价过程分为控制项和评分项，强调重点通过后期增加设备来带动和降低建筑能耗	建筑工业化、建筑设计标准化、部品生产工厂化、现场施工装配化、结构装修一体化	以建造超低能耗建筑为出发理念，一次性完成100%保温绝热
施工	四节一环保	模块化设计、标准化制作、批量化生产	模块化设计、标准化制作、批量化生产

续表

类别	绿建三星级	装配式建筑	免拆模超低能耗体系
安装	四节一环保	整体化安装（存在问题：目前竖向构件无法预制）	整体化安装，达到现场设备最小化，施工速度快，节省了人工以及安拆模板的时间
气密性	有气密性要求，后期没有气密性验收的强制要求	装配式建筑属于一种工厂化加工的方式	室内外压差50帕的情况下，房屋每小时换气次数≤0.6次

6 结论

（1）ICF体系是目前国际先进水平的被动式低能耗技术，因其无污染、施工方便、保温效果好而风靡欧美，适合作为被动式超低能耗建材的推广标准。

（2）相比国内其他保温体系，ICF体系是最适合被动房建造的体系。目前山东领潮新型绿色节能建材及设备生产项目签约落户济南高新区，总投资6.3亿元，占地180亩，将完全采用国际一流的新型绿色节能建材的技术和设备，主要进行绿色免拆模超低能耗建材研发和生产，并结合国际成熟经验，在中国搭建并推广免拆模超低能耗建筑专业体系建设。

参考文献

[1] 住房和城乡建设部科技与产业化发展中心等. 中国被动式低能耗年度发展研究报告2017[M]. 北京:中国建筑工业出版社，2017。

[2] 杨建辉，张菁燕，王璐艳. 夏热冬冷地区建筑墙体内保温技术现状及其应对措施研究[J]. 墙材革新与建筑节能，2017.

[3] 王继强，俞剑琳. 德国绝热混凝土模块节能建筑体系[J]. 新型建筑材料，2003.

被动式建筑用改性沥青防水卷材相关检测技术研究

袁志欣 龚春平 臧凡 彭超 李男男

中国建材检验认证集团股份有限公司

摘　要： 本课题通过被动式建筑相关图集对屋面的防水性能要求，对屋面施工所使用的弹性体改性沥青防水卷材进行相关检测技术研究。

关键词： 被动式建筑；弹性体；改性沥青防水卷材

1　前言

2010年6月18日，欧盟出台了《建筑能效2010指令》(EPBD2010)，该指令规定："成员国从2020年12月31日起，所有的新建建筑都是近零能耗建筑。"我国已紧跟欧洲建筑发展趋势，并在2016年中共中央国务院发布的《关于进一步加强城市规划建设管理工作的若干意见》中明确提出："发展被动式房屋等绿色节能建筑。"被动式低能耗建筑不仅能显著提高室内环境舒适度，更能够大幅度降低建筑能耗。加强被动式低能耗建筑的市场宣传和推广已经是必然趋势。

被动式建筑对产品材料同样也有着高质量的要求。例如我国的防水材料产品大多由胶粉沥青制成，使用年限一般只能保证5年，而德国的SBS高聚物改性沥青防水卷材配以合理构造，屋面防水保温系统的免维护期更长。因此，随着被动式建筑的发展，高质量的产品将会逐步被市场接受，低质量的产品则终将被市场摒弃。

2　被动式建筑屋面要求

被动式建筑屋面按Ⅰ级防水要求设防，材料选择要满足相容性要求。屋面的基层上方、保温层下方要求同时设置隔汽层，隔汽层材料选用耐碱铝箔面层玻纤胎自粘改性沥青隔汽卷材。屋面工程中所用的防水材料的燃烧性能也要符合现行防火规范的有关规定[1]。而Ⅰ级防水要求材料使用年限至少达到25年。因此，被动式建筑用弹性体改性沥青防水卷材不仅要有很好的耐久性能，符合防火规范的防火性能，还要具有良好的隔汽性能。

3 被动式建筑用弹性体改性沥青防水卷材相关检测技术研究

建议材料的基本性能应符合相关的国家标准规定。图集要求见表1。现行国家标准及图集技术要求远不能保证材料耐久性，为保证屋面防水与保温系统的免维护时期更长，应增加成品耐久性检测项目和指标，并增加考察原材料真实性的定性定量分析试验。我们对材料的耐久性能、耐水性能、抗变形性能、连接部位的滑动试验（高低温交变循环试验）、外部防火性能、燃烧性能和水蒸气当量空气层厚度（S_d）检测项目进行了技术研究分析。

表1 图集中防水卷材的性能指标

项目		性能指标
拉伸力	底层	纵向：≥1000；横向：≥1000
	面层	纵向：≥700；横向：≥500
断裂伸长率（%）	底层	纵向：≥2；横向：≥2
	面层	纵向：≥35；横向：≥35
不透水性		0.3MPa，30min，不透水
耐热性		100℃，≤2mm，无流淌滴落
低温柔性		-20℃，无裂纹

3.1 耐水性能

改性沥青防水卷材长期浸泡在水中可能会出现问题，由于水在汽化和结成冰过程中体积均会增大，一旦水分进入卷材当中，霉菌生长、冻融循环都会使卷材性能减弱甚至失效。相关研究表明：水是破坏胎基性能的主要因素，水越充足，浸水时间越长，相应的拉力保持率越低，对胎基破坏的程度越深[2]。我们对材料的耐水性做了相应的研究，将卷材测试完初始性能之后，放入23℃水中浸泡，每个月进行一次取样测试，结果见表2。

表2　耐水性能——卷材拉力测试结果

浸水龄期/月	卷材	
	最大峰拉力/（N/50mm）	
	纵向	横向
0	1477.2	1078.4
1	1402.1	1032.6
2	1338.4	1001.6
3	1280.9	958.3
4	1225.6	933.4
5	1168.3	908.7
6	1194.2	937.4
7	1166.2	913.2
8	1132.5	868.7
9	1164.2	886.3
10	1125.3	833.7
11	1117.6	856.2
12	1111.7	834.8
保持率（%）	75	77

由表2可以看出，在经历12个月的浸水试验后，拉力保持率已经变得非常低，说明水的浸泡对于拉伸性能有很大的影响，也就是对聚酯胎基有很大的影响。聚酯胎基是由乳胶和聚酯纤维构成，乳胶在水的作用下会发生老化，聚酯PET大分子在有水存在的条件下同样容易发生酯键水解，胎基的耐水性是由这两种原材料决定的。GB/T 35609-2017中的耐水性能是在（23±2）℃水中浸泡（336±2）h后进行拉伸性能检测。该检测可以体现材料的耐水性。

3.2 耐久性能

自然环境对沥青防水卷材的影响非常显著。长时间的风吹日晒会加速防水材料的氧化、老化，减小卷材的韧性，提升卷材的脆性，从而导致卷材老化断裂。高温也会加速沥青的氧化、老化。高温会导致增塑剂的迁移，使卷材脆性不断增强，导致卷材变形、断裂。耐久性能依据GB/T 35609-2017进行检验，该标准中的耐久性能在材料基本性能国家标准中热空气老化处理时间10d的基础上加长了处理时间至28d，对材料的耐久性能考察更加严苛。

3.3 抗变形性能

预制装配式钢筋混凝土楼板是由多块楼板拼装的，接缝较多，经常由于填缝的膨胀收缩性不同而不平整，若防水施工时处理不当，没有形成有效的密封防水层，容易在建筑沉降时造成开裂、导致窜水和漏水。增加该试验的目的是为了评价防水层对连接部位或基层产生裂缝时引起错动的抵抗性。该试验是以现浇钢筋混凝土、预制混凝土构件、ALC板的板缝排密处理的情况为试验对象或以预制混凝土构件、ALC板的板缝不进行排密处理的情况为试验对象，在不同温度下连接部位以一定大小的往复循环运动进行的，最后观察防水层的状态。而循环次数是随着期待的耐久性的程度而变化的。相关研究表明，一年大小混合运动的次数为720至740次。疲劳的平均运动次数假定为此数的1/3，即一年约为243次。本试验方法运动次数合计进行3000次，约相当于12年[3]。

3.4 连接部位滑动试验

防水层施工之后，由于常年循环承受环境的影响，其结果产生伴随材质变化的收缩。防水层的连接部位滑动试验是为了评价连接部位是否有产生故障的可能性。该试验是在基层上依据相关规范进行防水层的施工，规定的养护结束后作为试验试件，将试验试件在（20±2）℃的条件下静置24h后，在离开连接部位10mm的位置画一条标志线，标志线间距离测定精确到1mm；然后将试验体放置在（80±2）℃的鼓风干燥箱中48h；再放入（0±2）℃低温箱中48h；进一步在（20±2）℃的条件下静置72h。以上步骤为一个循环，共进行五个循环。结束后，在20℃的恒温室内测定标志线间距离，求出连接部位的滑动量，同时观察防水层有无破裂、脱离。防水层自身的尺寸变化在固定部分与不固定部分的程度是不同的。另外，重叠的层数、连接作法也不尽相同，因此伴随尺寸变化对连接部位产生的故障也不尽相同[4]。该试验就是以评价这些为目的。

3.5 外部防火性能和燃烧性能

屋面工程根据保温、隔热、防火及防水等功能的需要，设置有不同的构造层，如结构找平层、保温层、防水层、隔汽层、隔离层等。不同构造使用的材料和采用的施工方法对火灾安全性有很大的影响。而弹性体改性防水卷材和保温层材料虽具有相应的防水性能和保温性能，但耐火性能差，当用明火施工且保护不当时，能够迅速燃烧，且火焰会沿着屋面的表面迅速蔓延，并释放出高温和大量的有毒浓烟，危险性很大。依据GB/T 30735-2014检测，可以测试材料受火面上持续火焰从火源上下边缘传播到达不同位置的时间；可以测试燃烧材料从受火面掉落的时间；可以测试持续火焰向上或向下传播的最大范围；可以测试火焰穿透的时间和现象；可以测试试样穿孔出现的时间及尺寸等。加入燃烧性能的检测更加能体现材料的阻燃性能的好坏。

3.6 水蒸气当量空气层厚度（S_d）

被动式低能耗建筑要求具有良好的隔汽性能。我们通常采用水蒸气当量空气层厚度（S_d）来衡量材料的隔汽性能，而只有当$S_d \geq 1500m$时才为隔汽卷材，才能用于屋面的隔汽层。依据GB/T 17146-2015可以检测卷材的水蒸气当量空气层厚度（S_d）。

4 原材料

以再生胶粉等替代SBS改性剂，以劣质胎体替代聚酯毡、玻纤毡的弹性体改性沥青防水卷材在工程上使用必然会带来严重的安全隐患。相关研究表明，SBS含量对低温柔性及改性沥青软化点的影响最大。当SBS含量在10%~15%内变化时，改性沥青的微观结构也会发生变化，由"互穿网络"结构转变为以沥青为分散相，SBS为连续相的"海岛"结构，随着SBS含量的增加，改性沥青的软化点升高，低温柔性变好，存储稳定性也有所提高[5]。因此，SBS含量的添加要控制在一定范围内，以保证弹性体改性沥青防水卷材使用性能的稳定性。

生产用原材料不应使用再生胶粉。改性沥青宜符合GB/T 26528-2011的相关规定，沥青软化点符合GB/T 35609-2017的规定不超过125℃。只有达到以上相关原材料的要求才能更好地满足被动式建筑屋面的要求。

5 结论和建议

应加强对被动式建筑屋面防水的研究，建立相关的检验规程，以便对被动式建筑用弹性体改性沥青防水卷材更好地监管，提高被动式建筑的使用寿命，并抵制劣质产品。

参考文献

[1] 被动式低能耗建筑——严寒和寒冷地区居住建筑GB 16J908-8 [S].

[2] 戈兵，王景贤，王淑丽等. SBS改性沥青防水卷材耐久性试验研究[J]. 中国建筑防水，2017,8（4）:1-4.

[3] 袁文平. 卷材防水层性能评价试验方法（三）——日本建筑学会《建筑工程标准规范及条文说明：JAS S8防水工程》摘借[J]. 中国建筑防水，2003（9）:27-28.

[4] 袁文平. 卷材防水层性能评价试验方法（四）——日本建筑学会《建筑工程标准规范及条文说明：JAS S8防水工程》摘借[J]. 中国建筑防水，2003（10）:27-28.

[5] 李水平. SBS改性沥青微观形态结构及性能的研究[J]. 石油与天然气化工，2003,32（3）:147-149.

如何满足被动式低能耗建筑外窗需求
——胜达TOP-BEST 88MD门窗系统

张秀亮 刘秀云

河北胜达智通新型建材有限公司

摘　要：本文论述了被动式建筑用门窗的设计、材料选用及安装使用原则，对于日渐被大家广泛关注的被动式建筑而言，门窗作为其薄弱环节应该引起广泛重视。

关键词：被动式低能耗建筑；被动式门窗；建筑能耗；德国被动门窗研究所PHI认证；整窗传热系数K值；防水透气膜与防水隔汽膜；遮阳系统

1　前言

伴随我国城镇化进程步伐的加快，新建建筑数量呈几何式增长，但达到绿色节能要求的建筑不多，造成国内的建筑能耗总量逐年上升。在社会三大能耗（建筑能耗、工业能耗和交通能耗）中，建筑能耗约占全社会总能耗的35%以上。因此，有效控制建筑能耗是当前降低社会总能耗、减少雾霾、改善空气质量的关键环节。在国家政策层面，住建部组织编制并印发《建筑业发展"十三五"规划》提出，深化建筑业体制机制改革、推动建筑产业现代化、推进建筑节能与绿色建筑发展等主要任务。为了进一步降低建筑能耗，国家四次调整节能政策，进一步削减建筑耗能指标。建筑能耗由原来1980年采暖燃煤指标25kg标准煤/（m^2·年），减少到2014年采暖燃煤指标6.25kg标准煤/（m^2·年）（表1）。京津冀、山东、新疆等地区率先进入建筑节能75%行列［即采暖燃煤指标6.25kg标准煤/（m^2·年）］。与此同时，在我国一种更加节能环保的被动式低能耗居住建筑近几年得以发展迅速。

表1 中国建筑节能发展路线

2 被动式低能耗建筑

"被动式低能耗居住建筑"包括五大技术系统：厚大的保温系统、超级节能的被动式门窗系统、高效的新风热回收系统、完整的气密层系统以及建筑无热桥设计（图1）。

德国被动房研究所PHI的被动建筑性能如表2，由表2可见，德国的被动式建筑性能指标优异，建筑能耗

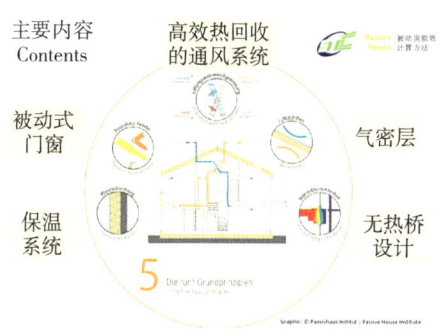

图1 被动式建筑五大系统

小，运行能源消耗低，居住环境舒适。一栋建筑，其能源消耗主要表现在如下的外围护结构中：窗户、外墙、地板、屋面等（表3）。对外围护结构的外墙、屋面、地板简单来说增加保温厚度、杜绝"冷桥"产生，就能控制其能耗。作为外围护结构的门窗系统，根据权威机构分析虽然仅仅占外维护结构的10%，但是热量损失却达到整栋建筑损失的44%，如图2所示。所以，大力提高建筑外围护结构门窗系统节能，是降低建筑能耗最重要的途径。

表2 德国被动式低能耗建筑性能指标（PHI）

名称	st
外墙、屋顶、地面传热系数	≤0.15W/（㎡·K）
外门窗传热系数（安装后）	≤0.85W/（㎡·K）

续表

名称	st
气密性	$n_{50} \leq 0.6$次/h
通风设备热回收率	≥75%
通风设备耗电率	<0.45（W/h）㎡
采暖/制冷需求	≤15kWh/（㎡·年）
供暖负荷	≤10W/㎡
一次能源需求	≤120kWh/㎡·年
室内舒适性指标	
室内温度	20~26℃
相对湿度	40%~60%
超温频率	≤10%
CO_2含量	≤1000ppm
室内表面温度差	≤3℃
噪音	≤30dB
无结露发霉	无

表3 建筑外围护结构能耗限值

传热系数标准 （单位：W/㎡·K）	《北京居住建筑节能设计标准》 DB 11-891-2012	德国《建筑节能条例》 ENEV2009	德国被动房标准 （PassiveHouse）
窗户	1.50~2.00	1.30	0.80
外墙	0.35~0.45	0.28	0.15
地板	0.35~0.45	0.35	0.15
屋面	0.30~0.40	0.20	0.15

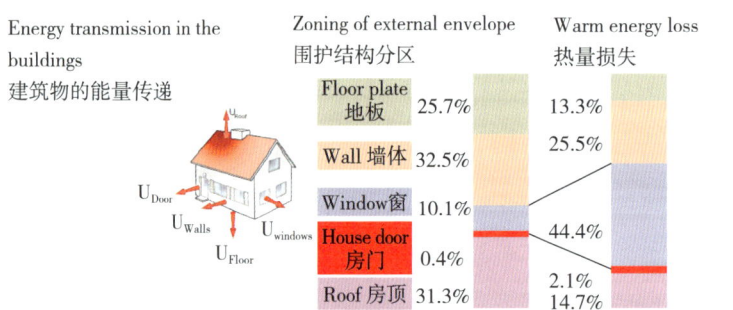

图2 建筑物能量传递表

表4 德国规范对外窗保温性能的限值 [W/($m^2 \cdot K$)]

年代	1977	1982	1995	2002	2009	2012	2020（计划）
U_W	3.5	2.8	2.0	1.7	1.3	1.1	0.8

表5 北京市节能标准对外窗保温性能的限值 [W/($m^2 \cdot K$)]

年代	1986	1997	1999	2004	2013
K_W	6.4	4.0	3.5	2.8	1.5~2.0

上面关于节能门窗发展的一组数据（表4、表5），我国建筑门窗传热系数大部分在1.5~3.5W/($m^2 \cdot K$)之间，广大农村地区门窗传热系数更高达到3.5~6.0W/($m^2 \cdot K$)。在欧洲发达国家2012年门窗传热系数已经达到1.1W/($m^2 \cdot K$)，计划2020年实现门窗传热系数为0.8W/($m^2 \cdot K$)，所有新建建筑按照超低能耗被动房屋建造。对比显示，我国节能门窗发展与发达国家低能耗门窗应用存在着显著的差距。为了赶上发达国家建筑节能步伐，大幅度降低居住建筑的采暖和制冷能耗以及建筑物的总能耗，需显著改善居住建筑室内环境，节约资源和能源，保护环境。早在2007年住房和城乡建设部与德国能源署双方确定在我国推动被动式低能耗建筑的发展作为合作内容。经过近几年推广，河北、新疆、山东、浙江等地区被动式建筑越来越多。被动式建筑的优越性能渐渐被人们熟知。特别是由住房和城乡建设部科技与产业化发展中心与河北省建筑科学研究院会同有关单位编制的我国首部被动房标准——《被动式低能耗居住建筑节能设计标准》DB13（J）/T 177-2015，于2015年5月1日起实施。此标准的实施标志着我国被动式建筑的发展趋于规范化、标准化，是我国被动式房屋发展过程中的里程碑。它的颁布实施无疑对被动式房屋的发展和推广产生了巨大的作用。

什么样的门窗能满足被动式建筑需要呢，它与普通门窗设计区别在哪里？德国有成套被动门窗认证机构，这里只介绍德国的两大被动式门窗认证机构及河北省被动门窗标准，见表6。

达到表6中性能的门窗系统，才能称为"被动式低能耗门窗"。河北胜达智通新型建材有限公司为了满足被动建筑需求，更好地服务于建筑节能，设计开发了高性能被动式塑钢门窗系统——胜达TOP-BEST 88MD被动式门窗系统。该门窗系统是德国被动门窗研究所（PHI）认证产品。认证ID编号0968Wi03，PHB级。

表6 被动式门窗认证机构及标准

认证及检测机构	认证及检测条件	检测方法
德国被动门窗研究所（PHI）	整窗$U_W \leq 0.8W/(m^2 \cdot K)$ 玻璃$U_g = 0.7W/(m^2 \cdot K)$ 整窗安装$U_W \leq 0.85W/(m^2 \cdot K)$ $f_{Rsi}=0.25 \geq 0.70$	理论计算
德国罗森海姆门窗研究所（IFT）	整窗$U_W \leq 0.8W/(m^2 \cdot K)$ 玻璃$U_g = 0.6W/(m^2 \cdot K)$ 整窗安装$U_W \leq 0.85W/(m^2 \cdot K)$	热箱：18~22℃ 冷箱：0~5℃
河北省《被动式低能耗居住建筑节能设计标准》	整窗$U_W \leq 1.0W/(m^2 \cdot K)$ 玻璃$U_g \leq 0.8W/(m^2 \cdot K)$ 玻璃的太阳能总透射比g≥0.35 玻璃的光热比LSG≥1.25 整窗安装$U_W \leq 1.0W/(m^2 \cdot K)$	热箱：18~22℃ 冷箱：-19~20℃

3 被动式建筑门窗特点及性能介绍

以下从几个方面表述被动式门窗：

首先设计节能门窗，必须充分了解窗户的传热系数K值：

$$K_W = (K_g A_g + K_f A_f + \psi L_g)/(A_g + A_f)$$

式中：K_W——窗传热系数；

K_g——玻璃传热系数；

K_f——窗框传热系数；

A_g——玻璃面积（里外两面投影中取小的一面面积）；

A_f——窗框面积（包括窗扇和窗外套）；

ψ——玻璃、窗框间的线传热系数；

L_g——玻璃、窗框间的线长，m。

通过上面公式知道：门窗传热系数由选用窗框型材材质性能、选配玻璃性能及玻璃边缘线传热三部分组成。根据表5可以将被动式门窗玻璃传热系数设定为一个定值。例如：河北省标准要求玻璃传热系数≤0.8W/（m²·K）；德国被动房研究所判定门窗等级的玻璃传热系数≤0.7W/（m²·K）；罗森海姆门窗研究所判定门窗等级的玻璃传热系数≤0.6W/（m²·K）。根据门窗传热系数公式可知，玻璃性能给定后，影响门窗传热性能的指标为门窗型材传热与玻璃边缘线传热。对于玻璃边缘的线传热，使用非金属材质的暖边条，改变胶条构造形状等可以实现。真正需精雕细琢的是门窗型材高性能材料选择系统：包括型材本身的腔室断面结构设计、满腔钢衬替代系统、内部填充保温材料、胶条系统应用、五金系统配套、门窗外遮阳系统等。

节能门窗材料分类：塑料门窗、断桥铝合金门窗、木门窗（铝包木门窗）、聚氨酯门窗。对比不同材料导热系数，首先发现PVC材料导热系数为0.17W/m·K，优于其他门窗型材选用材料（见表7中塑钢型材的优势）。其次，不同窗框型材传热系数U_f值，塑料型材优势明显，塑料型材大断面多腔室传热系数可以做到小于1.0W/（m²·K）；断热铝合金中间隔条为37.5mm情况下，其型材传热系数Uf值只有1.7W/（m²·K）；木门窗在附合其他高保温材料后才能达到被动门窗需要，其价格昂贵。在同等保温性能要求下，塑料材质的被动式门窗，性价比最好。在如今推动绿色节能环保的时代背景下，开发节能高效塑料被动窗，成为建筑节能首选。

表7 不同材料导热系数及传热系数对比

常用窗框材料的热传热系数U_f [W/（m²·K）]	
窗框材料	U_f [W/（m²·K）]
断热型铝合金24mm	2.8
断热型铝合金37.5mm	1.7
PVC塑料	1.0–1.8
木	1.2–1.8
不同塑料材料的导热系数 [W/（m·K）]	
窗框材料	导热系数 [W/（m·K）]
PVC塑料	0.17
玻璃纤维（玻璃钢）	0.22–0.40
彩色共挤层PMMA/ASA	0.18
尼龙66热断桥	0.25

下面从胜达TOP-BEST 88MD被动式塑钢窗系统,解析被动式窗构成体系(图3)。

(1)以胜达TOP-BEST 88MD被动门窗系统的型材断面为例:

①超宽断面设计,基本宽度88mm,完全满足被动门窗传热系数≤0.8W/(m^2·K)的要求。

②全部外壁厚为3.0mm,超越国标A类设计,型材自身刚度更高。

③型材为7腔结构,3道密封设计,提供无与伦比的保温隔声及水密性能。

④安装玻璃厚度最大可实现50mm,玻璃嵌入深度增大,实现更低的玻璃边缘线传热系数。

⑤环保不含铅钡配方,使建筑更加绿色环保。

⑥表面彩色化处理:即可采用高耐候性、高仿真膜体,又可采用外扣铝结构,形成丰富的型材表面色彩,为建筑物增添一抹亮丽。

⑦拼接型材自带密封结构,提高拼接整窗气密性。

⑧高保温高强度复合材料,代替钢衬系统,抗风压及保温性能卓越。

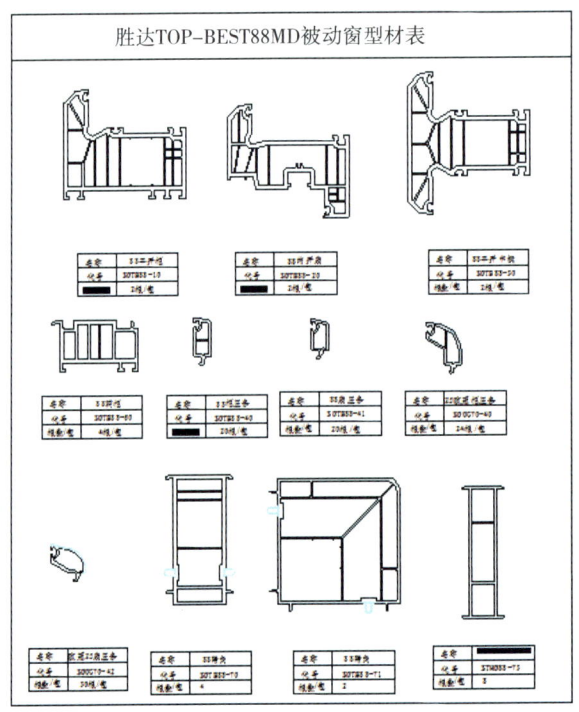

图3 胜达TOP-BEST 88MD型材断面

- 技术产品应用 -

（2）高保温高强度内衬

若满足德国被动房研究所被动式门窗整窗传热系数≤0.8W/($m^2·K$)的要求，塑料型材内腔不能穿装整体钢衬（特殊设计除外）；断桥铝合金型材，断热部分保温结构复杂；木窗系统必须附合使用高保温材料。选用新材料——高保温高强度的增强衬（图4）代替普通钢衬。经德国被动房研究所严格的论证，满足被动式建筑节能使用要求。该新材料产品为满足抗风压需求，经巴斯夫公司严格的力学模型计算（图5）并经过国内权威检测机构材料测试，完全满足被动式建筑的抗风压性能需求。

（3）内部填充保温材料

对于被动式型材，若达到整窗0.8W/($m^2·K$)，型材内部需进行保温材料填充。由于型材腔室形状不同，需制作不同形状的保温材料（图6）。

（4）独特三密封胶条构造

被动式门窗除型材本身的高保温性能，其整窗的气密性设计非常关键。为满足不同用户及不同环境需求，设计了两套胶条体系（图7）。体系一，采用软硬一体TPV可焊接胶条，胶条实现在线穿装，组装成窗时整体焊接，节省人工成本，提高整窗水气密性能。体系二，采用EPDM表面微发泡三元乙丙胶条，特别是中间大胶条设计，是满足被动门窗节能0.8W/($m^2·K$)首选。

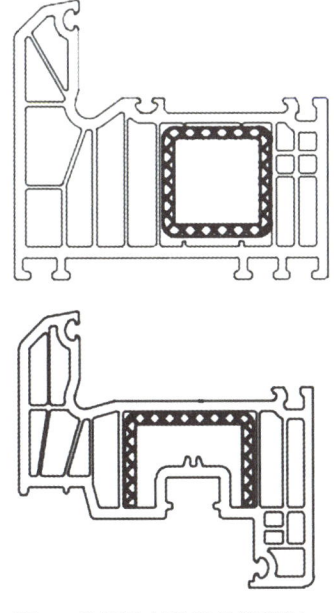

图4 高保温高强度的增强衬

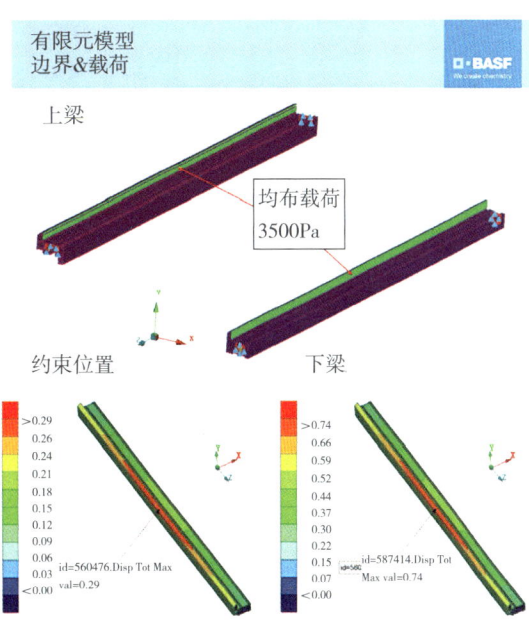

图5 高保温高强度的增强衬力学计算

该胶条体系拐角处采用整体焊接技术,胶条安装无断点,使水气密性能进一步提高。

(5)高气密性辅材设计

被动式建筑气密性要求高,设计门窗拼接结构时,必须保证整体门窗气密效果。拼接材料的气密结构设计(图8)非常关键。在拼接组合门窗时,高弹性共挤材料完全能够抵御由于外界环境温度变化引起门窗伸缩变形产生的缝隙,保证拼接窗气密性能。

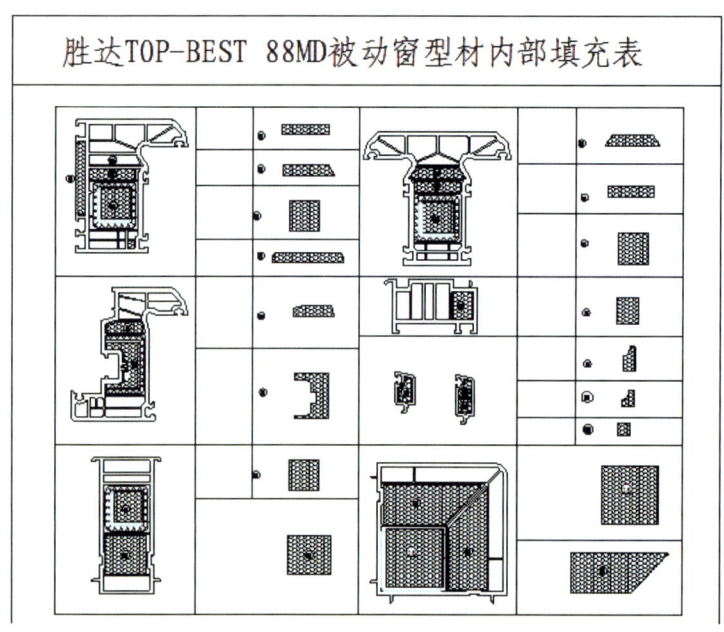

图6 型材内部填充保温材料

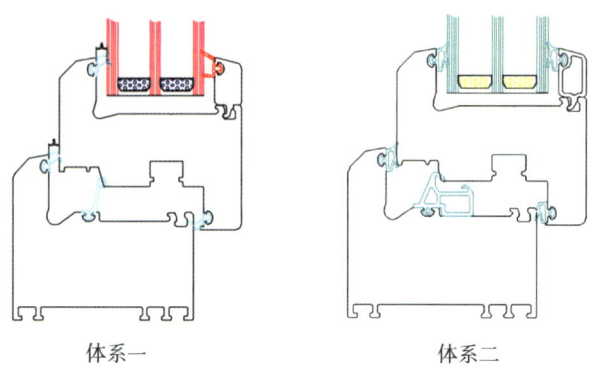

图7 独特三密封胶条构造

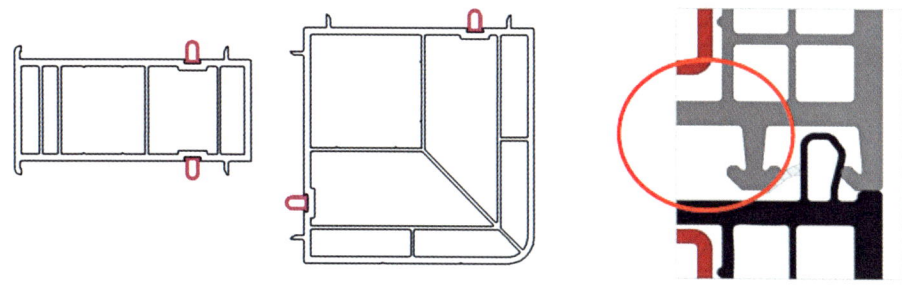

图8 高气密拼接型材

（6）五金系统配套开发与选用

高质量的门窗系统离不开优质五金系统配套开发，型材标准槽口设计与特殊使用部位需与配套五金厂家合作开发。被动式门窗一般采用五金全包结构、防盗五金系统（图9），提高整窗密封性能的同时门窗安全性能大大增加。

（7）辅配系统开发

配套专用附件（图10）：中梃插接件（外置或内置）及密封垫片、玻璃槽板（框用、扇用）及玻璃垫板、防尘密封条等。插接部位密封性能完整。

（8）门窗的整窗保温性能

采用粤建科门窗热工分析软件计算，计算条件如下：

①型材厚度88mm，框扇型材叠高122mm，七腔结构，三元乙丙胶条。②内外空气温度：室内20℃，室外-20℃。

通过热工分析，腔室内填充不同增强衬及保温材料，型材节点传热系数计算结果相差较大（图11~图13），其节点对应的成窗性能实际结果也不相同。

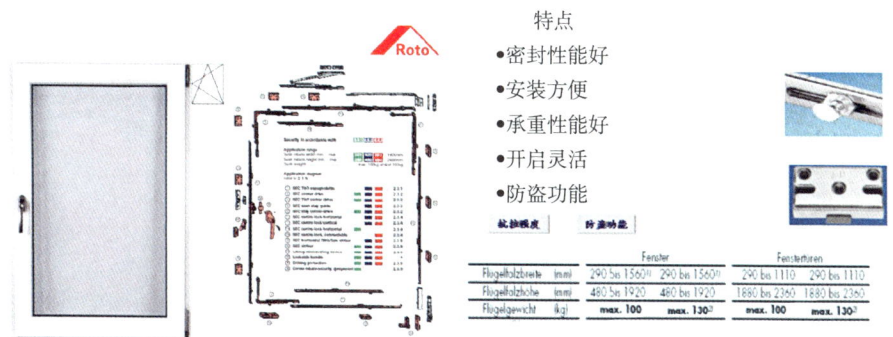

图9 全包结构五金及防盗五金系统

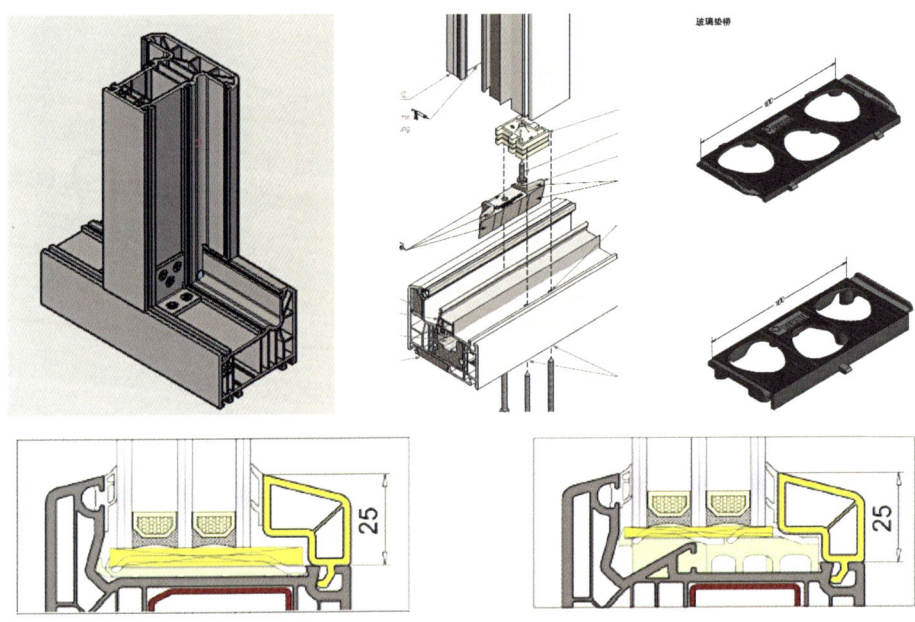

图10 辅配系统

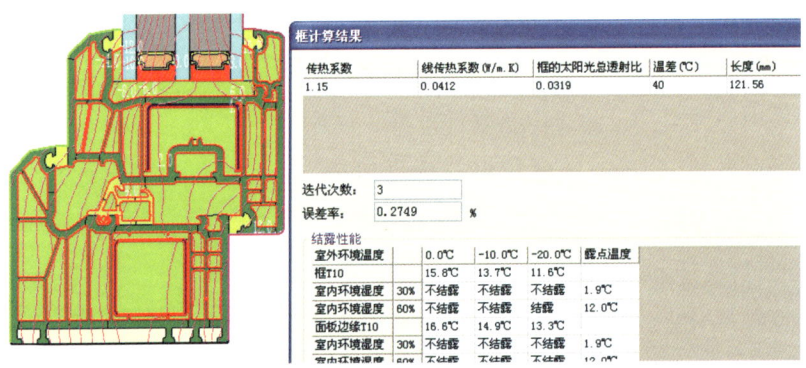

图11 安装使用钢衬计算结果

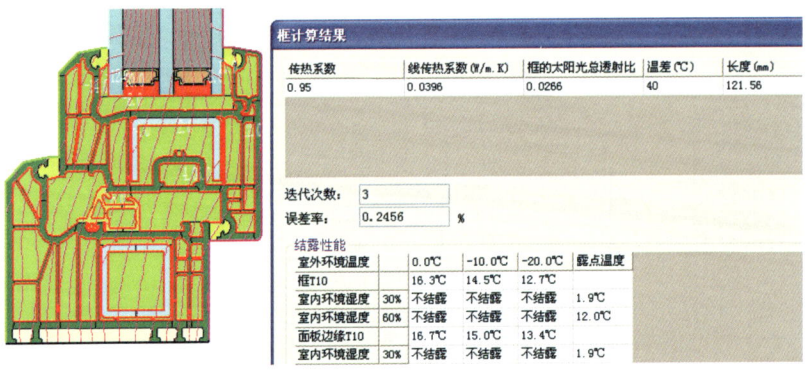

图12 高保温高强度材料代替钢衬计算结果

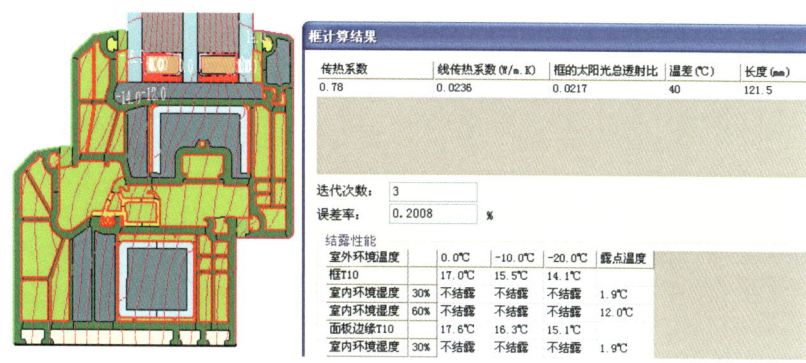

图13 高保温增强材料+内腔填充保温材料计算结果

①对内腔使用钢衬的节点，节点传热系数为1.15W/($m^2·K$)（图11），配置传热系数0.7W/($m^2·K$)玻璃，能够满足整窗U_W≤1.0W/($m^2·K$)要求。②对内腔只使用高保温高增强材料的节点传热系数为0.95W/($m^2·K$)（图12），其结果与河北胜达智通新型建材有限公司型材（型材腔室内未添加保温材料）实测数值传热系数为0.92W/($m^2·K$)极其接近。本结构配置传热系数0.7W/($m^2·K$)玻璃，其整窗性能为0.9W/($m^2·K$)，仍不能满足德国被动房研究所被动门窗要求。③对于内腔使用高强度高保温增强材料并在增强衬及其他腔室内填充保温材料的节点传热系数为0.78W/($m^2·K$)（图13），配置传热系数0.7W/($m^2·K$)玻璃，其整窗性能为U_W≤0.8W/($m^2·K$)（完全满足德国被动门窗研究所PHI被动门窗要求）。本系统产品在配置传热系数为0.52W/($m^2·K$)的玻璃，整窗传热系数能够做到0.68W/($m^2·K$)。笔者认为，通过配置性能更优越的玻璃，而不使用高效保温的型材系统，满足被动式门窗需求，不足取。

4 被动门窗系统需取得的检测报告、认证及荣誉

一款优秀的产品必须是专业的设计，反复的测试，不断改进的产品。胜达TOP-BEST 88MD被动窗，取得德国被动房研究所（PHI）认证后，又通过了国内多家检测机构检测，并取得了专业的检测报告及相关认证证书（图14~图18），并入选被动式低能耗建筑产品目录（图19）。

图14 实用新型专利证书

图15 被动房研究所（PHI）认证　　图16 型材检测报告　　图17 门窗检测报告

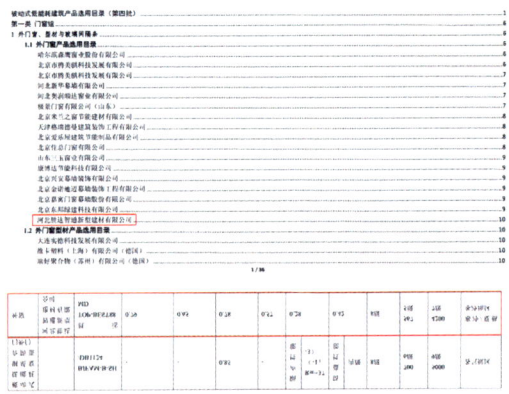

图18 北京康居认证　　图19 被动式低能耗建筑产品目录

5 被动门窗安装

门窗安装时广泛流传这样一句话：门窗三分制作，七分安装。被动门窗安装更加复杂与重要。其安装必须经过公式计算并反复验证，考虑墙体材质及安装部位能量损失。根据不同墙体，安装位置不同（图20），窗户的安装位置直接影响其整体保温性能（图21）。

（1）被动门窗安装计算（德国被动房研究所提供）

该计算公式比国内常用计算公式，增加了墙体连接部位的能量损失，其计算结果更加合理。

$$U_{W,\ instal}=(U_g A_g+U_f A_f+\psi_g L_g+\psi_{instal} L_{instal})/(A_g+A_f)$$

式中： U_W——窗传热系数；

U_g——玻璃传热系数；

U_f——窗框传热系数；

A_g——玻璃面积（里外两面投影中取小的一面面积）；

A_f——窗框面积（包括窗扇和窗外套）；

ψ_g——玻璃、窗框间的线传热系数；

L_g——玻璃、窗框间的线长，m；

ψ_{instal}——窗框与墙体间的线传热系数（取决于窗户的安装类型）；

L_{instal}——窗框与墙体连接间的线长，m。

（2）安装总装图

对于钢筋混凝土墙体，外墙贴覆保温板，被动门窗安装采用外挂式，门窗与建筑物保温层处于同一水平面内。这种安装形式能够有效避免安装部位与建筑物间产生"冷桥"（图22）。

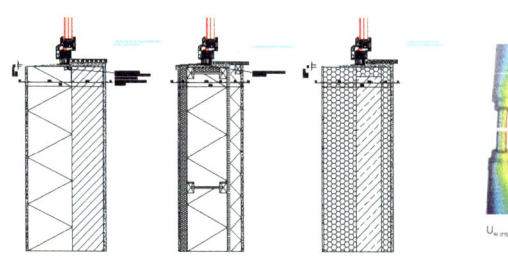

图20 不同墙体不同的安装形式

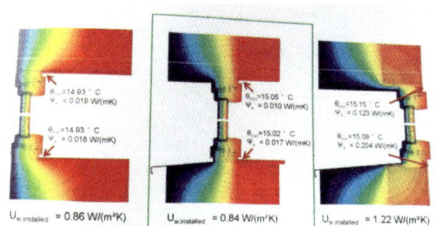

图21 门窗安装位置传热性能比较

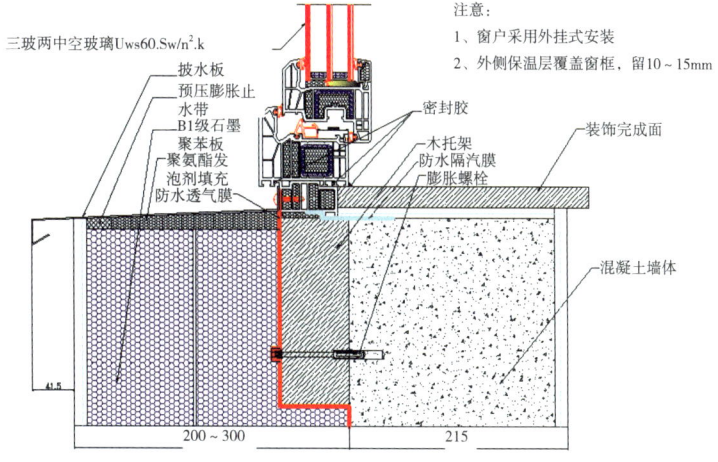

图22 安装节点

（3）安装连接件

安装连接件需根据型材断面特点专门设计，连接件上预留型材连接孔，其安装螺钉孔位置必须在型材内腔增强衬处，保证连接件与门窗可靠连接，确保安装强度。为减少安装件与墙体产生"冷桥"，设计专门隔热垫片，减少建筑物热量损失。如图23安装节点，连接件下部需安装隔热垫片。

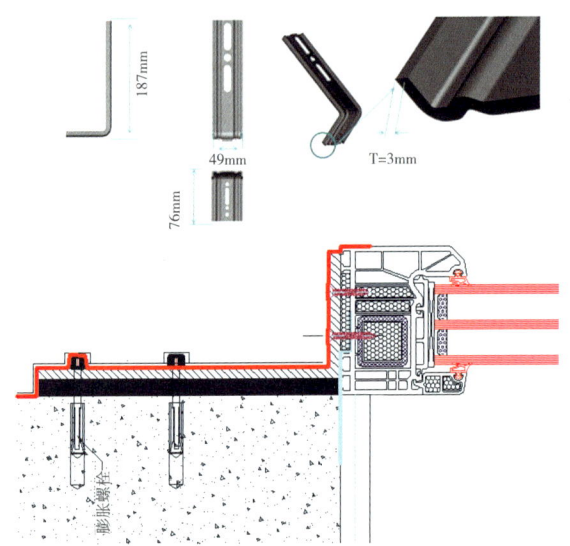

图23　安装连接件及安装节点

（4）门窗安装膜体的使用

被动门窗使用年限50年以上，门窗使用过程中受到因温度变化产生的门窗热胀冷缩、墙体不规则沉降等力的作用，造成门窗与墙体之间产生缝隙。被动式门窗为了消除这种缝隙，保障建筑气密性，门窗与墙体安装部位使用专用膜体：室外使用防水透气膜，室内使用防水隔汽膜。（图24）

室内防水隔汽膜是解决房屋门窗构件与结构连接处的气密性，减少室内潮湿空气渗透入墙体，使墙体部位结露，影响整体建筑物的保温性能。

室外防水透气膜（图25）作用是防水和透气，防止安装链接处进水和发霉。安装时与结构有效粘结宽度≥30mm，固定连接件处完全包覆，避免热量损失以及水蒸气渗漏腐蚀安装连接件。防水透气膜与结构粘结要滚压密实，不得有空鼓，粘贴时膜体连接的两构件之间留有余量，防止门窗热胀冷缩或墙体沉降撕裂防水透气膜，影响整窗安装气密性能。

（5）辅框及外置窗台板的安装使用

门窗下部渗水问题，一直困扰门窗制作人与土建承包商。被动式门窗系统，专门在门窗部位的室外侧设计使用铝合金窗台板。该结构让雨水沿着窗台板排出，从而很好地解决了门窗下部漏水问题。被动门窗外置窗台板并不是简单的选择使用，其门窗系统中必须设计专用辅框型材（图26），满足安装要求。由图27可见安装使用室外窗台板的建筑墙体外立面干净整洁，没有水渍侵袭。

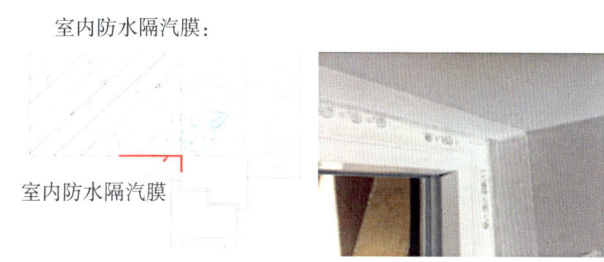

图24 室内防水隔汽膜

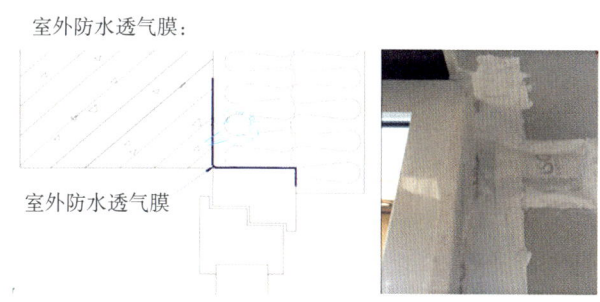

图25 室外防水透气膜

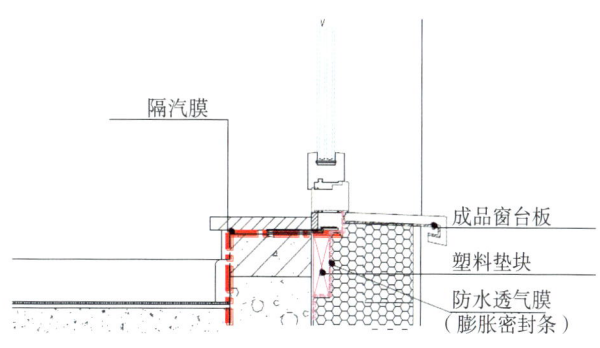

图26 门窗安装辅框及窗台板

（6）门窗外遮阳系统使用

门窗外遮阳在门窗保温性能中，能够提供15%～20%的节能效果。现代普通建筑大部分未设计遮阳系统，一般家庭安装内置窗帘满足日常遮阳。对于内置窗帘，其保温隔热性差，占用室内空间。对于被动式建筑选用哪种遮阳，根据不同地区可采用不同结构，并与门窗一体化设计（图27）。国外建筑遮阳与门窗一体化设计，美观实用，节能效果明显（图28）。

图27 室外遮阳及窗台板

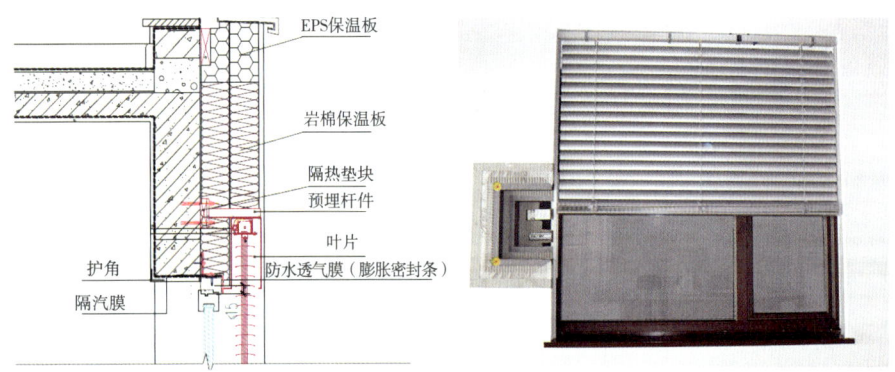

图28 室外遮阳系统及窗台板

6 结论

综上所述，作为一栋使用寿命超过50年的被动式低能耗建筑，被动式门窗系统要精心设计反复论证。被动式门窗的型材材料选择，断面构造及胶条结构设计，五金件配置，安装材料设计，遮阳系统应用，门窗安装施工，必须做到"精细化设计与规范化施工"。

参考文献

[1] 德国被动房研究所被动房标准（PassiveHouse）.
[2] 河北省住房和城乡建设厅. 被动式低能耗居住建筑节能设计标准 DB 13（J）/T 177-2015.
[3] 建筑节能条例ENEV2009.
[4] 严寒和寒冷地区居住建筑节能设计标准JGJ 26-2010.
[5] 北京居住建筑节能设计标准DB 11-891-2012.
[6] 被动建筑超低能耗绿色建筑技术导则.

节能建筑屋面防水系统的合理设置

李伶 李小群

德国威达集团公司

摘　要：本文分析了我国屋面防水经常出现问题的原因，并借鉴欧洲标准，提出了合理的节能建筑屋面标准防水系统，且对此系统的材料选用提出了技术要求。

关键词：屋面防水保温系统；被动房屋面；气密性屋面；欧洲标准；PHI屋面系统；渗漏；防水卷材；隔汽层；改性沥青；混凝土屋面；屋面做法

1　前言

在中国一些建筑屋面的渗漏现状令人堪忧，潮湿区域导致霉菌肆虐对健康造成威胁，水渗入到居住空间造成邻居之间的纠纷甚至诉诸法律，水入侵影响混凝土结构的耐久性。当前，有些建筑渗漏的问题依然没有得到明显的改善，渗漏的顽症久治不愈，在法院审理的有关工程质量案件当中，渗漏的案件还相当多。

2　建筑屋面渗漏的原因

（1）在中国缺乏具有高度技术水准的专业第三方工程项目管理公司，工程的设计、建造、管理职能分解到了业主项目部、设计公司和工程建设总承包部。业主项目部通常是临时搭建的一个管理部门，而设计院的大部分设计师不甚了解建筑渗漏的机理，对防水设防的基本原则了解也不深，能根据项目特点准确设计防水系统、准确配置防水材料、设计防渗节点大样图的设计师并不多，现场解决问题的能力和国外设计师相比差距还很大，防水工程的细化设计通常是由防水施工承包公司来实施。

（2）防渗漏理念和技术思路与国际上公认的理论和技术路线存在方向上的差异，对解决防渗漏的认识停留在材料、构造和经验的层面，没有从渗漏的机理去研究和实践系统防水的理念，对规范和标准随意"优化"，概念操作也是中国防水领域的一大特点,把不成熟的技术和产品用到项目中去,把工程当作实验场。现行的技术规范太多,水准也参差不齐,缺少扎实的理论研究,实验室数据支撑,过度的企业参编也是规范水准低下的一个重要原因,规范和标准不能起到引导技术进步和国际水准接轨的积极作用。

(3)防水材料产能过剩,市场集中度低,落后产能居多的现象还没有根本改变,防水产品质量普遍比较低下,绝大部分的企业没有自主知识产权的特色产品。防水市场恶性竞争手段主要是价格的竞争,假冒伪劣产品猖獗,非标产品还占着很大的市场份额,行业的诚信备受挑战。有调查显示:实际销售的按国家标准生产的产品,销量占总销量不到三成,甚至有些厂家的库存现货根本就没有国标产品。现场见证取样、试验用国标产品,其余产品都是用非标产品冒充。在中国防水分项作为建筑工程的一部分,约占工程总造价的1.5%左右,远低于国际平均水平,作为防水材料的生产厂家并不是以最终的防水功能为导向,它的导向是节省工期,导向为业主省钱,导向降低产品成本来获取市场竞争力,作为防水材料,偏离功能导向给建筑防水的质量埋下了危险的种子。

(4)防水施工承包公司的管理和实际操作人员技术水准普遍低下,相当一部分人没有经过专业的培训。由于大部分防水工程标的小、工期短以及工程的不连续性,现场管理很烦琐的特点,层层转包导致利润空间的分解。大量进入施工现场的施工队借用防水资质,施工队缺少固定的专业施工人员,往往是接到工程后临时招募施工人员,这就必然做不出高质量的防水工程。

建筑用防水材料主要用于屋面和地下室,起到抵御外界雨水、地下水渗漏的一种可卷曲成卷状的柔性卷材涂料产品。对于钢筋混凝土构造的界面而言,采用双层弹性体改性沥青防水卷材是一种明智的选择。

沥青类防水卷材已经沿用了近200年,沥青类材料的发展过程中有三个技术进步的转折点。第一个是聚酯胎取代纸胎基,这使得沥青类卷材的抗拉、延伸率等机械性能得到了很大的提高;第二是用SBS橡胶和APP塑料对沥青进行改性,使得沥青一定程度呈现出橡胶或塑料的特性,其耐冷热和抗老化等物理性能得到了很大提升;第三是冷自粘卷材的出现,改变了沥青类防水卷材唯一的热熔施工工艺。

自20世纪中叶开始,欧洲的防水材料生产厂家普遍开始防水系统的研究,经过半个多世纪的研究和实际应用,逐步形成了一个完整的能满足各种不同要求的工程防水需求的材料体系,材料体系由多达250多种不同特点和技术指标的产品构成。对于一个确定的项目而言,选择防水材料的正确途径应该是根据项目的特点和要求确定合适的系统,然后根据系统的要求来配备材料。工程材料除了自身的物理化学性能外,还有一个工程的适用性能,这个性能需要放到整个系统中去综合分析和评判。对一个确定的项目而言,系统的合理性比材料的适用性要来得更为重要。不正确的选材途径是不考虑材料的适用性,随意地挑选防水材料或随意地组合,这也是建筑渗漏顽症久治不愈的一个重要因素。

3 构造层次的作用分析

通常,如图1所示,一个标准的混凝土结构的屋面防水系统由钢筋混凝土基层、基层处理、隔汽层、带找坡坡度的保温层、底层防水层、面层防水层(序号1～序号6)这几部分构造层次。

(1)基层处理,对于无机脆性材料的混凝土面和有机沥青材料的交界面,做一个基层处理是必须的,通常是在干燥的混凝土表面涂刷一道冷底子油。

(2)隔汽层,一个设置了保温层的屋面在长期的使用过程中,存在湿气进入保温层凝结成水从而改变保温层热阻的可能性,设置一道隔汽层并且和底层防水层形成一个封闭体如图2所示,可消除屋面保温层在长期使用过程中受水汽入侵而影响保温效果的风险。隔汽层材料的主要技术参数见表1。

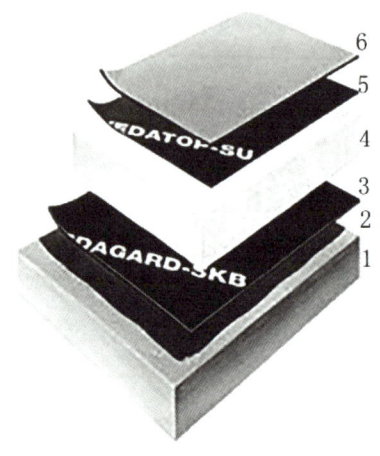

图1 混凝土结构的屋面防水系统

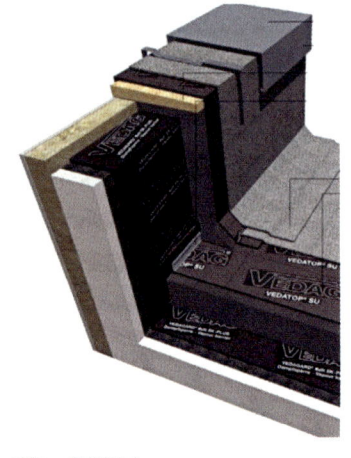

图2 隔汽层

— 技术产品应用 —

表1 隔汽层材料的主要技术参数

项目	1.2mm厚耐碱铝箔面玻纤胎自粘性改性沥青隔汽卷材	2.5mm厚网状铝箔聚酯复合胎基自粘性改性沥青隔汽卷材	试验方法
水蒸气渗透等效空气厚度	≥ 1500sd	≥ 1500sd	GB/T 17146、DIN EN 13970
拉伸力	纵向≥ 400N/50mm 横向≥ 400 N/50mm	纵向≥ 800N/50mm 横向≥ 800 N/50mm	GB/T 328.8
断裂延伸率	纵向≥ 2%；横向≥ 2%	纵向≥ 35%；横向≥ 35%	GB/T 328.8
不透水性	0.2MPa,30min不透水	0.2MPa,30min不透水	GB/T 328.10
耐热性	90℃无流淌滴落	100℃无流淌滴落	GB/T 328.11
低温柔性	−20℃无裂缝	−20℃无裂缝	GB/T 328.14
撕裂强度（钉杆法）	纵向≥ 80 N；横向≥ 100 N	纵向≥ 200；横向≥ 150	GB/T 328.18
接缝剪切强度	≥ 300 N/50mm	≥ 300 N/50mm	GB/T 328.22

隔汽层材料的核心技术参数是水蒸气渗透等效空气厚度 sd≥ 1500m。Sd 的物理意义以及测试原理：测试样本密封于一个有开边的含有干燥剂的量杯中。然后将该装置置于一定温度和湿度的大气中，这时重量的变化在一定时间周期内呈线性关系。周期性地对装置进行称重，以算出通过测试样本进入干燥剂中的流动湿气密度。判断材料是否具有隔汽或防水功能通常可以通过测定水蒸气渗透量等效空气厚度值来判断。

$$Sd = \mu \cdot s \text{ 水蒸气渗透量等效空气厚度（m）} \quad \text{公式（1）}$$

其中：

μ-水蒸气扩散阻力系数；

$u = \lambda ma / \delta p$，其中 λma 是空气湿气传导率，

δp 湿气渗透性；

s-材料厚度（m）。

表2 普通防水材料 Sd值

3mm厚沥青防水卷材	Sd=50m
4mm厚沥青防水卷材	Sd=75-100m
合成高分子防水卷材	Sd=200m

如表2所示,普通的防水材料不具备隔汽的功能。可见,普通的防水卷材不能直接用于需要防水隔汽的场合,选择隔汽材料除了材料自身的隔汽性能外还要考虑卷材搭接部位的侧向隔汽性能。

(3)对于大部分的建筑类型而言,保温层应该优先选用正置,即保温板应该设置在防水卷材下面,对于保温节能类型的屋面不宜采用倒置式的构造,保温板自带找坡坡度如图3所示,可以取代轻骨料混凝土找坡层,在简化施工工序和节省施工周期的同时,也解决了多工种交叉施工带来的管理上的麻烦。保温材料和隔汽层卷材的粘接可以采用发泡型聚氨酯胶如图4所示。

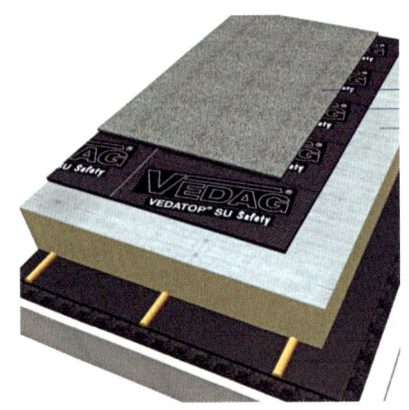

图3 保温板坡度

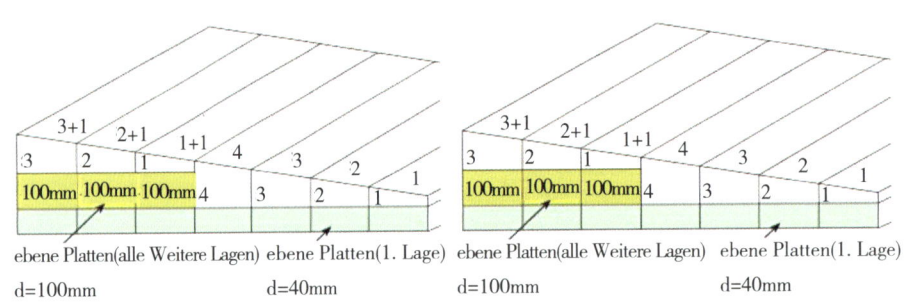

图4 发泡型聚氨酯胶

发泡聚氨酯胶的技术性能见表3。

表3 发泡聚氨酯胶的技术性能

项目	性能指标
密度,kg/m³	≥ 30 ± 5%
导热系数,35℃	≤ 0.042 W/(m·K)
尺寸稳定性,(23±2)℃,48小时	≤ ±5%
燃烧性	B2级

续表

项目		性能指标
粘结强度	铝板	≥ 80 kPa
	PVC塑料板	≥ 80 kPa
	水泥砂浆板	≥ 60 kPa
发泡率		≥ 20%
最大发泡倍数		≥ 50倍
试验方法		JC936

（4）作为改性沥青类双层设防的防水构造，需要关注材料的相容性，设计和施工时必须按照相邻连续铺设的原则同时关注两层材料工艺参数的匹配。作为沥青类双层防水层，对底层和面层防水卷材的要求是不一样的，底层防水卷材应该具有更高的抗拉强度和尺寸稳定性，其技术指标见表4。

表4 底层防水卷材技术指标

项目		性能指标	试验方法
拉伸力，N/50mm	面层	纵向≥700；横向≥500	GB/T 328.8
	底层	纵向≥1000；横向≥1000	
断裂延伸率，%	面层	纵向≥35；横向≥35	GB/T 328.8
	底层	纵向≥2；横向≥2	
不透水性 0.3MPa,30min		不透水	GB/T 328.10
耐热性，100℃，≤ 2mm		无流淌滴落	GB/T 328.11
低温柔性，-20℃		无裂缝	GB/T 328.14

底层防水层应采用冷自粘的防水卷材。冷自粘可以避免传统的在保温板上面设置混凝土保护层的做法所带来的弊端。冷自粘卷材和保温材料之间的剥离强度应该高于保温材料自身的抗拉强度以确保冷自粘的可靠性如图5所示，自粘防水卷材和保温材料粘结后抗拔试验表明其破坏面发生在保温板或沥青卷材的构造层。

（5）面层防水卷材和底层防水卷材作用的侧重点不同，它要确保防水层有更长的使用周期，因此它的技术指标中更多地考虑到延伸率和抗老化性能，沥青不含胶粉是保证防水层使用寿命的一个重要的技术手段。面层卷材用于不上人屋面时，带板岩颗粒的沥青卷材可以直接裸露使用；用于上人屋面时，沥青卷材和面层之间应该设置隔离层。

（6）屋面节点构造的防水应该采用构造防水的理念尽量采用配套的节点配件如图6所示，选用配件时也要关注材料的相容性。

（7）对于用防水卷材施工不太适宜的部位可以用防水涂料来处理（图7）。

 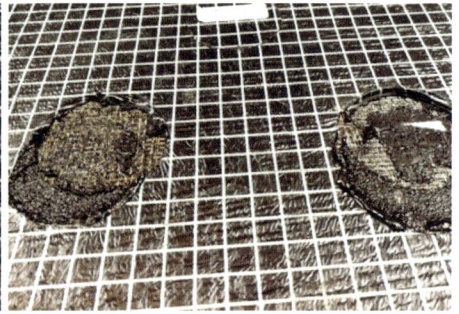

图5　冷自粘的防水卷材

图6　配套节点配件

图7　防水涂料

4 标准的屋面构造特点

在欧洲，一个标准的屋面构造有以下几个特点:（1）用系统防水的理念解决防水的问题。(2)对于保温屋面设置隔汽层，以确保保温层长期使用热工性能不变。(3)从基本的渗漏机理出发，双层防水卷材相容，相邻连续铺设，材料工艺参数匹配。(4)整个施工过程为干作业过程，避免了传统施工过程多工种交叉，干湿混杂，防水施工质量不容易得到保证的弊端。(5)如果防水构造只是缺乏逻辑的材料组合，即使采用了优质的防水材料，也只能提供十年的质量担保。(6)选择了优质的材料又完全符合欧洲标准的屋面系统在欧洲通常都有超过30年的安全使用期。

参考文献

[1]中国建筑防水协会调查报告. 2013.
[2]EN 1931：2000《防水软板》.

高能效全热热回收空调对被动房节能的探讨

张凌云

浙江普瑞泰环境设备股份有限公司

摘　要：本文介绍了被动房空调系统里全热高效热回收系统能量的回收对室内温度、湿度调节的作用情况，通过计算分析，高效全热热回收空调对被动房的节能有重要意义。

关键词：被动房；全热回收；节能

1　前言

目前，被动房由于其低能耗，高舒适性，越来越受到人们的青睐，由于其节能性，国家也大力度地鼓励和支持该形式房屋的建造，出台了很多鼓励政策，所以此类节能建筑是未来国家建设的方向。但对于该类建筑来讲，除了保温、密封、隔热等要做得好之外，对空气温湿度调节设备的节能也显得尤为重要，本文对其中的热回收系统（目前主要采用板式）的高效率的意义进行阐述。

目前市面上常用的热回收有板式、转轮、热管、冷凝热回收四种常用形式，但板式热回收又以其结构简单、工艺简单、体积小、效率高等特点，在空气热回收系统中成为主流产品。其中板式热回收系统又分为显热回收和全热回收两种，显热只对温度中的能量进行回收，全热是既回收温度中的能量，又回收湿度中的能量，即焓进行回收。

2　显热回收和全热回收的能量回收率的对比

显热回收就是对空气中温度部分的能量进行回收，比如在GB/T 21087-2007制冷工况下，在室外温度干球35℃，湿球28℃，室内干球27℃，湿球19.5℃的情况下，如果回收效率为55%，则回收的能量见表1、表2。

从表1和表2中可以看出，同样的热回收效率，显热回收的能量是

4.4kJ/kg，全热回收能量是19.14kJ/kg；同样的回收效率情况下，全热回收的能量是显热回收的4.35倍。制热的工况见表3、表4。

表1 制冷工况显热回收

进风温度°C	排风温度°C	回收效率	回收的能量kJ/kg
35	27	55%	4.4

表2 制冷工况全热回收

新风进风干球温度°C	新风进风湿球温度°C	排风进风干球温度°C	排风进风湿球温度°C	进风焓值kJ/kg	排风焓值kJ/kg	回收效率	回收的能量kJ/kg
35	28	27	19.5	90.3	55.5	55%	19.14

表3 制热工况显热回收

排风进风温度°C	新风进风温度°C	回收效率	回收的能量kJ/kg
21	5	60%	9.6

表4 制热工况全热回收

排风进风干球温度°C	排风进风湿球温度°C	新风进风干球温度°C	新风进风湿球温度°C	排风焓值kJ/kg	新风进风焓值kJ/kg	回收效率	回收的能量kJ/kg
21	13	5	2	36.5	12.9	60%	14.16

从表3和表4中可以看出，在制热工况下，同样的热回收效率下全热回收的能量是显热回收的1.48倍。

综上所述，全热回收的能量显著大于显热回收的能量。

3 高效全热回收对被动房新风空调一体机节能情况

对于空调来讲，标准工况下根据进出风的焓值差来计算冷量，如果进风焓值越高，需要的制冷量就越大。

在标况下制冷相关消耗节省的能量数据见表5。

表5 制冷工况下节省的能量

新风进风焓值kJ/kg	排风进风焓值kJ/kg	回收效率	回收的能量kJ/kg	通过热回收后的焓值kJ/kg	正常空调的出风焓值kJ/kg	新风量m³/h	节省的能量kW
90.3	55.5	100%	34.8	55.5	36.8	150	1.74
90.3	55.5	80%	27.84	62.46	36.8	150	1.392
90.3	55.5	75%	26.1	64.2	36.8	150	1.305
90.3	55.5	65%	22.62	67.68	36.8	150	1.131
90.3	55.5	55%	19.14	71.16	36.8	150	0.957
90.3	55.5	40%	13.92	76.38	36.8	150	0.696
90.3	55.5	30%	10.44	79.86	36.8	150	0.522
90.3	55.5	20%	6.96	83.34	36.8	150	0.348
90.3	55.5	0%	0	90.3	36.8	150	

表5按新风量为150m³/h，根据不同回收效率计算出的节省能量，效率同节省能量的曲线如图1所示。

当然，150m³/h本身有功率消耗约30W左右，相对于较高的回收效率情况下的能量来讲占比很小。

在标况下制热工况相关消耗，节省的能量数据见表6。表6按新风量为150m³/h，根据不同回收效率计算出的节省能量，效率同节省能量的曲线如图2所示。

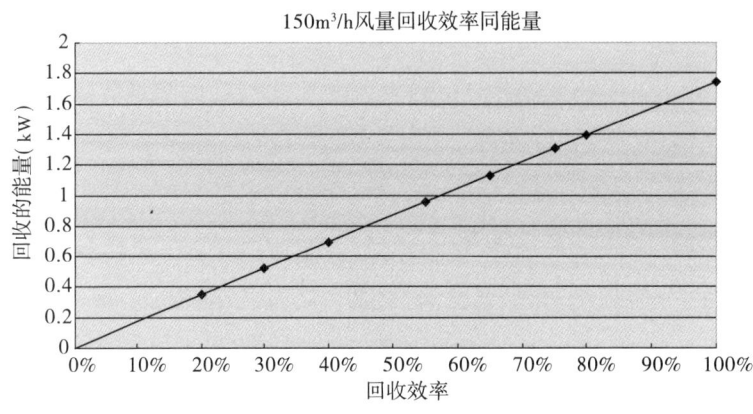

图1 制冷工况下回收效率和节省能量关系

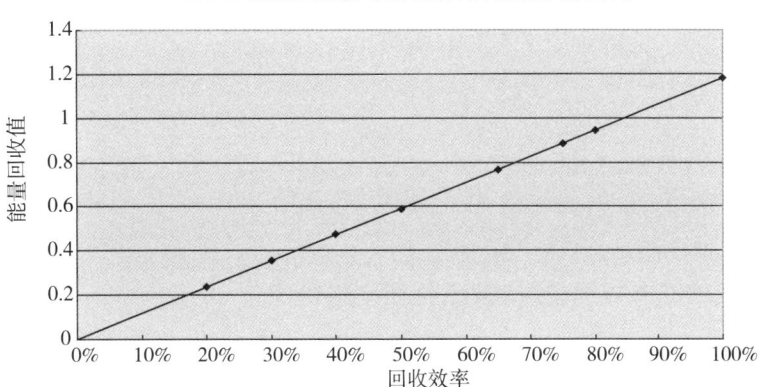

图2 制热工况下回收效率和节省能量关系

表6 制热工况下节省的能量

排风焓值kJ/kg	新风焓值kJ/kg	回收效率	回收的能量kJ/kg	通过热回收后的焓值kJ/kg	正常空调的出风焓值kJ/kg	新风量 m³/h	节省的能量kW
36.5	12.9	100%	23.6	36.5	40	150	1.18
36.5	12.9	80%	18.88	31.78	40	150	0.944
36.5	12.9	75%	17.7	30.6	40	150	0.885
36.5	12.9	65%	15.34	28.24	40	150	0.767
36.5	12.9	50%	11.8	24.7	40	150	0.59
36.5	12.9	40%	9.44	22.34	40	150	0.472
36.5	12.9	30%	7.08	19.98	40	150	0.354
36.5	12.9	20%	4.72	17.62	40	150	0.236
36.5	12.9	0%	0	12.9	40	150	

4 结论

（1）全热回收比显热回收的能量要大很多，特别是在含湿量比较大，即使温差不大，也比显热回收要大很多倍。在制冷标况下，热回收效率55%时可大4.35倍，制热标况下，热回收效率60%时可大1.48倍。

（2）全热回收可显著减少空调的负荷而节省能耗，效率越高、节能越多。比如说制冷如果按80%的热回收效率，可节省1.392kW，按每平方米30W的负荷，可多管46平方米的面积，制热虽然回收稍微小点，但由于热负荷小于冷负荷，节省的能量应用于更大的面积。

参考文献

［1］空气-空气回收装置GB/T 21087-2007.
［2］中国被动式低能耗建筑年度发展研究报告.
［3］被动式低能耗居住建筑节能设计标准DB13（J）/T 177-2015.

被动式低能耗建筑外保温系统冬季内部冷凝问题研究

霍伟业 陈占虎 马国栋

河北三楷深发科技股份有限公司

摘 要：以单层岩棉条结构和岩棉条-石墨聚苯板双层结构作为被动式低能耗建筑外墙保温层，构建外墙保温围护结构，研究其在成都、北京、哈尔滨三种典型冬冷气候条件下的冬季内部冷凝情况，围护结构各层厚度依据《被动式超低能耗绿色建筑技术导则（试行）（居住建筑）》中对外墙传热系数的要求确定。研究结果表明，围护结构材料的排序对冷凝有明显影响，应在结构允许的情况下，将蒸汽渗透系数低的材料布置于高温侧；单层岩棉条结构和岩棉条-石墨聚苯板双层结构在三种典型气候区冬季均未出现冷凝现象，故均可作为被动式低能耗建筑的外墙保温结构。

关键词：被动式低能耗建筑；岩棉条；石墨聚苯板；围护结构；冷凝

1 引言

建筑能耗占社会总能耗比例在30%左右[1]，降低建筑能耗对于社会绿色可持续发展有重要意义。在此背景下德国Feist教授提出的被动式低能耗建筑理念，对于降低建筑能耗、减轻环境污染具有极大的积极作用。根据相关标准要求，被动式低能耗建筑采暖/制冷需求为15W/（$m^2 \cdot a$），相较传统建筑其能耗明显降低[2]。

降低建筑能耗关键在于降低建筑与环境之间的热量耗散，而外墙处热量耗散在建筑整体热量耗散中占比最大，改善外墙的保温措施可以明显提高建筑节能效果。目前外墙保温多采用多孔材料，是指多孔固体骨架构成的孔隙空间中充满单相或多相介质，固体骨架遍及多孔介质所占据的体积空间，孔隙空间相互连通，其内的介质可以是气相流体、液相流体或气液两相流体[1,3]。其孔隙处水分的蒸发-冷凝过程，会对材料的保温性能产生明显影响，并可能对材料造成结构性破坏，故需要对保温材料内部冷凝问题进行研究。

本文以成都、北京、哈尔滨代表三种典型的冬冷气候条件，研究单层岩棉条结构和岩棉条-石墨聚苯板双层结构作为被动式低能耗建筑外保温结构时，在三种典型气候条件下的冬季内部冷凝问题，保温层厚度根据《被动式超低能耗绿色建筑技术导则（试行）》中对外墙传热系数的要求确定，为岩棉条和石墨聚苯板作为被动式低能耗建筑外墙保温材料提供设计参考依据。

2 分析方法及设计计算参数

2.1 保温结构内部冷凝问题分析方法

根据傅里叶定律计算第三类边界条件下一维无热源热传导过程中各交界面温度公式如下：

$$q = \frac{T_{in}-T_{out}}{\frac{1}{h_{in}}+\frac{1}{h_{out}}+\sum_{i=1}^{n}\frac{\delta_i}{\lambda_i a_i}} \qquad 公式（1）$$

$$T_j = T_{in} - \frac{q}{h_{in}} - q\sum_{i=1}^{j-1}\frac{\delta_i}{\lambda_i a_i} \qquad 公式（2）$$

其中 q 为热流强度，T_{in}、T_{out} 分别为室内室外温度，h_{in}、h_{out} 分别为室内外墙壁处换热系数，n 为外墙保温板层数，从1开始计数，δ_i 为第 i 层保温板厚度，λ_i 为第 i 层保温板导热系数，a_i 为第 i 层保温板导热系数的修正系数，T_j 为第 j 界面温度，从1开始计数。

根据各界面温度计算结果可进一步获得该界面处饱和蒸汽压 p_s，即为该温度下所能蕴含的水蒸气最大量。

根据 Galser 提出的稳态蒸汽渗透模型[4,5]计算水蒸气一维无源渗流过程中各界面的水蒸气压力公式如下：

$$P_j = P_{in} - \frac{P_{in}-P_{out}}{\sum_{i=1}^{n}\frac{\delta_i}{\mu_i}}\sum_{i=1}^{j-1}\frac{\delta_i}{\mu_i} \qquad 公式（3）$$

其中 P_{in}、P_{out} 分别为室内室外水蒸气分压力，可根据室内外温度及相对湿度计算得到，μ_i 为第 i 层保温板水蒸气渗透系数，P_j 为第 j 界面水蒸气分压力。

如果界面处水蒸气分压力计算值大于该界面处饱和水蒸气分压力，则表明该界面处水蒸气出现冷凝现象。当出现冷凝现象时，根据公式（4）、公式

（5）计算冷凝界面的冷凝强度和保温层材料重量湿度增量。

$$\omega_j = \frac{P_{j-1}-P_{j.s}}{\delta_{j-1}/\mu_{j-1}} - \frac{P_{j.s}-P_{j+1}}{\delta_j/\mu_j} \qquad 公式（4）$$

$$\Delta\omega = \frac{86400 \cdot \omega_j \cdot Z}{\delta_i \rho_i} \qquad 公式（5）$$

其中ω_j为j界面的冷凝强度，P_{j-1}、P_{j+1}分别为$j-1$、$j+1$界面的实际水蒸气分压力，$P_{j.s}$为j界面饱和蒸汽压，δ_{j-1}、δ_j分别为$j-1$、j层保温板厚度，μ_{j-1}、μ_j分别为$j-1$、j层保温板水蒸气渗透系数，$\Delta\omega$为保温层材料重量湿度增量，Z为采暖期天数，ρ_i为保温材料密度。

2.2 设计计算参数

通过分析方法可知，设计计算过程中需要确定室内外温度、相对湿度、内外墙面换热系数，可根据《民用建筑热工设计规范》GB 50176-2016[5]附录A选取三个城市的冬季室外气象参数，根据附录B选取墙面换热系数；依据《被动式超低能耗绿色建筑技术导则（试行）（居住建筑）》[6]的规定，选取三个城市的外墙传热系数，作为设计围护结构各层厚度的依据，具体内容见表1。

表1 三个典型城市冬季室内外气象参数和热工设计参数

地点	冬季室内			冬季室外			采暖期天数 Z/d	外墙传热系数K/[W/(m²·K)]
	空气温度 Tin/°C	相对湿度 fin/%	换热系数 hin/[W/(m²·K)]	空气温度 Tout/°C	相对湿度 fout/%	换热系数 hout/[W/(m²·K)]		
成都	18	60	8.7	6.3	83	23	69	0.30
北京				-2.9	43		114	0.15
哈尔滨				-16.9	62		167	0.12

2.3 材料物理性质

本研究中所选取的材料种类及其物理性质见表2，其中岩棉条和石墨聚苯板的导热系数比较低,是围护结构保温的关键材料;但是岩棉条蒸汽渗透系数较高,不利于防止水蒸气渗透,石墨聚苯板水蒸气渗透系数较低,有利于防止水蒸气渗透。

表2 保温材料基本物理性质

材料名称	密度ρ (kg/m³)	导热系数λ [W/(m·K)]	蒸汽渗透系数 μ[g/(mhPa)]	蓄热系数S [W/(m²·K)]
钢筋混凝土	2500	1.74	1.58E-05	17.2
岩棉条	120	0.045	4.88E-04	0.615
石墨聚苯板	20	0.033	1.62E-05	0.25
聚合物抗裂砂浆	1800	0.87	9.75E-05	10.75

3 计算与分析

3.1 围护结构具体构造及热工性能

围护结构构造中,非关键保温材料厚度依据国家标准《建筑抗震设计规范》GB 50011-2010[7]和GB 16J908-8《被动式低能耗建筑——严寒和寒冷地区居住建筑》[8]确定,其中钢筋混凝土厚度200mm,聚合物抗裂砂浆厚度5mm。

依据《被动式超低能耗绿色建筑技术导则(试行)(居住建筑)》[6]中对外墙传热系数的要求设计关键保温材料的厚度。对于单层岩棉条结构,仅需计算岩棉条厚度;对于岩棉条-石墨聚苯板双层结构,按照《建筑设计防火规范》GB 50016-2014[9]的要求,岩棉条厚度设为50mm,仅需计算石墨聚苯板的厚度。设计计算结果如表3所示,进而可计算出各层材料的热阻、蒸汽渗透阻及围护结构总热阻、总蒸汽渗透阻,如表4所示。可见,在寒冷地区和严寒地区,由单层岩棉条结构构成的围护结构中,岩棉条的厚度均已超过300mm;而石墨聚苯板的加入有利于减少围护结构总厚度,在三种典型气候区,由岩棉条-石墨聚苯板双层结构构成的围护结构中,关键保温材料总厚度均小于300mm。

表3 围护结构构造及分层热阻和蒸汽渗透阻

材料名称			厚度δ(mm)	导热系数修正系数a	每层热阻值R(m²·K/W)	蒸汽渗透阻H(m²hPa/g)
钢筋混凝土			200	1	0.1149	12658.23
单层岩棉条结构	岩棉条	成都	164.9	1.2	3.0542	337.97
		北京	316.2	1.1	6.3876	647.92
		哈尔滨	398.7	1.1	8.0542	816.98
岩棉条-石墨聚苯板双层结构	石墨聚苯板	成都	73.7	1.05	2.1283	4552.19
		北京	186.3	1.05	5.3775	11501.78
		哈尔滨	244.1	1.05	7.0441	15066.59
	岩棉条	成都	50	1.2	0.9259	102.46
		北京		1.1	1.0101	102.46
		哈尔滨		1.1	1.0101	102.46
聚合物抗裂砂浆			5	1	0.0057	51.28

表4 围护结构总厚度、总热阻及总蒸汽渗透阻

结构类型	地点	总厚度δ(mm)	总热阻值R(m²·K/W)	总蒸汽渗透阻H(m²hPa/g)
单层岩棉条结构	成都	369.9	3.3333	13047.48
	北京	521.2	6.6667	13357.43
	哈尔滨	603.7	8.3333	13526.49
岩棉条-石墨聚苯板双层结构	成都	328.7	3.3333	17364.16
	北京	441.3	6.6667	24313.75
	哈尔滨	499.1	8.3333	27878.56

为了便于分析说明，将围护结构界面由内向外依次编号，如图1所示。

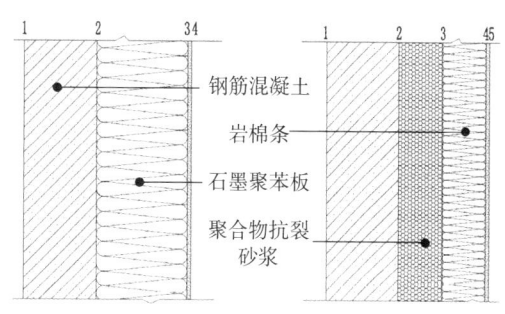

图1 围护结构界面划分示意图

3.2 饱和蒸汽压和实际蒸汽压分布

根据冬季室内外温度T_{in}、T_{out}和公式（1）、公式（2），确定两种围护结构各界面温度T_w，通过查《民用建筑热工设计规范》GB 50176-2016[5]附录B8可得各界面饱和水蒸气分压力P_s。再根据冬季室内外相对湿度f_{in}、f_{out}确定冬季室内外实际水蒸气分压力，进而通过公式（3）得到两种围护结构各界面实际水蒸气分压力P_j。将T_w、P_s和P_j的计算结果绘制成图表，如图2和图3所示。

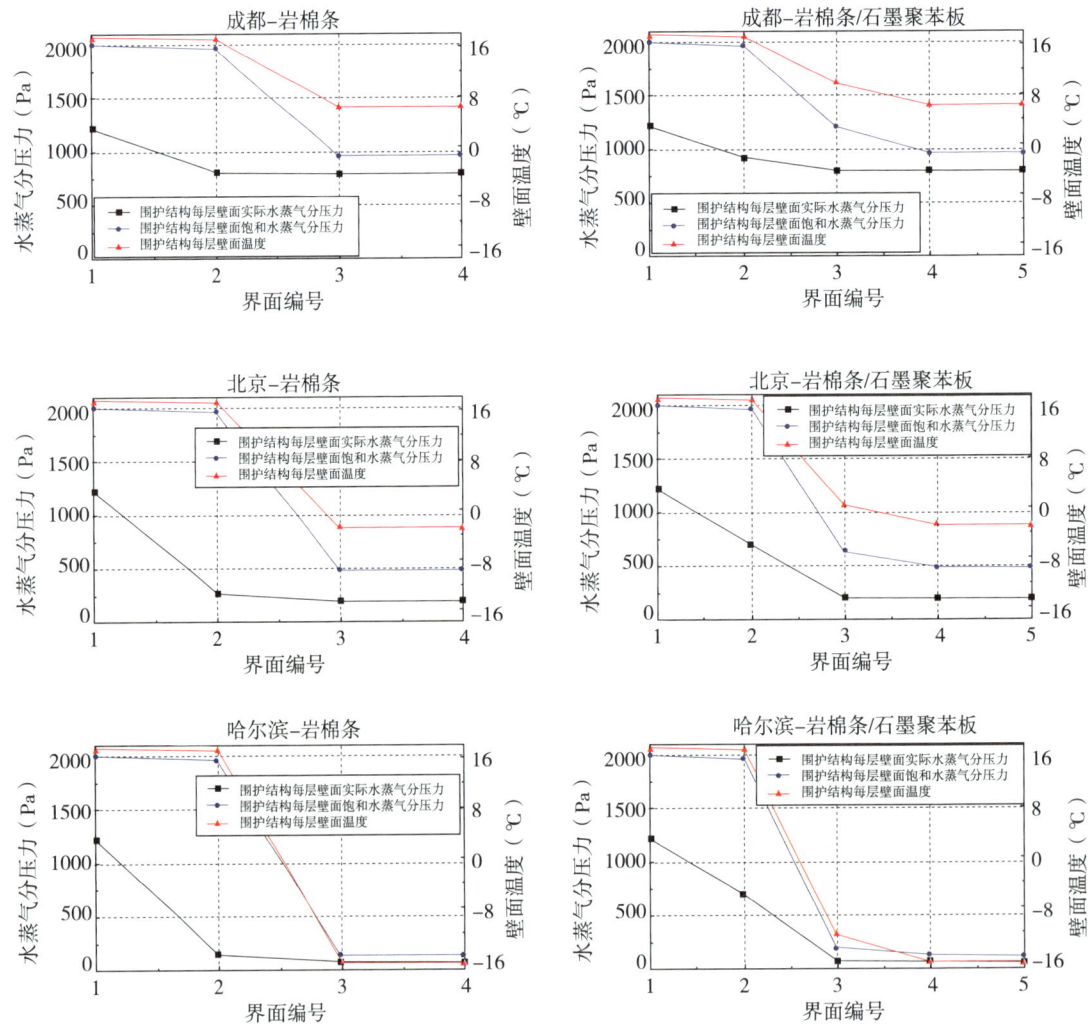

图2 单层岩棉条结构饱和蒸汽压及实际蒸汽压分布

图3 岩棉条-石墨聚苯板双层结构饱和蒸汽压及实际蒸汽压分布

4 结论

（1）在外墙传热系数相同的情况下，石墨聚苯板的加入有利于减少围护结构总厚度。

（2）围护结构材料的排序对内部冷凝现象有明显影响，最容易出现冷凝的界面位于关键保温材料低温侧，故应在保温材料前加入蒸汽渗透阻高的材料，有利于降低冷凝现象出现的可能性。

（3）在满足被动式低能耗建筑外墙传热系数要求的情况下，由单层岩棉条结构和岩棉条-石墨聚苯板双层结构构建的被动式低能耗建筑外围护结构，在三种典型气候区冬季时，均未出现冷凝现象。

（4）从内部冷凝角度分析，单层岩棉条结构和岩棉条-石墨聚苯板双层结构均可作为被动式低能耗建筑的外墙保温结构。

参考文献

[1] 贾子乐．建筑外围护结构热湿状态分析研究[D]．北京交通大学，2010．

[2] 被动式低能耗居住建筑节能设计标准DB 13（J）/T 177-2015[S]．

[3] 戴绍斌，杨龙，黄俊，倪青荣．夏热冬冷地区外墙保温体系有限元分析[J]．新型建筑材料，2014,41（12）:17–19．

[4] 冯驰，冯雅，孟庆林．加气混凝土蒸汽渗透系数的变物性取值方法[J]．土木建筑与环境工程，2013,35（5）:132–6．

[5] 民用建筑热工设计规范GB 50176-2016[S]．

[6] 被动式超低能耗绿色建筑技术导则（试行）（居住建筑）[S]．

[7] 建筑抗震设计规范GB 50011-2010[S]．

[8] 被动式低能耗建筑——严寒和寒冷地区居住建筑GB 16J908-8[S]．

[9] 建筑设计防火规范GB 50016-2014[S]．

节能性与结构耐久性俱佳的新型暖边系统
——Ködispace 4SG

李晶

科梅林化工集团

摘　要： 本文介绍了一项创新性反应型丁基隔条技术。这项技术使采用结构装配的建筑外立面中的中空玻璃单元具备国际先进的暖边性能与优越的气密性。

在极端的环境条件下，中空玻璃单元中的二道密封胶能够承受由于风荷载和极端温度而产生的高应力。为了适应上述应力，科技人员设计了一套反应型丁基系统，该系统融合了隔条、干燥剂与丁基密封胶的各项功能。相比于刚性隔条，这套隔条系统利用中空玻璃单元的整个内部空间来吸收由于环境应力引起的形变。该隔条与玻璃和第二道硅酮密封胶的化学粘合保证了封边条卓越的耐久性。由于在产品应用中采用电脑控制，再加上隔条的极低的渗透性，在正常大规模生产条件下，中空玻璃单元也能达到EN 1279-3（气密性）标准的要求。这就使三玻两腔的中空玻璃的制作变得尤为简单，更易于制作高精度的大板结构中空玻璃，造型设计也更加自由。

创新的反应型隔条系统已成为中空玻璃单元技术领域的里程碑，为建筑外立面带来了卓越的耐久性和节能效果，使建筑外立面的能源可持续性迈出了辉煌的一步。

关键字： 暖边系统；丁基隔条

1 介绍

多年以来，无论从经济还是生态的角度上讲，节能均已成为建筑的一项核心要求。国际层面上节能标准持续收紧，而建筑外立面的能源性能水平也会随之不断提高。当然，这对于新建建筑外立面而言尤为直接。随着2010/31/EU政策的出台，譬如欧盟2010年版[1]就针对建筑的整体节能效果制定了极为宏伟的目标，这项政策的实施目标为到2020年实现建筑节能提高20%，就新建建筑而言，要求政府大楼从2019年起达到"零能耗"，其他各类建筑从2021年起达到"零能耗"。

随着《节能法案修订版》（ENEV2014）于2013年10月开始执行，德国政府早已制定出一个范本[2]，要求自2016年1月1日起，各类新建建筑均须减少25%的能耗，同时要求建筑围护的保温水平平均增加20%。与此同时，对大型玻璃装配构件的要求也在不断增加。为了减少对一次能源可持续性的需求，必须保证建筑保温性能得以优化，尤其是建筑外立面和建筑窗体表面。由于玻璃镀膜的效果较为显著，再加上建筑外立面/框架型材的节能性能得以优化，已开发出高度保温的双层甚至三层充气中空玻璃单元。因此，优化中空玻璃单元保温性能的杀手锏——间隔条就成为焦点所在。传统的铝隔条系统在中间架设起一道立竿见影的热桥，进而影响中空玻璃单元的保温性能，降低了建筑节能的效果。在这一背景下，开发出了一系列降低热损耗的隔条系统——所谓的暖边方案。在门窗与幕墙的常规定义中，"暖边"的本意不外乎各自的隔条的导热性不如传统的铝隔条参照物。只要其提高自身的保温性能，就可以视为"暖边"[3]。按照这一定义，就连不锈钢隔条系统也可以称得上暖边，尽管其全部由金属制成。较之于传统的铝隔条，不锈钢及其他金属基隔条系统的抗冷凝性和U值均有所提高，后者的导热性能仍比国际上最先进的高端暖边隔条系统高出80倍。

不含金属的热塑性隔条就代表了上述高端暖边系统。其ψ值水平最低，导致窗体的U_w值和结构玻璃装配构件的U_{cw}值均有提高。

与封边条ψ值相比，充气环节对于双层或三层玻璃装配取得较为理想的导热系数功不可没，甚至扮演了更为重要的角色。为了使建筑外立面的中空玻璃单元在整个寿命周期内保持在较低的U_g值，只能接受最低的气体泄漏率。按照EN1279-3的欧洲保温玻璃产品标准，气损率的最大限度为在规定的气候荷载循环周期后每年百分之一。

采用充气和暖边技术的现代化结构装配建筑外立面的中空玻璃对边缘密封技术的要求较高。此外，采用硅酮进行第二道密封，虽然本身并不具备阻隔惰性气体的能力，但考虑到其UV稳定性，往往还是作硬性要求。采用二道硅酮密封制作经久耐用的充气式中空玻璃单元具有一定难度。然而，采用结构玻璃装配的建筑外立面对上述单元的需求与日俱增，通过绝对密封的丁基密封工艺，理论上可以保证气体仅仅滞留在保温玻璃单元内部，而实际上采用隔条型材的传统边缘丁基密封工艺几乎变得可望而不可求。

下面介绍一种新一代反应型暖边系统——Ködispace 4SG。

2 Ködispace 4SG系统

Ködispace 4SG属于为硅酮密封的中空玻璃单元特制的聚异丁烯暖边隔条系统,可取代传统的封边条组件:金属或塑料隔条、干燥剂和密封底胶,如图1所示。

相对于上述组件,Ködispace 4SG则属于融合了干燥剂的复合高分子材料,符合对产品长期稳定性的高要求,尤其是满足采用硅酮二道密封胶的保温玻璃单元的气密性需求。与传统的TPS型丁基隔条产品不同,该反应型隔条可同时与硅酮密封胶和玻璃表面通过化学反应进行粘合,如图2所示。由此产生的结果是,整条封边条全部融化到集成系统中,从而杜绝了传统TPS隔条发生错位的可能性。

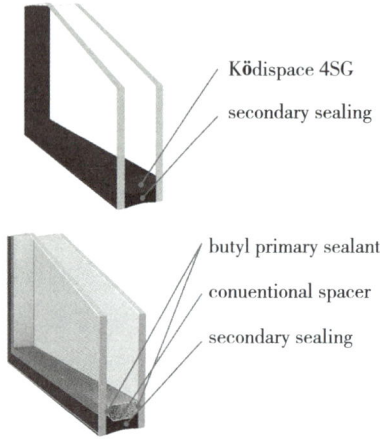

图1 保温玻璃单元与Ködispace 4SG和铝隔条对比图

此外,这种材料的工作温度范围可延伸至90℃,同时还能保持卓越的抗紫外线和耐候性。透水性和气密性均属于关键性指标,在使用硅酮进行二道密封时必须加以考虑——硅酮几乎已成为在结构玻璃装配应用中使用的专属产品。丁基的透气率和水蒸气传输率都很低(图3、表1),Ködispace 4SG正是利用了丁基的这两大广为人知的优越性能。

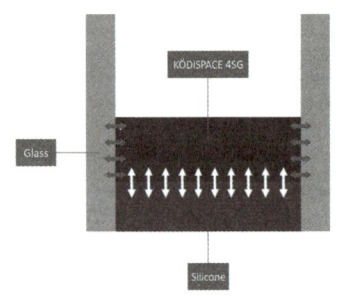

图2 Ködispace 4SG与玻璃和硅酮化学粘合示意草图

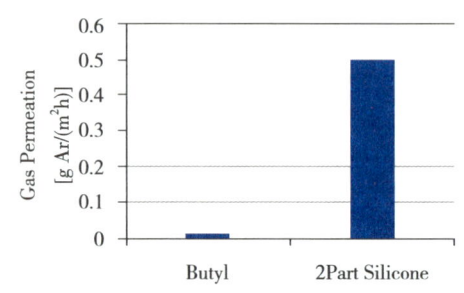

图3 丁基与双组分硅酮渗氩率对比图

表1 丁基与双组分硅酮透气率与水蒸气传输率对比图

	丁基	双组分硅酮
透气率（氩）[g/(m²h)]	<0.001	<0.5
水蒸气传输率[g/(m²d)]	<0.03	<20

因此，即使采用不具备气体滞留能力的硅酮密封，也可通过Ködispace 4SG制作出绝对密闭的中空玻璃单元。较之于不与硅酮发生化学粘合的非反应型TPS产品，由于Ködispace 4SG与硅酮之间发生化学粘合，可以提高稳定性。此外，这套灵活的高端暖边隔条系统的自动化应用方案能够在显著提高效率的同时，保证触手可及而又长期具有可持续性的最佳性能。

3 CNC控制生产

CNC控制的机器人自动将Ködispace 4SG直接施用到玻璃上面，中途无须手动操作。在施用过程中，在温度达到130℃左右时，将Ködispace 4SG直接从料罐泵送到人员操作的机器人涂胶头，整个过程采用电脑控制，精度高达0.1mm。开端与尾部通过特殊的闭合技术进行完美密封。随着作业机器人沿玻璃边缘涂敷，隔条材料始终保持精确定位，就连大型隔条框架也不例外。这就是热塑性暖边系统在大型建筑外立面中空玻璃单元中应用自如的原因所在。

由于自身的结构成分较为特殊，Ködispace 4SG会立刻粘接到单片玻璃的表面上，由于操作简单，隔条厚度完全可以灵活掌握，可在3~20mm的范围内任意组合，即使装配三层玻璃时也可以从同一料罐出料，充气合片过程一气呵成，干燥剂也早已包括在材料中。一旦装进窗框内，黑色就可以折射出框架颜色，因此隔条的颜色又可适应底色，增加美学效果——这对于建筑师和大楼的业主来说无疑增加了一大优势。

此外，Ködispace 4SG的热塑性隔条允许精确调整玻璃包装厚度和制作不规则造型，并允许半径低至100mm。由于这一精度水平，最终保温玻璃单元包的厚度与框架或设计便更完美契合。全自动应用可以保证三层玻璃单元中的两根隔条完美对齐，机器人将压条完美压入玻璃单元，因此能够充分保证两个框架之间不会发生错位现象（图4），从而杜绝采用暖边隔条型材制作的折弯框架经常出现的错位现象和因此引起的投诉。由于CNC应用，不排除参考单元造型进行各种设计的可能性，而且这一思路具有一定的可行性，如采用标准隔条，这一切可谓难上加难，甚至根本不可能实现。

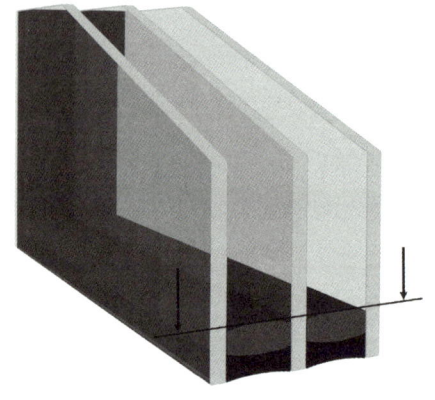

图4　两个框架与Ködispace 4SG精确对齐

4　造型灵活

热塑性隔条的柔性和须根据造型合理应用的特性为保温玻璃单元的造型提供了广阔的空间。譬如，在三角形或菱形等各种平面几何形状的单片玻璃上就可以施用热塑性隔条（图5）。

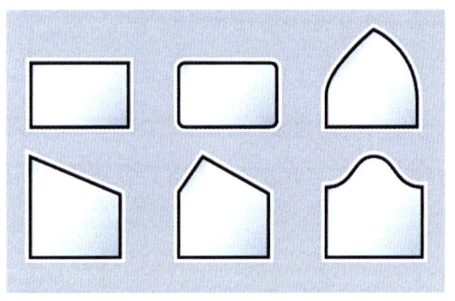

图5　可以实现的平面玻璃造型范例

5　降低玻璃应力和凹凸变形

在高楼林立的城市，我们经常发现建筑外立面的中空玻璃的反射影像都是扭曲变形的，隐框或半隐框式玻璃幕墙结构所极力表现的建筑外立面的整体感被每个中空玻璃单独的自身变形完全破坏，建筑整体毫无美感。在不考虑钢化变形的情况下，这是由于建筑外立面的中空玻璃单元中的单片玻璃必须承受诸如风荷载或热荷载等（由于夹层内气体热胀冷缩产生的）多元冲击和压差（例如制作与安装现场之间的压差）所产生的单片玻璃的凹凸变形所致。弹性封边条可以降低由此产生的应力，尤其是那些由于夹层内的压力相对较高或较低而产生的应力。采用刚性隔条框架加工出来的保温玻璃单元通过单片玻璃的挠度来补偿压力荷载。采用柔性隔条框架的保温玻璃单元可通过加宽或压缩封边条等方法额外补偿压差，从而达到降低单片玻璃挠度进而较低玻璃内部应力的目的。图6演示了Ködispace 4SG通过加宽或压缩封边化合物等方法降低夹层空腔与空气之间的压差的能力。

下面的范例说明了上述效果：将在室温下制作完成后暴露于-20℃（-4°F）温度中的保温玻璃单元作为考虑对象。由于压差的原因，该保温玻璃单元的单片玻璃将发生偏斜。采用铝隔条的保温玻璃单元在相同的荷载条件下的变形情况如图7所示。采用热塑性隔条（Ködispace 4SG）的保温玻璃单元的单片玻璃（6mm厚，尺寸规格1500mm×3000mm）在上述气候荷载下的变形情况如图8所示（上述两种情况下的内部空间均为16mm）。

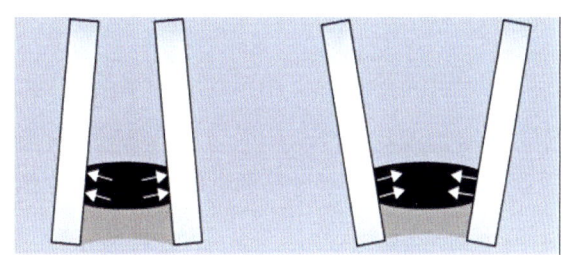

图6　降低压差

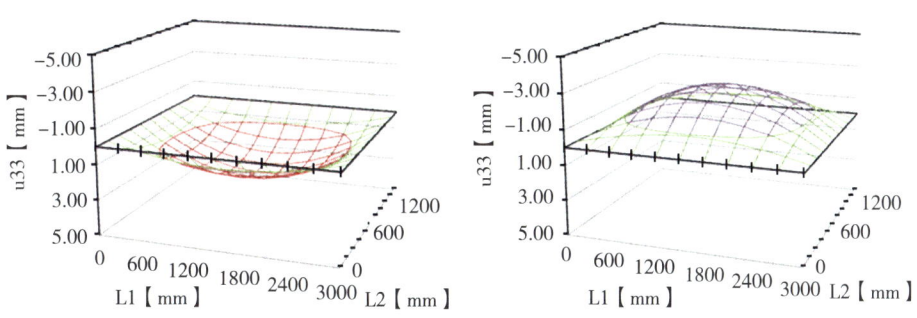

图7　铝隔条保温玻璃单元单片玻璃（1500mm×3000mm）挠度示意图

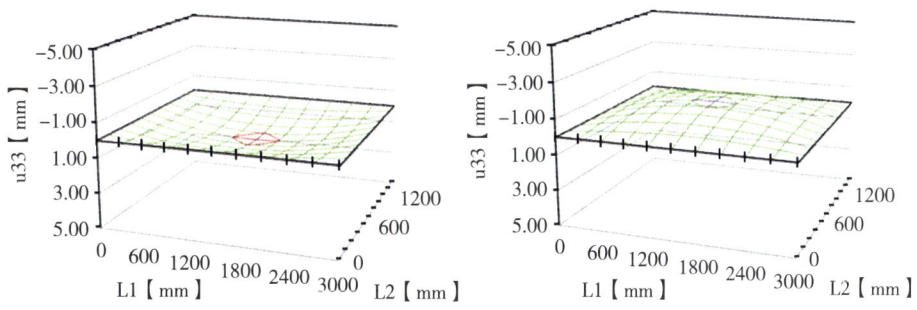

图8　Ködispace 4SG隔条保温玻璃单元单片玻璃（1500mm×3000mm）挠度示意图

该范例中的玻璃变形基于费梅尔[4]的板壳理论方程式得出。由于封边化合物的弹性行为产生的体积变化基于铝隔条（E=73000MPa）的线性弹性手法和热塑性隔条（Ködispace 4SG）的非线性弹性得出的。结果显示，采用Ködispace 4SG的保温玻璃单元中的玻璃的最大挠度（59%）明显低于采用铝隔条的单片玻璃的挠度。

在充气荷载的工况下，玻璃应力降低，同时组合荷载工况下的应力也随之降低，从而有助于达到要求的设计标准，如EN16612[5]。

6 结论

Ködispace 4SG可以使得采用硅酮二道密封胶的建筑外立面充气式中空玻璃单元进行标准化生产制造，并且树立在采用结构玻璃装配的建筑外立面的高端中空领域确立耐久性新标准，通过长期可靠的性能，Ψ值和Ug值可以保持在最佳状态。率先从事上述市场开发的有志人士已将生产制造准备到位，这样必定可满足每一项不断增加的要求和日后更加严格的能源规定。让我们为零能耗建筑打造的高品质建筑外立面共同努力。

参考文献

［1］欧洲议会. 建筑能源性能指南. 2010/31/E.

［2］节能条例. 节能条例修订版（BGBl. Ip3951）.

［3］商业化市场暖边定义. 中国玻璃杂志.

［4］费梅尔·F. 暴露于风荷载与气候荷载均分与内部荷载下的保温单元. 2003.

［5］建筑玻璃——通过计算和检测确定单片玻璃的荷载抗力PREN 16612-2003.

一种防火保温性能优越的高闭孔率改性酚醛板

裴奉镐 周秀焕 闵志媛 郭宏亮 李明 俞京爱

乐金华奥斯贸易（上海）有限公司

摘 要：本文通过对酚醛板与其他保温材料的对比，介绍了韩国酚醛板优越的防火保温性能。

关键词：PF保温材料；防火保温

1 引言

至2020年为止，德国、英国、法国、澳大利亚等发达国家，以新建建筑达到零能耗为目标。全球平均建筑墙体传热系数标准，德国为0.10W/(m^2·K)，英国为0.14W/(m^2·K)，已经超过了被动房0.15W/(m^2·K)的标准。

韩国建筑保温的议题，主要是为了应对全球气候变暖，减少能源消耗等问题，从而完善政策及制度。为了能同时满足保温及防火安全性能，保温材料领域终将迎来一次重大革新，从目前的第一代保温材料（聚苯板、挤塑板、聚氨酯、岩棉、B类酚醛板）发展为第二代（A类PF板、气凝胶、真空绝热板等）保温材料。

韩国节能政策目标是2017年达到被动房标准，2025年达到零能耗标准。韩国国内保温材料的标准也在逐年强化，墙体标准从2017年7月起中部1区域强化至被动房0.15W/(m^2·K)水准。为了达到这个目标，使用高性能的保温材料是必要的。

2 PF板介绍

PF保温材料通过亲环境技术，实现了燃烧时产生表面碳化层（Char），进而防止火灾扩散，并且通过了韩国有机保温材料准不燃级性能认证。

在韩国的建筑技术研究院进行的性能实验中,隔绝火焰和热气的耐火性能实验结果,达到了25分钟以上。这是建筑用有机保温材料中,唯一能超过15分钟(韩国检测标准)的产品,充分证明了其很好的火灾安全性能。

与岩棉等无机保温材料相比,PF板只需岩棉的一半厚度就能满足相同的建筑节能要求,很大程度上提升了建筑设计及施工便利性,有力地证明了其优异的保温性能。

在韩国,PF板是可以作为防火隔离带功能的保温材料。特别是2017年4月起,韩国建筑火灾安全法规修正案正式开始实施,六层以上建筑物外墙需使用准不燃级及以上的保温材料或每层使用高度400mm的防火隔离带。2015年经韩国建设技术研究院认证并确认了PF板防火隔离带品质性能。技术及产品照片如图1所示。根据国际标准(ISO4898),酚醛保温板分为A、B两类,中国国内酚醛板均属于B类产品。酚醛板的分类如表1所示。

表1　酚醛板的分类

产品类型	导热系数	闭孔率	结构	吸水率
A类	0.022以下	90%以上	闭孔	2%~4%
B类	0.037以下	60%以下	开孔	5%~6%

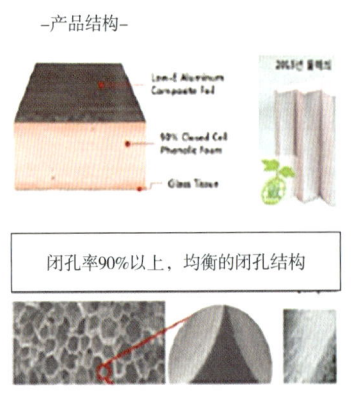 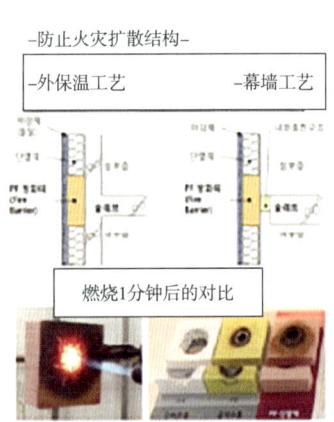

图1　技术及产品照片

3 核心技术内容

3.1 韩国开发新产品的必要性

近年来频繁发生的大型火灾事故,充分地说明了保温材料火灾安全性能的重要性。韩国国内保温材料市场占比最大的是可燃性的聚苯乙烯泡沫板,由此引发的火灾导致了严重的人员伤亡及大量的财产损失。

图2　韩国议政府市公寓火灾

如图2所示,2015年1月10日韩国议政府市公寓大楼火灾,造成百余人伤亡,财产损失约90亿韩元。该公寓大楼所使用的外保温材料是EPS,这种材料会快速扩散火焰。如图3所示,2014年5月26日高阳市综合客运站火灾,造成7死54伤,财产损失约90亿韩元。高阳市综合客运站所使用的保温材料是聚氨酯,起火时火焰会快速扩散,并产生黑色氰化氢气体。

韩国2017年4月开始正式实施建筑火灾安全法规修正案。根据国家建筑节能规划对建筑传热系数要求的提高,迫切需要高性能的保温材料。图4所示是韩国建筑能源规划。韩国《火灾防止法规》的提高,需要能替代聚苯板的高性能保温材料。韩国国内准不燃级等级以上的无机保温材料(岩棉、玻璃棉等),因施工作业性低、吸水率高的特点,导致用于墙体保温施工时,操作性很低。现有的有机保温材料或保温无机材料,按照目前传热系数的法

图3　高阳市综合客运站火灾

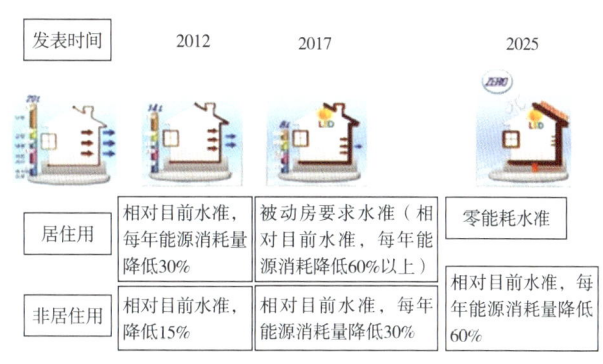

图4　韩国建筑能源规划

规标准，厚度需140mm以上。如果传热系数标准提高到0.15W/（m²·K）时，厚度就达到了240mm以上。为了同时满足法规标准及保温性能，急需开发高性能的保温防火板。

3.2 PF保温材料核心技术应用

（1）PF板是有机保温材料中，在韩国首个获得准不燃级性能的保温材料。

发生火灾时，PF板只产生少量的有毒气体，能较长时间维持保温材料结构层的完整性，争取更多的避难反应时间。通过亲环境难燃配方及铝箔等耐火面材技术设计，大大提高了产品自身的难燃性能，遇火时产生表面碳化层（Char）进而防止火灾扩散。

（2）通过热固性酚醛树脂微发泡技术，体现了高效的保温性。

如图5所示，通过控制热固性树脂的聚合及物理性能的技术、控制细微且均衡的闭孔结构的技术，使闭孔率达到了90%以上，实现了其较高水准的保温性能，导热系数0.018W/（m·K）。因牢固的闭孔结构，长期使用时发泡剂几乎没有损失，能够满足产品长期导热系数的稳定性（20年导热系数变化率10%以下）。

（3）亲环境配方及应用

使用亲环境发泡剂（ODPzero，GWP5）配方，申请绿色建筑认证时，可获得加分。

（4）获得环保产品认证（EPD）

PF板是保温材料领域第一个获得EPD认证的产品。英国Kingspan公司也获得了EPD认证。此认证在全世界范围内提供了开放式的环境性能管理情报。

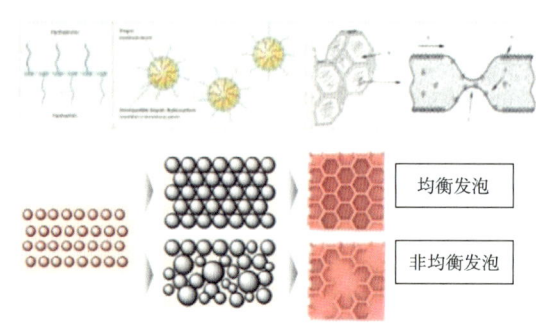

图5 控制发泡孔技术

4 PF板与其他保温产品的对比

（1）性能对比

由表2可以看出，PF板具有较好的保温效果和施工性。

表2　PF板与其他保温产品性能对比

分类		有机材料					无机材料	
		EPS	XPS	PUR	其他PF	LGPF	GW	MW
产品照片								
导热系数 （W/m·K）		0.034~ 0.038	0.028~ 0.035	0.022~ 0.024	0.025~ 0.037	0.018	0.032~ 0.036	0.035~ 0.037
特点	保温	低	中	高	中	高	低	低
	吸水	中	强	强	中	中	低	低
	燃烧性能	B2	B1	B1	B1	B1	A1	A1
	施工性能	好	好	好	中	好	低	低

（2）发泡剂对比

由表3可以看出，CFC因对环境有破坏作用，发达国家已禁止使用。HCFC也逐渐被淘汰。PF板生产过程中使用无氟利昂气体的环保发泡剂。

表3　PF板与其他保温产品发泡剂对比

区分	其他保温材料			LG 酚醛板
发泡剂	CFC	HCFC	HFC	第5代发泡剂
臭氧消耗指数 （VS CFC11）	1	0.11 （HCFC141b）	0	0
全球变暖指数 （CO_2 排出量）	4600 （CFC11）	700 （HCFC141b）	1300 （HFC134a）	23

5 韩国国内建筑保温材料施工工艺

5.1 内保温施工工艺（图6）

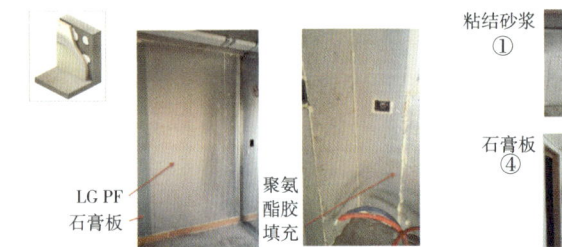
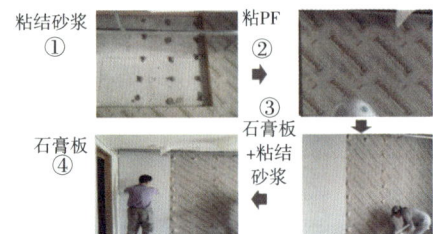

图6 内保温施工工艺

5.2 外保温施工工艺（图7）

（1）粘结砂浆（图8）
（2）粘接墙体并固定锚栓（图9）
（3）抹面砂浆+网格布（图10）
（4）涂料（图11）

图7 外保温施工工艺

图8 粘结砂浆

图9　粘接墙体并固定锚栓

图10　抹面砂浆+网格布

图11　涂料

5.3　幕墙及屋面施工工艺（图12）

图12　幕墙及屋面施工工艺

5.4 节能分析（图13）

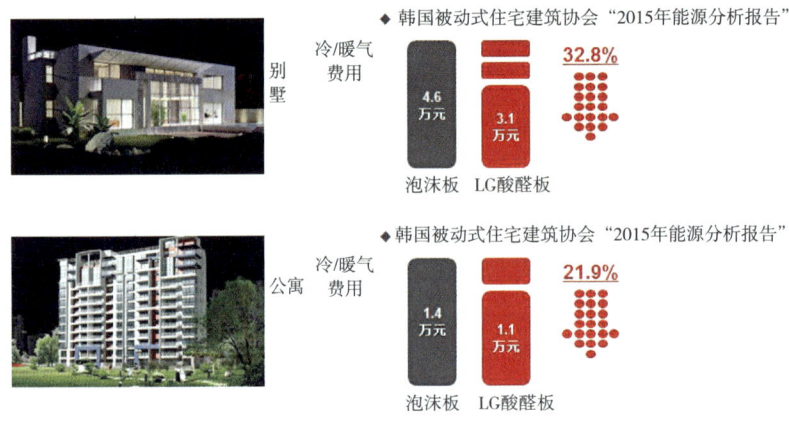

图13 节能分析

6 结论

建筑节能是发展国民经济的需要，经济的发展依赖于能源的发展，需要能源提供动力。中国的特点是资源短缺，人口众多，建筑能耗巨大，污染严重。在有机保温材料中，酚醛板与其他保温材料相比，有着非常明显的优势，满足各种建筑结构形式的节能要求，同时提升了建筑的品质。酚醛板是新型高性能保温材料，将会在中国建筑节能的发展中起到重要作用。

参考文献

［1］ISO 4898-2010 Rigid Cellular Plastics. Thermal Insulation Products for Buildings Specifications.

［2］Blowing Agents for Polyyurethane Foams.

［3］韩国消防产业技术院．建筑内装保温材料难燃性能调查及评价．2013.

［4］韩国国土交通部令第238号．2015.

［5］韩国国土交通部．绿色建筑基本计划．2014.

［6］韩国国土交通部．建筑节能设计标准．2017.

被动式低能耗建筑发展大事记

1. 2019年1月2日黑龙江省住房和城乡建设厅发布了地方标准《被动式低能耗居住建筑设计标准》公告。该标准将于2019年2月2日实施。这是住房和城乡建设部科技与产业化发展中心为我国被动式低能耗居住建筑主编的第二本省级地方标准，历时三年编制完成。本标准的主要技术内容包括：总则，术语和符号，室内外空气计算参数，基本规定，热工设计，供暖、制冷和房屋一次能源计算，通风和空调系统设计，关键材料和产品性能，施工、测试、认定及运行管理，以及附录和条文说明。该标准在以下两方面取得了突破。一是为了让常规建筑设计避免进行复杂的能耗计算，编制组为黑龙江省主要城市哈尔滨、齐齐哈尔、鸡西、鹤岗、伊春、佳木斯、牡丹江、双鸭山、黑河、绥化、漠河、加格达奇、嫩江、富锦、呼玛、安达、克山提供了技术参数选用表。当保温材料导热系数、保温层厚度、保温层热阻值、窗户传热系数、透明外围护结构太阳能得热系数、窗墙比和体型系数满足选用表要求时，可以不经计算判定为被动式房屋。二是随着排油机行业技术进步，避免炊事造成室内环境污染和环境能量的流失已经有了可靠的技术产品保障。该标准的颁布实施将推动被动式低能耗建筑在黑龙江省的健康发展。

2. 2019年10月9～11日"第23届国际被动房大会"在河北高碑店召开。这是"国际被动房大会"首次在中国举办。会议设有一个主论坛和20个分论坛。数千名来自海内外的代表出席了会议。大会期间150名国内外专家在论坛中介绍了他们在被动房领域取得的经验。

3. 2019年8月30日，中国材料与试验团体标准（简称CSTM标准体系）建筑材料领域委员会批准北京康居认证中心成立"CSTM/FC03/TC25被动式低能耗建筑及配套产品技术委员会"。秘书处承担单位为北京康居认证中心。CSTM/FC03被动式低能耗建筑产业技术委员会主要负责被动式低能耗建筑领域的团体标准制修订等标准化工作。其标准包括关键材料标准、关键产品标准、关键数据库标准、建筑体系标准、建筑设计施工标准图等。中国材料与试验团体标准是专门从事材料试验技术研究及牵头组织制定生产方与使用方相融合的材料指标标准体系，团体标准涉及我国全部材料行业，其工作机构为中关村材料试验技术联盟。

"被动式低能耗建筑产业技术创新战略联盟"

被动式低能耗建筑产品选用目录（第七批）

第一类　门窗组	303
1　外门窗、型材与玻璃间隔条	303
1.1　外门窗	303
哈尔滨森鹰窗业股份有限公司	303
北京市腾美骐科技发展有限公司	304
河北新华幕墙有限公司	305
河北奥润顺达窗业有限公司	306
极景门窗有限公司（山东）	307
北京米兰之窗节能建材有限公司	308
天津格瑞德曼建筑装饰工程有限公司	308
北京爱乐屋建筑节能制品有限公司	308
威卢克斯（中国）有限公司	309
北京住总门窗有限公司	309
山东三玉窗业有限公司	309
康博达节能科技有限公司	310
北京兴安幕墙装饰有限公司	310
北京金诺迪迈幕墙装饰工程有限公司	310
北京嘉寓门窗幕墙股份有限公司	310
北京东邦绿建科技有限公司	311
河北胜达智通新型建材有限公司	311
北京北方京航铝业有限公司	311
山东华达门窗幕墙有限公司	311
上海克络蒂材料科技发展有限公司	312
北京建工茵莱玻璃钢制品有限公司	312
青岛宏海幕墙有限公司	312

	温格润节能门窗有限公司	313
	河北道尔门窗科技有限公司	313
	西安西航集团铝业有限公司	314
	哈尔滨华兴节能门窗股份有限公司	314
	廊坊市万丽装饰工程有限公司	314
	北京和平幕墙工程有限公司	314
	北京市开泰钢木制品有限公司	314

1.2 外门窗型材 ... 315

- 大连实德科技发展有限公司 ... 315
- 维卡塑料（上海）有限公司（德国） ... 315
- 瑞好聚合物（苏州）有限公司（德国） ... 315
- 温格润节能门窗有限公司 ... 315
- 柯梅令（天津）高分子型材有限公司 ... 315

1.3 玻璃暖边间隔条 ... 316

- 圣戈班舒贝舍暖边系统商贸（上海）有限公司 ... 316
- 泰诺风泰居安（苏州）隔热材料有限公司 ... 316
- 浙江芬齐涂料密封胶有限公司 ... 316
- 李赛克玻璃建材（上海）有限公司 ... 316
- 美国奥玛特公司 ... 316
- 辽宁双强塑胶科技发展股份有限公司 ... 316
- 河北恒华昌耀建材科技有限公司 ... 316
- 南通和鼎建材科技有限公司 ... 316
- 南京南油节能科技有限公司 ... 317
- 美国Quanex（柯耐士）建材产品集团 ... 317
- 天津瑞丰橡塑制品有限公司 ... 317

2 外围护门窗洞口的密封材料 ... 317

- 德国博仕格有限公司 ... 317
- 德国安所 ... 318
- 北京东方雨虹防水技术股份有限公司 ... 319

3 透明部分用玻璃 ... 319

- 北京新立基真空玻璃技术有限公司 ... 319

	青岛亨达玻璃科技有限公司	320
	天津南玻节能玻璃有限公司	320
	中国玻璃控股有限公司	320
	天津耀皮工程玻璃有限公司	320
	信义玻璃（天津）有限公司	320
	北京金晶智慧有限公司	320
	台玻天津玻璃有限公司	320
	北京冠华东方玻璃科技有限公司	321
	大连华鹰玻璃股份有限公司	321
	保定市大韩玻璃有限公司清苑分公司	321
	福莱特玻璃集团股份有限公司	321
	台玻成都玻璃有限公司	321
	中航三鑫股份有限公司	321
	浙江中力节能玻璃制造有限公司	321
	北京物华天宝安全玻璃有限公司	321
	北京海阳顺达玻璃有限公司	321
	洛阳兰迪玻璃机器股份有限公司	321
4	遮阳产品	322
	瑞士森科遮阳	322
	北京科尔建筑节能技术有限公司	322
	南京金星宇节能技术有限公司	323
	河北洛卡恩节能科技有限公司	323
	望瑞门遮阳系统设备（上海）有限公司	323
第二类	**材料组**	**324**
5	屋面和外墙用防水隔汽膜和防水透气膜（防水卷材）	324
	德国博仕格有限公司	324
	德国威达公司	325
	北京东方雨虹防水技术股份有限公司	326
	江苏卧牛山保温防水技术有限公司	327
6	外墙外保温系统及其材料	328
	堡密特建筑材料（苏州）有限公司	328

	上海华峰普恩聚氨酯有限公司	329
	巴斯夫化学建材（中国）有限公司	329
	山东秦恒科技股份有限公司	330
	江苏卧牛山保温防水技术有限公司	331
	北京金隅砂浆有限公司	331
	北京盛信鑫源新型建材有限公司	331
	广骏新材料科技有限公司	332
	绿建大地建设发展有限公司	332
	河北三楷深发科技股份有限公司	333
7	模塑聚苯板、石墨聚苯板	333
	山东秦恒科技股份有限公司	333
	江苏卧牛山保温防水技术有限公司	333
	哈尔滨鸿盛建筑材料制造股份有限公司	334
	巴斯夫化学建材（中国）公司	334
	南通锦鸿建筑科技有限公司	334
	北京敬业达新型建筑材料有限公司	334
	天津格亚德新材料科技有限公司	334
	北京五洲泡沫塑料有限公司	335
	北京盛信鑫源新型建材有限公司	335
	河北洛卡恩节能科技有限公司	335
	广骏新材料科技有限公司	335
	绿建大地建设发展有限公司	335
8	聚氨酯板	336
	上海华峰普恩聚氨酯有限公司	336
9	真空绝热板	336
9.1	**真空绝热板**	**336**
	中亨新型材料科技有限公司	336
	青岛科瑞新型环保材料集团有限公司	336
9.2	**真空绝热板芯材**	**337**
	建邦新材料科技（廊坊）有限公司	337
10	岩棉	337

- 10.1 外墙外保温系统用岩棉板 ... 337
  - 上海新型建材岩棉有限公司 ... 337
  - 北京金隅节能保温科技有限公司 ... 337
  - 南京彤天岩棉有限公司 ... 337
  - 河北三楷深发科技股份有限公司 ... 337
- 10.2 岩棉防火隔离带岩棉带 ... 338
  - 上海新型建材岩棉有限公司 ... 338
  - 北京金隅节能保温科技有限公司 ... 338
  - 南京彤天岩棉有限公司 ... 338
  - 河北三楷深发科技股份有限公司 ... 338
- 10.3 不采暖地下室顶板保温用岩棉板 ... 339
  - 上海新型建材岩棉有限公司 ... 339
  - 南京彤天岩棉有限公司 ... 339
- 11 保温用矿物棉喷涂层 ... 339
  - 北京海纳联创无机纤维喷涂技术有限公司 ... 339
- 12 抹面胶浆和粘结胶浆 ... 340
  - 北京金隅砂浆有限公司 ... 340
  - 北京敬业达新型建筑材料有限公司 ... 340
  - 河北三楷深发科技股份有限公司 ... 341
  - 江苏卧牛山保温防水技术有限公司 ... 342
  - 北京建工新型建材有限责任公司涿州分公司 ... 342
  - 广骏新材料科技有限公司 ... 343
- 13 预压膨胀密封带 ... 344
  - 德国博仕格有限公司 ... 344
- 14 防潮保温垫板 ... 344
  - 德国博仕格有限公司 ... 344
  - 上海华峰普恩聚氨酯有限公司 ... 345
- 15 锚栓 ... 345
  - 利坚美（北京）科技发展有限公司 ... 345
  - 超思特（北京）科技发展有限公司 ... 346
  - 北京沃德瑞康科技发展有限公司 ... 346

16	耐碱网格布	346
	利坚美（北京）科技发展有限公司	346
17	门窗连接条	347
	利坚美（北京）科技发展有限公司	347

第三类　设备组　347

18	新风与空调设备	347
	中山万得福电子热控科技有限公司	347
	上海兰舍空气技术有限公司	348
	同方人工环境有限公司	349
	森德中国暖通设备有限公司	350
	北京朗适新风技术有限公司	351
	河北省建筑科学研究院	351
	博乐环境系统（苏州）有限公司	351
	中山市创思泰新材料科技股份有限公司	352
	杭州龙碧科技有限公司	352
	中洁环境科技（西安）有限公司	352
	山东美诺邦马节能科技有限公司	353
	台州市普瑞泰环境设备科技股份有限公司	353
	浙江普瑞泰环境设备股份有限公司	353
	厦门狄耐克环境智能科技有限公司	354
	河北洛卡恩节能科技有限公司	354
	浙江曼瑞德环境技术股份有限公司	355
	苏州格兰斯柯光电科技有限公司	355
	致果环境科技（天津）有限公司	356

第四类　其他　356

19	抽油烟机	356
	武汉创新环保工程有限公司	356

第一类 门窗组

1 外门窗、型材与玻璃间隔条

1.1 外门窗

产品名称	生产厂商	产品型号	型材传热系数, W/(m²·K)	玻璃传热系数, W/(m²·K)	整窗传热系数K, W/(m²·k)	可见光透射比 τᵥ	太阳红外热能总透射比 g_{IR}	太阳能得热系数 SHGC	气密性, m³/(m·h)	水密性, Pa	抗风压性, Pa	适用范围
外窗	哈尔滨森鹰窗业股份有限公司	P120被动式铝包木窗	底部：0.75 边沿：0.73 顶部：0.73	0.7	0.8	0.629	0.28	0.439	0.3 8级	700 6级	5000 9级	严寒/寒冷地区
外窗	哈尔滨森鹰窗业股份有限公司	P160被动式铝包木窗	底部：0.64 边沿：0.59 顶部：0.59	0.5	0.6	0.567	0.22	0.424	0.3 8级	700 6级	5000 9级	严寒地区
外门	哈尔滨森鹰窗业股份有限公司	PED86铝包木（外）开门	上左右：0.83 下：0.85 中横、竖：0.87	—	0.89	—	—	—	8级	700 6级	5000 9级	各气候区
外门	哈尔滨森鹰窗业股份有限公司	PED86铝包木（内）开门	上左右：0.83 下：0.85 中横、竖：0.87	—	0.89	—	—	—	8级	700 6级	5000 9级	各气候区

续表

产品名称	生产厂商	产品型号	型材传热系数, W/(m²·K)	玻璃传热系数, W/(m²·K)	整窗传热系数K, W/(m²·K)	可见光透射比 τv	太阳红外热能总透射比 g_{IR}	太阳能得热系数 SHGC	气密性, m³/(m·h)	水密性, Pa	抗风压性, Pa	适用范围
外窗	北京市腾美琪科技发展有限公司	欧格玛PAW95系列被动式木包铝窗	≤1.3	0.402	0.86	0.66	0.22	0.431	0.20 8级	600 5级	5000 9级	寒冷/夏热冬冷地区
木包铝外开门		欧格玛PAD95系列被动式木包铝门	≤1.3	0.402	0.84	0.66	0.22	0.431	0.20 8级	600 5级	5000 9级	寒冷/夏热冬冷地区
		PAD125被动式木包铝外开门	≤1.3	0.402	0.88	0.66	0.22	0.431	8级	700 6级	5000 9级	寒冷/夏热冬冷地区
耐火窗		PAW95被动式耐火窗（耐火时间≥0.5h）	≤1.3	0.402	0.91	0.61	0.228	0.421	8级	700 6级	5000 9级	寒冷/夏热冬冷地区
木包铝幕墙		WAC80被动式木包铝幕墙	≤1.2	0.464	0.78	0.66	0.20	0.472	开启部分4级，试件整体4级	开启部分5级 1000 固定部分4级 1500	5000 9级	严寒/寒冷/夏热冬冷地区
外窗		PAW115系列被动式木包铝平开窗	上开启：0.936 下开启：0.937 右开启：0.996 左开启：0.995 中梃（固定+开启）：1.100	0.74	0.83	0.67	0.23	0.48	8级	700 6级	5000 9级	寒冷地区

续表

产品名称	生产厂商	产品型号	型材传热系数，W/(m²·K)	玻璃传热系数，W/(m²·K)	整窗传热系数K，W/(m²·k)	可见光透射比 τ_v	太阳红外热能总透射比 g_{IR}	太阳能得热系数 SHGC	气密性 m³/(m·h)	水密性，Pa	抗风压性，Pa	适用范围
外窗	河北新华幕墙有限公司	REHAU-GENEO-S980系列塑钢门窗	横料（上,下）：0.797 框扇料：0.771 梃竖料：0.769	0.62	0.79	0.68	0.22	0.54	0.19 8级	700 6级	GB 50009-2012要求	寒冷地区
幕墙		180系列木结构隐框玻璃幕墙	横料（上,下边）：0.66 竖料（左右）：0.61，幕墙中竖料：0.711；幕墙中横料：0.732	0.6	0.76	0.48	0.18	0.37	0.15 4级	1800 4级	GB 50009-2012要求	寒冷地区
外窗		HM-PW82系列塑钢窗	0.99	0.67	0.8	0.709	0.27	0.5	8级	700 6级	5000 9级	寒冷地区
外窗		HM-AW90系列铝合金窗	0.75	0.67	0.8	0.709	0.275	0.5	8级	700 6级	5000 9级	寒冷地区
外门		HM-AD90系列铝合金门	0.75	0.67	0.8	0.709	0.275	0.5	8级	700 6级	5000 9级	寒冷地区
幕墙		HM-ACW150系列铝合金单元式幕墙	0.64	0.66	0.79	0.62	0.25	0.52	4级	5级	6级	严寒/寒冷地区

续表

产品名称	生产厂商	产品型号	型材传热系数, W/(m²·K)	玻璃传热系数, W/(m²·K)	整窗传热系数K, W/(m²·K)	可见光透射比 τ_v	太阳红外热能总透射比 g_IR	太阳能得热系数 SHGC	气密性 m³/(m·h)	水密性, Pa	抗风压性, Pa	适用范围
外窗		88系列6腔三道密封塑料窗	下部: 0.79 侧边和上部0.80	0.7	0.9	0.62	0.45	0.47	0.20 8级	600 5级	4500 8级	严寒/寒冷地区
		86系列6腔三道密封塑料窗	下部: 0.79 侧边和上部0.79	0.7	0.9	0.62	0.45	0.47	0.20 8级	600 5级	4500 8级	严寒/寒冷地区
		PAS125系列铝包木窗	下部: 0.69 侧边和上部0.71	0.7	0.9	0.67	0.49	0.45	0.20 8级	600 5级	5000 9级	严寒/寒冷地区
		PAS130系列铝包木窗	下部: 0.74 侧边和上部0.74	0.7	0.8	0.67	0.49	0.45	0.20 8级	700 6级	5000 9级	严寒/寒冷地区
		Therm+50	下部: 0.91 侧边和上部0.92	0.75	0.8	0.72	0.496	0.49	0.20 8级	600 5级	5000 9级	严寒/寒冷地区
		78系列铝包木窗	下部: 1.3 侧边和上部1.3	0.6	1.0	0.71	0.44	0.53	0.20 8级	600 5级	5000 9级	寒冷地区
外门	河北奥润顺达窗业有限公司	PASSIVE78铝木复合门（外开）	下部: 1.0 侧边和上部: 0.8	—	0.8	—	—		隔声30 8级	400 4级	5000 9级	各气候区
		108系列外平开铝木复合门（外开中空）	下部: 1.0 侧边和上部: 0.79	0.8	0.9	0.58	0.26	0.47	隔声33 8级	600 5级	5000 9级	严寒/寒冷地区
		130系列外平开铝木复合门（内开中空）	下部: 0.765 侧边和上部: 0.8	0.8	0.8	0.58	0.26	0.47	隔声34 8级	500 5级	5000 9级	严寒/寒冷地区

续表

产品名称	生产厂商	产品型号	型材传热系数, W/(m²·K)	玻璃传热系数, W/(m²·K)	整窗传热系数K, W/(m²·k)	可见光透射比 τ_v	太阳红外热能总透射比 g_{IR}	太阳能得热系数 SHGC	气密性, m³/(m·h)	水密性, Pa	抗风压性, Pa	适用范围
外窗	河北奥润顺达窗业有限公司	93系列平开下悬铝木复合窗（内开，下悬中空）	下部：0.685 侧边和上部：0.7	0.8	0.8	0.58	0.26	0.47	隔声36 8级	600 5级	5000 9级	严寒/寒冷地区
		90系列平开下悬隔热铝合金窗（内开下悬中空）	下部：1.1 侧边和上部：1.05	0.8	0.9	0.58	0.26	0.47	隔声35 8级	400 4级	5000 9级	严寒/寒冷地区
		75系列平开下悬隔热铝合金窗	下部：1.29 侧边和上部1.3	0.8	1.0	0.58	0.26	0.47	隔声 Rw=35 8级	400 4级	5000 9级	寒冷地区
外窗	极景门窗有限公司（山东）	P2被动式节能窗	0.9	0.54	0.77	0.6	0.22	0.43	0.3 8级	700 6级	5000 9级	寒冷地区
		P2被动式节能门	0.9	0.6	0.77	0.58	0.22	0.425	0.3 8级	700 6级	5000 9级	寒冷地区
		Q系列节能幕墙	0.79	0.54	0.73	0.63	0.25	0.428	0.3 8级	700 6级	5000 9级	寒冷地区

续表

产品名称	生产厂商	产品型号	型材传热系数, W/(m²·K)	玻璃传热系数, W/(m²·K)	整窗传热系数K, W/(m²·k)	可见光透射比 τv	太阳红外热能总透射比 g_{IR}	太阳能得热系数 SHGC	气密性, m³/(m·h)	水密性, Pa	抗风压性, Pa	适用范围
外窗	北京米兰之窗节能建材有限公司	MILUX Passive80系列铝包木窗	底部：0.95 边沿：0.95 顶部：0.92	0.6	0.88	0.62	0.38	0.42	0.3 8级	600 5级	5000 9级	严寒地区
		MILUX Passive95系列铝包木窗	底部：0.91 边沿：0.91 顶部：0.90	0.6	0.85	0.62	0.38	0.42	0.3 8级	600 5级	5000 9级	严寒地区
		MILUX Passive115系列铝包木窗	底部：0.81 边沿：0.81 顶部：0.80	0.70	0.79	0.45	0.50	0.35	0.3 8级	600 5级	5000 9级	严寒地区
		MILUX Passive120系列铝包木窗	底部：0.75 边沿：0.75 顶部：0.78	0.63	0.80	0.65	0.35	0.54	0.3 8级	600 5级	5000 9级	严寒地区
外窗	天津格瑞德曼建筑装饰工程有限公司	GM-C85铝合金节能窗	底部：1.09 边沿：0.84 顶部：0.74	0.59	0.83	0.53	0.27	0.52	0.3 8级	700 6级	5000 9级	寒冷地区
外窗	北京星建乐节能建筑节能制品有限公司	78系列铝包木被动窗（平开上悬）	1.1	0.516	0.89	0.713	0.377	0.522	0.3 8级	700 6级	5000 9级	寒冷地区

续表

产品名称	生产厂商	产品型号	型材传热系数，W/(m²·K)	玻璃传热系数，W/(m²·K)	整窗传热系数K，W/(m²·K)	可见光透射比 τᵥ	太阳红外热能总透射比 g_{IR}	太阳能得热系数 SHGC	气密性，m³/(m·h)	水密性，Pa	抗风压性，Pa	适用范围
外窗	威卢克斯（中国）有限公司	A系列实木窗	0.382（填充物）	0.6	0.92	0.805	0.711	0.48	8级	700 6级	3600 6级	特殊立面窗
外窗	威卢克斯 A/S	复合材料窗 VMS	0.382（填充物）	U=0.7	1.0	0.723	0.47	0.4	8级	700 6级	4000 7级	特殊立面窗
外窗	北京住总门窗聚酯合金窗80系列（内开内倒窗）有限公司	被动式低能耗聚酯合金窗80系列（内开内倒窗）	0.7	0.8	0.97	0.659	—	0.647	8级	700 6级	4400 5级	寒冷地区
外窗	山东三玉窗业有限公司	SY86-PAS 被动式铝包木窗	底部：0.96 边沿：0.96 顶部：0.92	0.73	0.99	0.64	0.33	0.454	8级	700 6级	5000 9级	寒冷地区
		SY96-PAS 被动式铝包木窗	底部：0.93 边沿：0.93 顶部：0.91	0.73	0.91	0.64	0.33	0.454	8级	700 6级	5000 9级	寒冷地区
		SY110-PAS 被动式铝包木窗	底部：0.78 边沿：0.78 顶部：0.75	0.69	0.83	0.619	0.28	0.427	8级	700 6级	5000 9级	寒冷地区
		SY128-PAS 被动式铝包木窗	底部：0.96 边沿：0.96 顶部：0.91	0.71	0.96	0.652	0.33	0.490	8级	700 6级	5000 9级	寒冷地区

续表

产品名称	生产厂商	产品型号	型材传热系数，W/(m²·K)	玻璃传热系数，W/(m²·K)	整窗传热系数K，W/(m²·k)	可见光透射比 τ_v	太阳红外热能总透射比 g_{IR}	太阳能得热系数 SHGC	气密性 m³/(m·h)	水密性，Pa	抗风压性，Pa	适用范围
外窗	康博达节能科技有限公司	80系列聚氨酯合金平开窗	0.85	0.6	0.88	0.728	0.586	0.36	8级	400 4级	3700 6级	寒冷地区
外窗	北京兴安幕墙装饰有限公司	墨诺兑155系列隐扇被动式铝包木窗	1.2	0.57	0.95	0.725	0.584	—	8级	350 4级	4200 7级	寒冷地区
外窗	北京金诺迪迈幕墙装饰工程有限公司	UMhome-101铝合金窗	0.81	0.63	0.9	0.572	0.446	0.45	8级	700 6级	5000 9级	严寒地区
外窗	北京金诺迪迈幕墙装饰工程有限公司	UMhome-80塑钢窗	0.85	0.75	0.92	0.61	0.468	0.57	8级	500 5级	5000 9级	寒冷地区
外窗	北京嘉寓门窗幕墙股份有限公司	朗尚-A101系列铝合金窗	框扇横料（上、下）：0.91 框扇竖料：0.96 挺扇竖料：0.99 框横料（上、下）：0.79 竖料：0.84	0.633	0.94	0.665	0.28	0.424	8级	700 6级	5000 9级	寒冷地区

续表

产品名称	生产厂商	产品型号	型材传热系数,W/(m²·K)	玻璃传热系数K,W/(m²·K)	整窗传热系数K,W/(m²·K)	可见光透射比 τ_V	太阳红外热能总透射比 g_{IR}	太阳能得热系数SHGC	气密性 m³/(m·h)	水密性,Pa	抗风压性,Pa	适用范围
外窗	北京东邦绿建科技有限公司	AJ-Ⅲ型塑钢胶条密闭推拉窗	1.3	0.66	0.97	0.68	0.34	0.52	8级	350 4级	5000 9级	严寒/寒冷地区
被动式低能耗钢质复合防盗门外门	河北胜达智通新型建材有限公司	BJFAM-B-SH/DB1124	—	—	0.85	—	隔声Rw=37	防盗丙级	8级	700 6级	5000 9级	各气候区
外窗		胜达TOP-BEST88MD	0.79	0.65	0.78	0.57	0.28	0.42	8级	567 5级	4200 7级	寒冷/夏热冬冷地区
外窗	北京航方铝业有限公司	75系列聚氨酯铝合金被动窗	0.96	0.43	0.92	0.58	0.24	0.51	8级	4级	8级	寒冷地区
外门		75系列聚氨酯铝合金被动门	0.96	0.43	0.93	0.58	0.24	0.51	8级	4级	6级	寒冷地区
外窗		80系列聚氨酯铝合金被动窗	0.8	0.55	0.95	0.66	0.5	0.61	8级	6级	7级	寒冷地区
外窗	山东华达门窗幕墙有限公司	LBM98	≤1.3	0.63	0.86	0.6	0.5	0.57	0.3 8级	350 4级	5000 9级	寒冷地区
外窗		ES101	≤1.3	0.63	0.94	0.7	0.5	0.57	1.1 8级	350 4级	5000 9级	寒冷地区
外窗		LBM130B	≤1.3	0.63	0.83	0.7	0.5	0.57	0.3 8级	350 4级	5000 9级	寒冷地区

续表

产品名称	生产厂商	产品型号	型材传热系数，W/(m²·K)	玻璃传热系数，W/(m²·K)	整窗传热系数K，W/(m²·K)	可见光透射比 τ_V	太阳红外热能总透射比 g_{IR}	太阳能得热系数 SHGC	气密性 m³/(m·h)	水密性 Pa	抗风压性 Pa	适用范围
外门	上海克络蒂材料科技发展有限公司	85J系列玻纤增强聚氨酯节能门	0.93	0.70	0.98	0.64	0.15	0.35	8级	4级	9级	寒冷/夏热冬冷地区
外窗	上海克络蒂材料科技发展有限公司	85J系列玻纤增强聚氨酯节能窗	0.83	0.70	0.88	0.64	0.15	0.35	8级	4级	9级	寒冷/夏热冬冷地区
外窗	北京建工茵莱玻璃钢制品有限公司	75系列 1450*1450	0.3	0.456	0.81	73.03	0.244	0.469	8级	6级	9级	严寒/寒冷地区
外窗	青岛宏海海幕墙有限公司	被动式铝合金窗HONGHAI 100-1（真空复合中空玻璃）	≤1.0	0.43	0.83	0.58	0.245	0.44	8级	6级 700	9级 5000	严寒/寒冷地区
外窗	青岛宏海海幕墙有限公司	被动式铝合金窗HONGHAI 100-2	≤1.0	0.59	0.92	0.64	0.15	0.35	8级	6级 700	9级 5000	寒冷/夏热冬冷地区

续表

产品名称	生产厂商	产品型号	型材传热系数, W/(m²·K)	玻璃传热系数, W/(m²·K)	整窗传热系数K, W/(m²·k)	可见光透射比 τ_v	太阳红外热能总透射比 g_{IR}	太阳能得热系数 SHGC	气密性, m³/(m·h)	水密性, Pa	抗风压性, Pa	适用范围
幕墙	青岛宏海幕墙有限公司	被动式幕墙HHMQ-60（明框）-1（真空复合中空玻璃）	≤1.2	0.43	0.73	0.58	0.245	0.44	q1=0.16 4级	开启1000固定2000 5级	4500 8级	严寒/寒冷地区
		被动式幕墙HHMQ-60（明框）-2	≤1.2	0.59	0.88	0.64	0.15	0.35	q1=0.16 4级	开启1000固定2000 5级	4500 8级	寒冷/夏热冬冷地区
外窗	温格润节能门窗有限公司	WG75聚氨酯隔热铝合金窗系统	0.81	0.7	0.88	0.68	0.34	0.52	8级	1000 6级	5000 9级	严寒/寒冷地区
外门		WG75聚氨酯隔热铝合金门系统	0.81	—	0.77	—	—	—	8级	700 6级	5000 9级	严寒/寒冷地区
外窗	河北道尔门窗科技有限公司	DR110系列	0.859	0.60	0.93	0.608	0.51	0.474	8级	700 6级	5000 9级	严寒/寒冷地区

续表

产品名称	生产厂商	产品型号	型材传热系数,W/(m²·K)	玻璃传热系数,W/(m²·K)	整窗传热系数K,W/(m²·k)	可见光透射比 τ_v	太阳红外热能总透射比 g_{IR}	太阳能得热系数 SHGC	气密性,m³/(m·h)	水密性,Pa	抗风压性,Pa	适用范围
外窗	西安西航集团铝业有限公司	XHBC100	1.1	0.6	0.91	0.701	0.58	0.51	8级	700 6级	5000 9级	严寒/寒冷地区
外窗	哈尔滨华兴节能门窗股份有限公司	HS118P	1.1	0.7	0.88	0.71	0.24	0.51	8级	500 5级	5000 9级	严寒/寒冷地区
外窗	廊坊市万丽装饰工程有限公司	92系列	0.79	0.7	0.88	0.747	0.482	0.502	8级	4级	9级	严寒/寒冷地区
外窗	北京和平幕墙工程有限公司	PBW9515被动式低能耗铝合金窗	1.1	0.65	0.97	0.69	0.21	0.46	8级	700 6级	5000 9级	严寒和寒冷地区
外窗	北京市开泰钢木制品有限公司	82系列内平开塑料窗	0.99	0.67	0.96	0.62	0.02	0.30	8级	700 6级	5000 9级	夏热冬冷/夏热冬暖地区

1.2 外门窗型材

产品名称	生产厂商	产品型号	型材传热系数,W/(m²·K)	玻璃传热系数,W/(m²·K)	整窗传热系数K,W/(m²·K)	可见光透射比 τv	太阳红外热能总透射比 g_{IR}	太阳能得热系数 SHGC	气密性,m³/(m·h)	水密性,Pa	抗风压性,Pa	适用范围
型材	大连实德科技发展有限公司	SINOSD-80聚酯合金型材	0.7						0.1–0.2 8级	350–500 4级	5000 9级	寒冷地区
型材	维卡塑料(上海)有限公司(德国)	Softline MD70 NEO	1.2(含衬钢)						≤0.5 8级	700 6级	≥3500 6级(常规中梃)	寒冷地区
型材	维卡塑料(上海)有限公司(德国)	Softline MD82	0.99(含衬钢)						≤0.5 8级	700 6级	≥4000 7级(常规中梃)	寒冷地区
型材	瑞好聚合物(苏州)有限公司(德国)	S980 PHZ 86	0.79						0.21 8级	700 5级	3000 5级	寒冷地区
型材	温格润节能门窗有限公司	温格润WG75系列聚氨酯隔热铝合金型材	0.9						8级	1000 6级	5000 9级	严寒/寒冷地区
型材	柯梅令(天津)高分子型材有限公司	88 plus	底部:0.79 边沿:0.80 顶部:0.80						8级	500 5级	4200 7级	寒冷地区

1.3 玻璃暖边间隔条

产品名称	生产厂商	产品型号	玻璃暖边间隔条材料的导热系数，W/(m·K)	适用范围
暖边间隔条	圣戈班舒贝舍暖边系统商贸（上海）有限公司	舒贝舍超强型暖边间隔条	λ=0.14	各气候区
暖边间隔条	圣戈班舒贝舍暖边系统商贸（上海）有限公司	舒贝舍标准型暖边间隔条	λ=0.29	各气候区
暖边间隔条	泰诺风泰居安（苏州）隔热材料有限公司	Wave系列	λ=0.4（导热因子0.0018 W/K）	各气候区
暖边间隔条	泰诺风泰居安（苏州）隔热材料有限公司	M系列	λ=0.4（导热因子0.0018 W/K）	各气候区
暖边间隔条	浙江芬齐涂料密封胶有限公司	全塑复合型暖边（Multitech）	导热因子：0.001W/K	各气候区
暖边间隔条	浙江芬齐涂料密封胶有限公司	复合型不锈钢暖边条（Chromatech Ultra）	导热因子：0.0017 W/K	各气候区
暖边间隔条	浙江芬齐涂料密封胶有限公司	齿纹面不锈钢暖边条（Chromatech Plus）	导热因子：0.0045 W/K	各气候区
暖边间隔条	浙江芬齐涂料密封胶有限公司	不锈钢暖边条（Chromatech）	导热因子：0.0054 W/K	各气候区
暖边间隔条	李赛克玻璃建材（上海）有限公司	添益隔'Thermix'暖边间隔条	λ=0.32	各气候区
暖边间隔条	李赛克玻璃建材（上海）有限公司	'Thermobar'暖边间隔条	λ=0.14	各气候区
暖边间隔条	美国奥玛特公司	SST暖边条（LPX1）	导热因子：0.0057W/K	各气候区
暖边间隔条	美国奥玛特公司	SST暖边条（GTM）	导热因子：0.0043W/K	各气候区
暖边间隔条	美国奥玛特公司	SST钢包覆暖边条（GTM Hybrid）	导热因子：0.00285W/K	各气候区
暖边间隔条	美国奥玛特公司	SST钢暖边条（GTM HS）	导热因子：0.00229W/K	各气候区
暖边间隔条	辽宁双强塑胶科技发展股份有限公司	萨沃奇柔性暖边6.5mm~22mm全系列	λ=0.38（导热因子0.0016W/K）	各气候区
暖边间隔条	河北恒华昌耀建材科技有限公司	纯不锈钢暖边条12A	等效导热系数1.57785	各气候区
暖边间隔条	河北恒华昌耀建材科技有限公司	纯不锈钢暖边条16A	等效导热系数1.49268	各气候区
暖边间隔条	河北恒华昌耀建材科技有限公司	不锈钢包覆暖边条12A	等效导热系数0.83616	各气候区
暖边间隔条	南通和鼎建材材科技有限公司	复合型不锈钢暖边条12A	等效导热系数0.63 导热因子：0.00128W/K	各气候区
暖边间隔条	南通和鼎建材材科技有限公司	复合型不锈钢暖边条19A	等效导热系数0.58 导热因子：0.00139W/K	各气候区

续表

产品名称	生产厂商	产品型号	玻璃间隔条材料的导热系数，W/(m·K)	适用范围
暖边间隔条	南京南油节能科技有限公司	非金属刚性暖边12A16A	0.19（等效导热系数）	各气候区
暖边间隔条	南京南油节能科技有限公司	复合刚性暖边条12A16A	0.44（等效导热系数）	各气候区
暖边间隔条	美国Quanex（柯耐士）建材产品集团	Truplas/超级玻纤暖边间隔条	λ=0.14	各气候区
Super Spacer®/超级间隔条	美国Quanex（柯耐士）建材产品集团	Premium	λ=0.15（等效导热系数0.17）	各气候区
暖边间隔条	美国Quanex（柯耐士）建材产品集团	Tri-seal	λ=0.15（等效导热系数0.17）	各气候区
暖边间隔条	天津瑞丰橡塑制品有限公司	玻纤增强复合材料+复合膜16A	等效导热系数0.60	各气候区
暖边间隔条	天津瑞丰橡塑制品有限公司	玻纤增强复合材料+复合膜12A	等效导热系数0.63	各气候区

2 外围护门窗洞口的密封材料

产品名称	生产厂商	产品型号	性能指标					适用范围
			最大抗拉强度，N/50mm	最大伸长率，%	燃烧性能等级	气密性	水密性	Sd值，m
可抹灰外围护结构门窗洞口的密封材料	德国博仕格有限公司	可抹灰型防水雨布Wimflex室内侧	纵向>450；横向>80	纵向>20；横向>100	建筑材料等级B2，燃烧等级Class E	气密	>200cm水柱	55	各气候区
可抹灰外围护结构门窗洞口的密封材料	德国博仕格有限公司	可抹灰型防水雨布Wimflex室外侧	纵向>450；横向>80	纵向>20；横向>140	建筑材料等级B2，燃烧等级Class E	气密	>200cm水柱	0.1	各气候区

续表

产品名称	生产厂商	产品型号	厚度, mm	水蒸气扩散阻力	Sd值, m	抗拉强度, MPa	断裂伸长率, %	抗撕裂, N	水密性2kPa水压	抗老化	燃烧性能等级	适用范围
不可抹灰型三元乙丙防水透气膜	德国博仕格有限公司	不可抹灰型室外侧三元乙丙防水透气膜Fasatan	0.6	20000	12	≥6	≥250	≥10	通过	通过	建筑材料等级B₂，燃烧等级E	各气候区
			0.8	20000	16	≥7	≥300	≥10	通过	通过		
			1.0	20000	20	≥7	≥300	≥10	通过	通过		
			1.2	20000	24	≥8	≥300	≥20	通过	通过		

产品名称	生产厂商	产品型号	厚度, mm	水蒸气扩散阻力Sd值	Sd值, m	抗拉强度, MPa	断裂伸长率, %	抗撕裂, N	水密性2kPa水压	抗老化	燃烧性能等级	适用范围
不可抹灰型三元乙丙防水隔汽膜	德国博仕格有限公司	不抹灰的室内一侧三元乙丙防水隔汽膜Fasatyl	0.6	140000	84	≥6	≥250	≥10	通过	通过	建筑材料等级B₂，燃烧等级E	各气候区
			0.8	140000	112	≥7	≥250	≥10	通过	通过		
			1.0	140000	140	≥7	≥250	≥10	通过	通过		
			1.2	140000	170	≥8	≥300	≥20	通过	通过		

产品名称	生产厂商	产品型号	厚度, mm	水蒸气扩散阻力Sd值, m	单位面积质量, g/m²	抗伸断裂强度, MPa		断裂伸长率, %		透湿率, g/(m²·s·Pa)	湿阻因子	适用范围
						纵向	横向	纵向	横向			
防水隔汽膜	德国安所	ISO-CONNECT INSIDE FD	0.503	39.2	224	807	149	14.5	121	6.4×10^{-9}	7.8×10^{4}	各气候区室内侧
防水透气膜		ISO-CONNECT OUTSIDE FD	0.574	0.075	195.9	635	193	12.8	71.4	4.0×10^{-6}	1.3×10^{2}	各气候区室外侧

续表

产品名称	生产厂商	产品型号	性能参数						适用范围
			最大拉力，N/50mm		断裂伸长率，%		不透水性	水蒸气透过量，g/m² 24h	厚度，mm	
			纵向	横向	纵向	横向				
防水透气膜	北京东方雨虹防水技术股份有限公司	门窗洞口专用防水透气膜	≥300	≥300	≥50	≥50	1500mm水柱不透水	≥300	0.15	各气候区室外侧
防水隔汽膜		门窗洞口专用防水隔汽膜	≥150	≥120	≥50	≥50	2500mm水柱不透水	≤1.5	0.25	各气候区室内侧

3 透明部分用玻璃

3 透明部分用玻璃

产品名称	生产厂商	产品型号	传热系数K，W/(m²·K)	可见光透射比 τV	太阳红外热能总透射比 gIR	太阳能得热系数 SHGC	光热比 LSG	适用范围
透明部分用玻璃	北京新立基真空玻璃技术有限公司	真空复合中空玻璃：5mm白玻+12A+5mmLow-E+V+5mm白玻	0.66	0.68	0.34	0.52	1.31	严寒/寒冷地区
		6TL+12WAr+6TL+V+6T+12WAr+6T	0.43	0.58	0.24	0.44	1.32	严寒/寒冷/夏热冬冷地区

续表

产品名称	生产厂商	产品型号	传热系数 K, W/(m²·K)	可见光透射比 τv	太阳红外热能总透射比 gIR	太阳能得热系数 SHGC	光热比 LSG	适用范围
透明部分用玻璃	青岛亨达玻璃科技有限公司	5mm透明+16A暖边+5mm Low-E+0.15mm真空+5mm透明	0.78	0.59	0.36	0.49	1.20	寒冷地区
	天津南玻节能玻璃有限公司	5超白（CES01-85N）#2+15Ar+5超白+15Ar+5超白（CES01-85N）#5	0.78	0.65	0.25	0.46	1.41	寒冷地区
	中国玻璃控股股份有限公司	5Low-E+16Ar+5Low-E+16Ar+5C（单银2#/单银4#、高透基片）	0.69	0.615	0.26	0.46	1.34	严寒/寒冷地区
	天津耀皮工程玻璃有限公司	5YME-0185（2#）+12Ar+5YME-0185（4#）+16Ar+5YEA-0182（6#）	0.72	0.61	0.20	0.43	1.42	寒冷地区
	信义玻璃（天津）有限公司	5XETN0188#2+15AR+5XETN0188#4+15AR+5XETN0188#5	0.74	0.69	0.21	0.46	1.44	寒冷地区
	北京金晶智慧有限公司	5Optilite S1.16+12Ar+5C+12Ar+5Optilite S1.16	0.79	0.73	0.29	0.50	1.46	寒冷地区
		5Optilite S1.16+18Ar+5C+18Ar+5Optilite S1.16	0.60	0.73	0.29	0.50	1.45	严寒地区
		5Optisolar D80+12Ar+5C+12Ar+5Optilite S1.16	0.77	0.64	0.15	0.35	1.81	寒冷/夏热冬冷/温和地区
		5Optisolar D80+18Ar+5C+18Ar+5Optilite S1.16	0.59	0.64	0.15	0.35	1.82	寒冷/夏热冬冷/温和地区
		5Optiselec T70XL+12Ar+5C+12Ar+5Optilite S1.16	0.75	0.63	0.09	0.28	2.26	夏热冬暖地区
		5Optiselec T70XL+18Ar+5C+18Ar+5Optilite S1.16	0.57	0.63	0.09	0.28	2.27	夏热冬暖地区
		5Optiselec T70XL+16Ar+5C+16Ar+5Optilite S1.16	0.67	0.62	0.02	0.30	2.07	夏热冬暖地区
	台玻天津玻璃有限公司	5mmLow-E（2#）+16Ar+5mmClear+16Ar+5mmLow-E（5#）	0.74	0.60	0.25	0.46	1.30	寒冷地区

续表

产品名称	生产厂商	产品型号	传热系数 K, W/(m²·K)	可见光透射比 τv	太阳红外热能总透射比 gIR	太阳能得热系数 SHGC	光热比 LSG	适用范围
透明部分用玻璃	北京冠华东方玻璃科技有限公司	5 low-E钢+16 Ar+5 白钢+16 Ar+5 LOW-E钢	0.71	0.58	0.17	0.43	1.35	夏热冬冷地区
	大连华鹰玻璃股份有限公司	TPS长寿命中空玻璃：4浮法钢化玻璃+15.5TPS.ar+3钢化LOW-E+15.5 TPS.ar+3钢化LOW-E	0.71	0.71	0.24	0.52	1.37	寒冷地区
	保定市大韩玻璃有限公司清苑分公司	6mmLOW-E钢化（super-1）+16Ar（TPS充氩气）+5mm白玻钢化+16Ar（TPS充氩气）+6mmLOW-E钢化（super-1）	0.78	0.64	0.24	0.47	1.36	寒冷地区（B）
	福莱特玻璃集团股份有限公司	5mmLow-e（SET1.16II）钢化玻璃+16mm氩气层+5mm无色钢化玻璃（SET1.16II）钢化玻璃	0.75	0.59	0.24	0.46	1.28	寒冷地区
	台玻成都玻璃有限公司	5mmLow-E（TDE78A03）钢化玻璃+15mm气层+5mm无色钢化玻璃+15mmLow-E（TCE83）钢化玻璃	0.70	0.58	0.15	0.41	1.41	夏热冬冷
	中航三鑫股份有限公司	5mm Low-E钢化（SEE-83T，#2）+16Ar（充氩气）+5mm白玻刚化+16 Ar（充氩气）+5mm Low-E钢化（SEE-83T，#5）	0.76	0.62	0.25	0.48	1.29	寒冷地区（B）
	浙江中力节能玻璃制造有限公司	5mm Low-E（PPG85（T））钢化玻璃+5mmLow-E（PPG85（T））钢化玻璃+16mm氩气层+5mmLow-E无色钢化玻璃	0.67	0.57	0.06	0.36	1.58	夏热冬冷温和地区
	北京物华天宝安全玻璃有限公司	5镀膜钢化+16Ar+5镀膜钢化+16Ar+5普通钢化	夏季0.69 冬季0.76	0.729	0.481	0.56	1.30	严寒/寒冷地区
	北京海阳顺达玻璃有限公司	5mmLow-E钢化玻璃+15mm氩气层+5mm无色钢化玻璃	0.79	0.57	0.23	0.44	1.30	寒冷/夏热冬冷地区
	洛阳兰迪玻璃机器股份有限公司	5mm无色钢化玻璃+12mm空气层+5low-E钢化玻璃+V+5mm无色钢化玻璃	0.426	0.56	0.14	0.36	1.56	温和/夏热冬冷地区

321

4 遮阳产品

产品名称	生产厂商	产品型号	通光量	叶片角度调节量	户外百叶帘遮阳系数		能量穿透总量系数（含玻璃与遮阳系统）		抗风等级（根据百叶帘面积大小）	适用范围
					叶片关闭	叶片水平	叶片关闭	叶片水平		
遮阳产品	瑞士森科遮阳	Z型铝合金百叶帘	3%~100%	0~90°	0.10	0.20	0.06	0.12~0.15	蒲福风级9至11级（24.4~32.6m/s）	
		全金属百叶帘（垂直）	3%~100%	0~90°	0.10	0.20	0.06	0.12~0.15	蒲福风级10-12级（28.4~36.9m/s）	
		全金属百叶帘（水平）	3%~100%	0~90°	0.10	0.20	0.06	0.12~0.15	蒲福风级10-12级（28.4~36.9m/s）	
		卷包式百叶帘	3%~100%	0~90°	0.10	0.20	0.06	0.12~0.15	蒲福风级10-12级（28.4~36.9m/s）	各气候区多层及以下建筑
		折叠滑动式百叶窗	0%~100%	0~90°	0.10	0.20	0.07	0.13~0.16	蒲福风级10-12级（28.4~36.9m/s）	
		推拉滑动式百叶窗	0%~100%	0~90°	0.10	0.20	0.07	0.13~0.16	蒲福风级10-12级（28.4~36.9m/s）	
		无导轨滑动式百叶窗	0%~100%	0~90°	0.10	0.20	0.07	0.13~0.16	蒲福风级10-12级（28.4~36.9m/s）	

产品名称	生产厂商	产品型号	叶片角度调节量	户外百叶帘遮阳系数		抗风性能	机械耐久性	适用范围
				叶片关闭	叶片水平			
遮阳产品	北京科尔建阳建筑节能技术有限公司	外遮阳CR80百叶帘	0~90°	0.21	0.43	4级（额定荷载400N/m²）	2级（伸展收回8200次，开启关闭次）	各气候区
		外遮阳ZR90百叶帘	0~90°	0.19	0.39	4级（额定荷载400N/m²）	2级（伸展收回8200次，开启关闭次）	各气候区

续表

产品名称	生产厂商	产品型号	叶片角度调节量	户外百叶帘遮阳系数（叶片关闭）	抗风性能	机械耐久性	适用范围
遮阳产品	南京金星宇节能技术有限公司	外遮阳百叶帘	0°~90°	0.16	0.6kPa	伸展收回10000次，开启关闭20000次，未发生损坏和功能障碍	各气候区

产品名称	生产厂商	产品型号	叶片角度调节量	户外百叶帘遮阳系数		抗风性能	机械耐久性	适用范围
				叶片关闭	叶片45°角			
遮阳产品	河北洛卡恩节能科技有限公司	外遮阳百叶帘	0°~90°	0.25	0.54	4级	2级（伸展收回14000次，试验速度变化率为8%，注油部位无渗漏）	各气候区
	望瑞门遮阳系统设备（上海）有限公司	C型铝合金遮阳百叶帘	±80°	叶片关闭 0.1	叶片水平 0.2	6级	产品经过伸展、收回7000次和开启、闭合循环1400次后，产品整个系统无任何的破坏，机械部位无明显的噪声。叶片倾斜开启和关闭时保持的角度位能保持开启和关闭的角度位置。提升绳（带）的断裂强力平均值为试验前断裂强力的85%，转向绳的断裂强力平均值为试验前断裂强力平均值的82%	户外
		Z型铝合金遮阳百叶帘						

第二类 材料组

5 屋面和外墙用防水隔汽膜和防水透气膜（防水卷材）

屋面和外墙用防水隔汽膜和防水透气膜（防水卷材）

产品名称	生产厂商	产品型号	性能指标						适用范围
			拉伸力，N/50mm	断裂伸长率，%	撕裂强度（钉杆法），N	不透水性	透水蒸气性，g/(m²·24h)	低温弯折性	耐热度	
屋面和外墙用防水隔汽膜	德国博仕格有限公司	Winflex Wall&Roof防水隔汽膜	纵向：129 横向：203	纵向：80 横向：67	纵向：70 横向：68	1000mm，2h不透水	27	-45℃ 无裂纹	100℃，2h无卷曲，无明显收缩	各气候区

屋面和外墙用防水隔汽膜和防水透气膜（防水卷材）

产品名称	生产厂商	产品型号	性能指标					适用范围
			拉伸力，N/50mm	断裂伸长率，%	撕裂强度（钉杆法），N	不透水性	透水蒸气性，g/(m²·24h)	
屋面和外墙用防水透气膜	德国博仕格有限公司	Winflex Wall&Roof防水透气膜	纵向：165 横向：230	纵向：63 横向：62	纵向：150 横向：156	1000mm，2h不透水	377	各气候区

续表

产品名称	生产厂商	产品型号	性能指标			适用范围
			低温柔度，℃	高温流淌性，℃	最大抗拉力，N/5cm	最大拉力下的延伸率，%	
玻纤聚酯胎基改性沥青隔火自粘防水卷材	德国威达公司	Vedatop® SU（RC）100	−20	70	纵横≥800/800	纵横≥2/2	各气候区

弹性改性沥青自粘胎基，具有隔火性能。采用抗撕拉胎基，下表面为改性沥青自粘胶，上表面为PE保护膜及搭接边自粘保护膜

产品名称	生产厂商	产品型号	性能指标			适用范围
			低温柔度，℃	耐水汽渗透等效空气层厚度S_d，m	最大抗拉力，N/50mm	最大拉力下的延伸率，%	
自粘性耐酸碱特殊铝箔面玻纤胎隔汽卷材	德国威达公司	Vedatect SK-D（RC）100	−15	1500	纵横≥400/400	纵横≥2/2	各气候区

冷自粘弹性体改性沥青隔汽卷材。上表面是一层耐酸碱、耐腐蚀的铝箔膜。拥有极佳的隔汽渗透等效空气层厚度S_d（值在1500m以上；幅宽1m，用在带涂层的压型钢板基层上时无需涂刷冷底子油；+5℃及以上可冷自粘安装；施工方便快捷，与基层粘结良好

产品名称	生产厂商	产品型号	性能指标			适用范围
			低温柔度，℃	高温流淌性，℃	最大抗拉力，N/50mm	最大拉力下的延伸率，%	
弹性体改性沥青防水材料	德国威达公司	Vedasprint（RC）green 100	−20	90	纵横≥600/500	纵横≥30/30	各气候区

卷材是通过使用高强度的聚酯胎基浸透SBS改性沥青涂层，然后在上表面附着板岩岩粒，下表面附以防粘保护膜等一系列工序加工而成。具有极强的可操作性，在极高的施工温度下仍能保持抗变性能力、高抗裂能力、高抗穿刺能力

续表

产品名称	生产厂商	产品型号	性能指标				适用范围
			低温柔度，℃	高温流淌性，℃	最大抗拉力，N/50mm	最大拉力下的延伸率，%	
铜离子复合胎基改性沥青耐根穿刺防水卷材	德国威达公司	Vedaflor WS-I (RC) bluegreen 100	−25	105	纵/横 ≥800/800	纵/横 ≥40/40	各气候区

具有根阻性能的改性沥青防水卷材。采用SBS改性沥青涂层以及铜-聚酯复合胎基制作而成，赋予产品独具的植物根阻拦功能，上表层为蓝绿色板岩颗粒。根阻性能通过FLL的试验验证；高耐折力；持久的低温柔度

产品名称	生产厂商	产品型号	性能指标						适用范围
			拉伸力，N/50mm	断裂伸长率，%	撕裂强度（钉杆法），N	接缝剪切强度，N/50mm	Sd值，m	不透水性	低温柔性	

产品名称	生产厂商	产品型号	拉伸力，N/50mm	断裂伸长率，%	撕裂强度（钉杆法），N	接缝剪切强度，N/50mm	Sd值，m	不透水性	低温柔性	适用范围
屋面和外墙用隔汽防水卷材	北京东方雨虹防水技术股份有限公司	自粘沥青隔汽卷材GAL 1.2 20	纵向：≥400 横向：≥400	纵向：≥2 横向：≥2	纵向：≥80 横向：≥100	≥300	≥1500	0.2MPa，30min不透水	−20℃无裂纹	各气候区
自粘沥青防水卷材PY AL 2.5 15			纵向：≥800 横向：≥800	纵向：≥35 横向：≥35	纵向：≥200 横向：≥150	≥300	≥1500	0.2MPa，30min不透水	−20℃无裂纹	各气候区

产品名称	生产厂商	产品型号	性能指标				适用范围
			拉伸力，N/50mm	断裂伸长率，%	不透水性	低温柔性	耐热性	

产品名称	生产厂商	产品型号	拉伸力，N/50mm	断裂伸长率，%	不透水性	低温柔性	耐热性	适用范围
屋面和外墙用防水卷材	北京东方雨虹防水技术股份有限公司	含玻纤胎自粘沥青防水卷材 PY G PE	纵向：≥1000 横向：≥1000	纵向：≥2 横向：≥2	0.3MPa，30min不透水	−20℃无裂纹	100℃，无流淌，滴落	各气候区

续表

产品名称	生产厂商	产品型号	拉伸力, N/50mm	断裂伸长率, %	性能指标 不透水性	低温柔性	耐热性	适用范围
屋面和外墙面用防水卷材	北京东方雨虹防水技术股份有限公司	SBS沥青防水卷材 PYG M PE 4 10	纵向：≥700 横向：≥500	纵向：≥35 横向：≥35	0.3MPa，30min不透水	-20℃无裂纹	100℃，无流淌，滴落	各气候区
	北京东方雨虹防水技术股份有限公司	铜离子复合胎基耐根穿刺防水卷材 PY-Cu SBS PE PE 57.5	纵向：≥700 横向：≥500	纵向：≥35 横向：≥35	0.3MPa，30min不透水	-20℃无裂纹	100℃，无流淌，滴落	各气候区

产品名称	生产厂商	产品型号	最大拉力, N/50mm 纵向 / 横向	断裂伸长率, % 纵向 / 横向	不透水性	钉杆撕裂强度, N	水蒸气透过量, g/m²·24h	厚度, mm	热空气老化（80℃, 168h） 最大拉力保持率 / 不透水保持率	适用范围
防水透气膜	北京东方雨虹防水技术股份有限公司	屋面/墙面用防水透气膜	≥300 / ≥300	≥15 / ≥15	1000mm水柱不透水	≥40	≥1000	0.17	≥80% / ≥80%	各气候区
防水隔汽膜	北京东方雨虹防水技术股份有限公司	屋面/墙面用防水隔汽膜	≥150 / ≥120	≥50 / ≥50	2500mm水柱不透水	≥200	≤1.5	0.25	≥80% / ≥60%	各气候区

产品名称	生产厂商	产品型号	拉伸力, N/50mm	断裂伸长率, %	撕裂强度（钉杆法），N	接缝剪切强度, N/50mm	Sd值, m	不透水性	低温柔性	耐热性	适用范围
隔汽防水卷材	江苏卧牛山保温防水技术有限公司	自粘沥青隔汽卷材 GAL 1.5	纵向：≥400 横向：≥400	纵向：≥2 横向：≥2	纵向：≥80 横向：≥100	≥300	≥1500	0.2MPa，30min不透水	-20℃无裂纹	90℃，无流淌，滴落	各气候区

6 外墙外保温系统及其材料

表6 外墙外保温系统及其材料

产品名称	生产厂商	产品型号	抗冲击性	吸水量，g/m²	耐候性	抗风荷载性能	耐冻融性能	不透水性	水蒸气透过湿流密度，g/(m²·h)	适用范围
外墙外保温系统	堡密特建筑材料（苏州）有限公司	模塑聚苯板/石墨聚苯板外墙外保温系统	首层10J级别，二层以上3J级别	≤500	经过80次高温-淋水循环和5次加热-冷冻循环后，试样未见可见裂缝、空鼓、剥落现象，未见粉化，保护层拉伸粘结强度≥0.10MPa	不小于工程项目的风荷载设计值	30次冻融循环后，试样未见可见裂缝、空鼓、剥落现象，未见粉化，保护层和保温层的拉伸粘结强度大于等于100kPa	—	≥0.85	各气候区
		堡密特岩棉板外墙外保温系统	10J	≤1000	未出现饰面层起泡或脱落、保护层空鼓或脱落等现象，未产生渗水裂缝。破坏面在保温层内≥100kPa	不小于工程项目的风荷载设计值	保温层无空鼓、脱落、无渗水裂缝，≥100kPa，拉伸粘结强度破坏面在保温层内	2h不透水	≥1.67	各气候区
		堡密特岩棉带外墙外保温系统	10J	≤1000	未出现饰面层起泡或脱落、保护层空鼓或脱落等现象，未产生渗水裂缝。破坏面在保温层内≥100kPa	不小于工程项目的风荷载设计值	保温层无空鼓、脱落、无渗水裂缝，≥100kPa，拉伸粘结强度破坏面在保温层内	2h不透水	≥1.67	各气候区

续表

产品名称	生产厂商	产品型号	抗冲击性	吸水量，g/m²	耐候性	抗风荷载性能	耐冻融性能	不透水性	水蒸气透过湿流密度，g/(m²·h)	适用范围
聚氨酯外墙外保温系统	上海华峰普恩聚氨酯有限公司	改性PIR聚氨酯外墙外保温系统	建筑物首层墙面和门窗洞口等易碰撞部位：10.0J级合格 建筑物二层以上墙面等不易受碰撞部位：3.0J级合格	水中浸泡1h，只带有抹面层和带有全部保护层的系统，吸水量均不得大于0.5kg/m²	80次热雨循环和5次热冷循环后，外观不得出现饰面层起泡或剥落，保护层和保温层空鼓或产生渗水裂缝，抹面层和保温层的拉伸粘结强度≥0.10MPa，且破坏部位应位于保温层内	不小于风荷载设计值（6.0kPa）	30次冻融循环后，保护层无空鼓、脱落，无渗水裂缝；保护层和保温层的拉伸粘结强度≥0.1MPa，破坏部位应位于保温层，保护层和防火隔离带的拉伸粘结强度≥80kPa	抹面层2h不透水	≥0.85	各气候区
外墙外保温系统	巴斯夫化学建材（中国）有限公司	模塑聚苯板/石墨聚苯板外墙外保温系统	建筑物首层墙面和门窗洞口等易碰撞部位：10J级 建筑物二层以上墙面等不易受碰撞部位：3J级	只带有抹面层和带保护层的部位的系统，水中浸泡1h，吸水量均不得大于或等于1.0kg/m²	不得出现饰面层起泡或剥落，保护层和保温层空鼓或渗水破坏，抹面层生渗水裂缝；抹面层和保温层的拉伸粘结强度≥0.10MPa；抗冲击性能3J级（单层网格布）	不小于风荷载设计值	30次冻融循环无空鼓、脱落，无渗水裂缝；保护层和保温层的拉伸粘结强度≥0.10MPa，破坏部位应位于保温层，保护层和防火隔离带的拉伸粘结强度≥80kPa	2h不透水	≥0.85	各气候区

续表

产品名称	生产厂商	产品型号	抗冲击性	吸水量，g/m²	耐候性	抗风荷载性能	耐冻融性能	不透水性	水蒸气透过湿流密度，g/(m²·h)	适用范围
外墙外保温系统	巴斯夫化学建材（中国）有限公司	巴斯夫岩棉外墙外保温系统	建筑物首层墙面和门窗洞口等易受碰撞部位：10J级 建筑物二层以上墙面等不易受碰撞部位：3J级	只带有抹面层和带有全部保护层的系统，水中浸泡1h，吸水量均不得大于或等于500g/m²	不得出现饰面层起泡或剥落、保护层和保温层空鼓或剥落等破坏，不得产生渗水裂缝；抹面层和保温层的拉伸粘结强度：岩棉板≥7.5kPa，岩棉带≥80kPa；抗冲击性能3J级（单层网格布）	不小于风荷载设计值	30次冻融循环后，保护层无空鼓、脱落，无渗水裂缝；保护层和保温层的拉伸粘结强度：岩棉板≥7.5kPa，岩棉带≥80kPa	2h不透水	≥0.85	各气候区
外墙外保温系统	山东秦恒科技股份有限公司	模塑聚苯板/石墨聚苯板外墙外保温系统	普通型（P型），3.0J，冲击10点，无破坏；加强型（Q型），10.0J，冲击10点，无破坏	只带有抹面层和带有全部保护层的系统，水中浸泡1h，吸水量均不得大于或等于500g/m²	热雨周期80次、热/冷周期5次、表面无裂纹、粉化、剥落现象	不小于风荷载设计值	冻融10个循环，表面无裂缝、空鼓、起泡、剥离现象	2h不透水	≥0.85	各气候区

续表

产品名称	生产厂商	产品型号	抗冲击性	吸水量, g/m²	耐候性	抗风荷载性能	耐冻融性能	不透水性	水蒸气透过湿流密度, g/(m²·h)	适用范围
外墙外保温系统	江苏卧牛山保温防水技术有限公司	模塑聚苯板/石墨聚苯板外墙外保温系统	建筑物首层墙面和门窗洞口等易受碰撞部位：10J级 建筑物二层以上墙面：3J级	浸水24h，吸水量不大于500g/m²	热/雨周期80次，热/冷周期5次，表面无裂纹、粉化、剥落现象，抹面层与保温层拉伸粘结强度≥0.10MPa，且保温层破坏	不小于风荷载设计值，检测时，6.7kPa未破坏	冻融10个循环，表面无裂缝、空鼓、起泡、剥离现象	2h不透水	≥0.85	各气候区
外墙外保温系统	北京金隅砂浆有限公司	岩棉外墙外保温系统	首层10J级别，二层及以上3J级别	只带抹面层：0.7，带有全部保护层：0.2	经耐候性试验后，无饰面层起泡或剥落、空鼓或脱落、保护层等破坏，无裂缝，抹面层与保温层拉伸粘结强度0.11MPa，拉伸粘结强度破坏在保温层内	不小于工程项目的风荷载设计值	经30次冻融循环后，保护层无空鼓、裂缝、脱落，保护层和保温层的拉伸粘结强度0.10MPa，拉伸粘结强度破坏在保温层内	2h不透水	2.34	各气候区
石墨聚苯板外墙外保温系统	北京盛信鑫源新型建材有限公司	石墨聚苯板外墙外保温系统	建筑物首层墙面和门窗洞口等易受碰撞部位：10J级 建筑物二层以上墙面等不易受碰撞部位：3J级	只带抹面层和带有全部保护层的系统，水中浸泡1h，吸水量均小于等于500g/m²	不得出现饰面层起泡或剥落，保护层空鼓或剥落等破坏，不得产生渗水裂缝，抹面层和保温层的拉伸粘结强度≥0.10MPa（石墨聚苯板两层错缝铺装）	8.0kPa	30次冻融循环后，保护层无空鼓发缝、脱落，无渗水裂缝，保护层和保温层的拉伸粘结强度≥0.10MPa	2h不透水	≥0.85g/(m²·h)	各气候区

续表

产品名称	生产厂商	产品型号	抗冲击性	吸水量，g/m²	耐候性	抗风荷载性能	耐冻融性能	不透水性	水蒸气透过湿流密度，g/(m²·h)	适用范围
外墙外保温系统	广骏新材料科技有限公司	石墨聚苯板外墙外保温系统	建筑物首层墙面和门窗洞口等易受碰撞部位：10J级 建筑物二层以上墙面等不易受碰撞部位：3J级	只带有抹面层和带全部保护层的系统，水中浸泡1h，吸水量均不得大于或等于500g/m²	不得出现饰面层起泡或剥落、保护层空鼓或剥落、保温层渗水裂缝等破坏；抹面层和保温层的拉伸粘结强度≥0.10MPa，且保温层破坏	不小于风荷载设计值	30次冻融循环后，保护层无空鼓、脱落，保温层无渗水裂缝；保护层和保温层的拉伸粘结强度≥0.10MPa，破坏部位位于保温层	2h不透水	≥0.85	各气候区
外墙外保温系统	绿建大地建设发展有限公司	石墨模塑聚苯板薄抹灰外墙外保温系统	建筑物首层墙面和门窗洞口等易受碰撞部位：10J级 建筑物二层以上墙面等不易受碰撞部位：3J级	只带有抹面层和带全部保护层的系统，水中浸泡1h，吸水量均不得大于或等于500g/m²	不得出现饰面层起泡或剥落、保护层空鼓或剥落、保温层渗水裂缝等破坏；抹面层和保温层的拉伸粘结强度≥0.10MPa；抗冲击性能3J级（单层网格布）	不小于风荷载设计值	30次冻融循环后，保护层无空鼓、脱落，保温层无渗水裂缝；保护层的拉伸粘结强度≥0.10MPa，破坏部位应位于保温层，保温层和防火隔离带的拉伸粘结强度≥80kPa	试样抹面内侧2h不透水	≥0.85	各气候区

续表

产品名称	生产厂商	产品型号	抗冲击性	吸水量, g/m²	耐候性	抗风荷载性能	耐冻融性能	不透水性	水蒸气透过湿流密度, g/(m²·h)	适用范围
外墙外保温系统	河北三楷深发科技股份有限公司	岩棉保温复合板外墙外保温系统	首层10J级,二层及以上3J级	≤500	未出现饰面层起泡或剥落、保护层空鼓或脱落等破坏,未产生渗水裂缝,拉伸粘接强度≥0.1MPa	不小于工程项目的风荷载设计计值	30次冻融循环后保护层无空鼓脱落、无渗水裂缝;保护层与保温层、保温层拉伸粘接强度≥0.1MPa	2h不透水	≥0.85	各气候区

7 模塑聚苯板、石墨聚苯板

产品名称	生产厂商	产品型号	导热系数, W/(m·K)	表观密度, kg/m³	垂直板面的抗拉强度, MPa	尺寸稳定性, %	水蒸气透过系数, ng/(Pa·m·s)	吸水率, %	弯曲变形, mm	氧指数, %	燃烧性能等级	适用范围
模塑聚苯板	山东秦恒科技股份有限公司	模塑聚苯板	≤0.039	≥18.0	≥0.10	≤0.3	≤4.5	≤3.0	≥20	≥32	不低于B₁级	各气候区
石墨聚苯板	江苏卧牛山保温防水技术有限公司	石墨聚苯板	≤0.032	≥18.0	≥0.10	≤0.3	≤4.5	≤3.0	≥20	≥32	不低于B₁级	各气候区
模塑聚苯板		模塑聚苯板	≤0.039	≥18.0	≥0.10	≤0.3	≤4.5	≤3.0	≥20	≥32	B₁(C)	各气候区
石墨聚苯板		石墨聚苯板	≤0.032	≥18.0	≥0.10	≤0.3	≤4.5	≤3.0	≥20	≥32	B₁(B)	各气候区

续表

产品名称	生产厂商	产品型号	导热系数, W/(m·K)	表观密度, kg/m³	垂直板面的抗拉强度, MPa	尺寸稳定性, %	水蒸气透过系数, ng/(Pa·m·s)	吸水率, %	弯曲变形, mm	氧指数, %	燃烧性能等级	适用范围
模塑聚苯模块	哈尔滨鸿盛建筑材料制造股份有限公司	模塑聚苯模块	≤0.033	≥29.0	≥0.20	≤0.3	≤4.0	≤2.0	≥20	≥32	不低于B₁级	各气候区
			≤0.037	≥19.0	≥0.15	≤0.3	≤4.0	≤2.0	≥25	≥32	不低于B₁级	各气候区
石墨聚苯模块		石墨聚苯模块	≤0.030	≥29.0	≥0.20	≤0.3	≤4.0	≤2.0	≥20	≥32	不低于B₁级	各气候区
			≤0.032	≥19.0	≥0.15	≤0.3	≤4.0	≤2.0	≥25	≥32	不低于B₁级	各气候区
石墨聚苯板	巴斯夫化学建材（中国）有限公司	巴斯夫凡能®NEO阻燃型高性能保温隔热板	≤0.033	≥18.0	≥0.10	≤0.20	≤4.5	≤3.0	≥20	≥32	不低于B₁级，且遇电焊火花喷溅时无烟气，不起火燃烧	各气候区
模塑聚苯板	南通锴鸿建筑科技有限公司	模塑聚苯板	≤0.037	≥20.0	≥0.10	≤0.30	≤4.5	≤3.0	≥20	≥31	不低于B₁级	各气候区
模塑聚苯板	北京敬业达新型建筑材料有限公司	18–22kg/m³	≤0.039	≥18.0	≥0.10	≤0.020	≤4.5	≤3.0	≥20	≥32	不低于B₁级	各气候区
石墨聚苯板		20–22kg/m³	≤0.033	≥20.0	≥0.10	≤0.020	≤4.5	≤3.0	≥20	≥32	不低于B₁级	各气候区
模塑石墨聚苯板	天津格亚德新材料科技有限公司	GPF-20	≤0.032	≥18	≥0.1	≤0.2	≤4.5	≤3.0	≥20	≥32	B₁	各气候区

续表

产品名称	生产厂商	产品型号	导热系数,W/(m·K)	表观密度,kg/m³	垂直板面的抗拉强度,MPa	尺寸稳定性,%	水蒸气透过系数,ng/(Pa·m·s)	吸水率,%	弯曲变形,mm	氧指数,%	燃烧性能等级	适用范围
模塑聚苯板	北京五洲泡沫塑料有限公司	EPS聚苯板	≤0.035	≥20.4	≥0.15	≤0.19	≤3.2	≤2.4	≥20	≥32	B_1	各气候区
		SEPS聚苯板	≤0.033	≥18.2	≥0.14	≤0.15	≤3.1	≤2.3	≥20	≥32	B_1	各气候区
模塑石墨聚苯板	北京盛信鑫源新型建材有限公司	模塑石墨聚苯板	≤0.033	≥18	≥0.10	≤0.20	≤4.5	≤3.0	≥20	≥32	B_1	各气候区
石墨聚苯板	河北洛卡恩节能科技有限公司	石墨聚苯板	≤0.032	≥20.0	≥0.10	≤0.3	≤4.5	≤2.0	≥20	≥32	不低于B_1级	各气候区
石墨聚苯乙烯保温板	广骏新材料科技有限公司	石墨聚苯板	≤0.033	≥18.0	≥0.10	≤0.30	≤4.5	≤3.0	≥20	≥30	不低于B_1级	各气候区
石墨聚苯乙烯保温板	绿建大地建设发展有限公司	石墨聚苯板	≤0.033	18.0~22.0	≥0.10	≤0.30	≤4.5	≤3.0	≥20	≥30	不低于B_1级,且遇电焊火花喷溅时无烟气,不起火燃烧	各气候区

8 聚氨酯板

8 聚氨酯板

产品名称	生产厂商	产品型号	导热系数, W/(m·K)	密度, kg/m³	抗压强度, kPa	尺寸稳定性 (%, 70℃, 24h)	垂直于板面方向的抗拉强度, MPa	吸水率, %	氧指数, %	烟密度等级 (SDR)	适用范围
改性聚氨酯板	上海华峰普恩聚氨酯有限公司	改性PIR聚氨酯保温板	≤0.024	≥35	≥150	≤1.5	≥0.10	≤3	≥30	55	各气候区

9 真空绝热板

9.1 真空绝热板

产品名称	生产厂商	产品型号	导热系数, W/(m·K)	表观密度, kg/m³	穿刺强度, N	垂直板面的抗拉强度, MPa	尺寸稳定性, %	表面吸水量, g/m²	穿刺后垂直于板面方向膨胀率, %	穿刺后导热系数, W/(m·K)	燃烧性能等级	适用范围
真空绝热板	中亨新型材料科技有限公司	厚度: 10~30mm	≤0.006	≤220	≥18	≥80	长度、宽度: ≤0.5 厚度: ≤1.5	≤100	≤10	≤0.02	A_1	各气候区
STP真空绝热板	青岛科瑞新型环保材料集团有限公司	厚度: ≤35mm	≤0.006	—	≥50	≥80	长度、宽度: ≤0.5 厚度: ≤3	≤100	≤10	≤0.02	A_2	各气候区

9.2 真空绝热板芯材

产品名称	生产厂商	产品型号	导热系数，W/(m·K)	燃烧性能等级	加热永久线变化，%	振动质量损失率，%	压缩回弹率，%	抗拉强度，kPa	质量吸湿率，%	憎水率，%	体积吸水率，%	最高使用温度	使用范围
气凝胶复合绝热毡	建邦新材料科技（廊坊）有限公司	Ⅰ型	≤0.023	不低于B1(C)级	≥-2.0	≤1.0	≥90	≥200	≤5.0	≥98.0	≤1.0	200℃	各气候区，工况温度不大于200℃

10 岩棉

10.1 外墙外保温系统用岩棉板

产品名称	生产厂商	产品型号	导热系数（25℃），W/(m·k)	酸度系数	密度，kg/m³	尺寸稳定性，%	抗拉拔强度（垂直于表面），kPa	抗压强度（10%变形），kPa	短期吸水量（部分浸水，24h），kg/m²	憎水率，%	燃烧性能	适用范围
薄抹灰外墙外保温系统用岩棉板	上海新型建材岩棉有限公司	樱花TR10	≤0.040	≥1.8	≥140	≤0.2	≥10	≥40	≤0.2	≥99	A级	各气候区
	上海新型建材岩棉有限公司	樱花TR15	≤0.040	≥1.8	≥140	≤0.2	≥15	≥60	≤0.2	≥99	A级	各气候区
	北京金隅节能保温科技有限公司	金隅星FR10	≤0.038	≥2.0	140	≤0.1	≥10	≥60	≤0.1	≥99	A级	各气候区
	南京彤天岩棉有限公司	彤天TTW10	≤0.038	≥1.8	≥140	≤0.2	≥10	≥40	≤0.2	≥99	A级	各气候区
	南京彤天岩棉有限公司	彤天TTW15	≤0.039	≥1.8	≥140	≤0.2	≥15	≥60	≤0.1	≥99	A级	各气候区
	河北三楷深发科技股份有限公司	JD-Y01	≤0.040	≥1.8	≥140	≤0.1	≥15	≥40	≤0.1	≥99	A1级	各气候区

10.2 岩棉防火隔离带岩棉带

产品名称	生产厂商	产品型号	导热系数(25℃),W/(m·K)	酸度系数	密度,kg/m³	尺寸稳定性,%	抗拉拔强度(垂直于表面),kPa	抗压强度(10%变形),kPa	燃烧性能	熔点,℃(岩棉防火隔离带≥1000)	匀温灼烧性能(750℃, 0.5h) 线收缩率,%	匀温灼烧性能(750℃, 0.5h) 质量损率,%	适用范围
薄抹灰外墙外保温系统用岩棉防火隔离带	上海新型建材岩棉有限公司	樱花 TR80	≤0.045	≥1.8	≥100	≤0.2	≥100	≥40	A级	≥1000	≤8	≤6	各气候区
	北京金隅节能保温科技有限公司	金隅星 BR100	≤0.046	≥2.0	100	≤0.1	≥80	≥80	A级	1100	≤7	≤4	各气候区
	南京彤天岩棉有限公司	彤天 TTWF100	≤0.044	≥1.8	100	≤0.2	≥300	≥80	A级	≥1000	≤7	≤4	各气候区
	河北三楷深发科技股份有限公司	JD-Y02	≤0.045	≥1.8	≥100	≤0.2	≥150	≥100	A1级	≥1000	—	—	各气候区

产品名称	生产厂商	产品型号	单位面积质量,kg/m²	拉伸粘结强度,MPa	抗冲击性	湿度变形,%	吸水量,g/m²	不透水性	热阻(m²·K)/W	水蒸气透过性能,g/(m²·h)	燃烧性能	适用范围
岩棉复合板	河北三楷深发科技股份有限公司	SK-Y04 岩棉复合板(芯材为岩棉条)	20~30	原强度≥0.15,保温材料破坏;耐水强度≥0.15;耐冻融强度≥0.15	用于建筑物首层10J冲击合格,其他层3J冲击合格	≤0.07	≤500	防护层内侧未渗透	符合设计要求	防护层水蒸气透过量≥1.67	A级	各气候区

10.3 不采暖地下室顶板保温用岩棉板

产品名称	生产厂商	产品型号	导热系数（25℃），W/(m·k)	酸度系数	密度，kg/m³	尺寸稳定性，%	短期吸水量（部分浸水，24h），kg/m²	憎水率，%	燃烧性能	降噪系数 NRC	适用范围
建筑用岩棉保温板	上海新型建材岩棉有限公司	樱花MB	≤0.038	≥1.8	≥50	≤0.5	≤0.2	≥99	A级	≥0.8	各气候区
建筑用岩棉保温板	南京彤天岩棉有限公司	彤天T™	≤0.038	≥1.8	≥60	≤0.5	≤0.5	≥99	A级	≥0.7	各气候区

11 保温用矿物棉喷涂层

11 保温用矿物棉喷涂层

产品名称	生产厂商	产品规格	密度，kg/m³	渣球含量（>0.25mm），%	纤维平均直径，μm	导热系数（25℃），W/(m·k)	粘结强度，kPa	密度允许偏差，%	憎水率，%	酸度系数	降噪系数（NRC）	质量吸湿率，%	短期吸水量，kg/m³	燃烧性能	适用范围
保温用矿物棉喷涂	北京海纳联创无机纤维喷涂技术有限公司	无机纤维喷涂保温层（SPR3）	80~150	≤6	≤6	≤0.042	大于5倍自重	±10	—	1.2~1.8	≥0.8	≤5.0	≤0.2	A级	各气候区
		憎水型无机纤维喷涂保温层（SPR5）	80~150	≤6	≤6	≤0.042	大于5倍自重	±10	≥98	1.2~1.8	≥0.8	≤5.0	≤0.2	A级	各气候区

我国各气候区被动式低能耗建筑特定部位（不透明幕墙保温、地下室顶板、电梯井、设备夹层等有防火、保温、吸声要求的部位）。无机纤维作为一种保温材料，可广泛用于建筑内外墙保温系统中。保温层"皮肤式"覆盖于基层墙体，具有无空腔、无接缝、无冷桥

12 抹面胶浆和粘结胶浆

产品名称	生产厂商	产品型号	拉伸粘结强度（与岩棉条），kPa			柔韧性			抗冲击性，J	吸水量，g/m²	可操作时间，h	适用范围
			原强度	耐水强度 浸水48h, 干燥2h	耐水强度 浸水48h, 干燥7d	耐冻融强度	抗压强度/抗折强度（水泥基）	开裂应变（非水泥基），%				
抹面胶浆	北京金隅砂浆有限公司	533-RW（被动房）	83.7	65.3	82.2	80.5	2.4	—	3J级	439	放置1.5h, 拉伸粘结强度（与岩棉条）为81kPa	各气候区

产品名称	生产厂商	产品型号	拉伸粘结强度（与岩棉条），kPa		耐水强度		柔韧性	抗冲击性，J	吸水量，g/m²	可操作时间，h	适用范围
			原强度	浸水48h, 干燥2h	浸水48h, 干燥7d	原强度	浸水48h, 干燥2h				
粘结胶浆	北京金隅砂浆有限公司	523-RW（被动房）	646.2	400.3	618.9	90.7	67.9	87.4		放置1.5h, 拉伸粘结强度（与水泥砂浆）为634.5kPa	各气候区

产品名称	生产厂商	产品型号	拉伸粘结强度（与聚苯板），MPa			柔韧性			抗冲击性，J	吸水量，g/m²	可操作时间，h	适用范围
			原强度	浸水48h, 干燥2h	浸水48h, 干燥7d	耐冻融强度	抗压强度/抗折强度（水泥基）	开裂应变（非水泥基），%				
抹面胶浆	北京敬业达新型建筑材料有限公司	EX36	0.15, 破坏在聚苯板中	0.10	0.14	0.13	2.7	—	3J级	423	放置1.5h后与模塑板拉伸粘结强度0.13MPa	各气候区

续表

胶粘剂

产品名称	生产厂商	产品型号	拉伸粘结强度（与水泥砂浆），MPa			拉伸粘结强度（与聚苯板），MPa			可操作时间，h	适用范围
			原强度	耐水强度（浸水48h,干燥2h）	耐水强度（浸水48h,干燥7d）	原强度	耐水强度（浸水48h,干燥2h）	耐水强度（浸水48h,干燥7d）		
胶粘剂	北京敬业达新型建筑材料有限公司	EX36	0.73	0.55	0.72	0.14,破坏发生在聚苯板中	0.10	0.13	放置1.5h后与水泥砂浆伸粘结强度0.73MPa	各气候区

聚合物抹面干粉

产品名称	生产厂商	产品型号	拉伸粘结强度（与岩棉板），kPa				拉伸粘结强度（与岩棉条），kPa				柔韧性		抗冲击性，J	吸水量，g/m²	可操作时间，h	适用范围
			原强度	浸水48h,干燥2h	浸水48h,干燥7d	冻融后	原强度	浸水48h,干燥2h	浸水48h,干燥7d	冻融后	压折比（水泥基）	开裂应变（非水泥基），%				
聚合物抹面干粉	河北三楷深发科技股份有限公司	SK-B02	16	15	15	15	315	261	280	235	2.7	—	3J级	455	1.5h，与岩棉板拉伸粘结强度15kPa；与岩棉条拉伸粘结强度305kPa	各气候区

聚合物粘结干粉

产品名称	生产厂商	产品型号	拉伸粘结强度（与水泥砂浆），kPa			拉伸粘结强度（与岩棉板），kPa			拉伸粘结强度（与岩棉条），kPa			可操作时间，h	适用范围
			原强度	耐水强度（浸水48h,干燥2h）	耐水强度（浸水48h,干燥7d）	原强度	耐水强度（浸水48h,干燥2h）	耐水强度（浸水48h,干燥7d）	原强度	耐水强度（浸水48h,干燥2h）	耐水强度（浸水48h,干燥7d）		
聚合物粘结干粉	河北三楷深发科技股份有限公司	SK-B01	655	331	632	16	15	15	312	255	288	放置1.5h，与水泥砂浆拉伸粘结强度627kPa；与岩棉板15kPa；与岩棉条277kPa	各气候区

续表

产品名称	生产厂商	产品型号	拉伸粘结强度（与聚苯板），MPa			柔韧性			抗冲击性，J	吸水量，g/m²	可操作时间，h	适用范围
			原强度	耐水强度 浸水48h，干燥2h	耐水强度 浸水48h，干燥7d	耐冻融强度	压折比（水泥基）	开裂应变（非水泥基），%				
抹面胶浆	江苏卧牛山保温防水技术有限公司	WRM	≥0.16，破坏发生在聚苯板中	≥0.12	≥0.16	≥0.18	≤2.6	—	3	≤400	1.5~4	各气候区

产品名称	生产厂商	产品型号	拉伸粘结强度（与水泥砂浆），MPa			拉伸粘结强度（与聚苯板），MPa			可操作时间，h	适用范围
			原强度	耐水强度 浸水48h，干燥2h	浸水48h，干燥7d	原强度	耐水强度 浸水48h，干燥2h	浸水48h，干燥7d		
胶粘剂	江苏卧牛山保温防水技术有限公司	WAE-204	≥0.8	≥0.6	≥1.0	≥0.14，破坏发生在聚苯板中	≥0.11	≥0.15	1.5~4	各气候区

产品名称	生产厂商	产品型号	拉伸粘结强度（与模塑板），MPa			柔韧性			抗冲击性，J	吸水量，g/m²	可操作时间，h	其他检测性能	适用范围
			原强度	耐水强度 浸水48h，干燥2h	浸水48h，干燥7d	耐冻融强度	抗压强度抗折强度（水泥基）	开裂应变（非水泥基），%					
抹面胶浆	北京建工新型建材有限责任公司涿州分公司	HJ-610	0.13，破坏发生在模塑板中	0.09	0.12	0.11	2.2	—	3J级	423	放置1.5h，拉伸粘接强度（与模塑板）为0.13	不透水性 试样抹面层内侧无水渗透	各气候区

续表

产品名称	生产厂商	产品型号	拉伸粘结强度（与水泥砂浆），MPa		拉伸粘结强度（与模塑板），MPa		可操作时间，h	适用范围
			原强度	耐水强度	原强度	耐水强度		
粘结胶浆	北京建工新型建材有限责任公司涿州分公司	HJ-620	0.71	浸水48h, 干燥2h: 0.41	0.13, 破坏发生在模塑板中	浸水48h, 干燥7d: 0.12；浸水48h, 干燥2h: 0.09	放置1.5h, 拉伸粘接强度（与水泥砂浆）为0.68	各气候区

产品名称	生产厂商	产品型号	拉伸粘结强度（与模塑板），MPa		柔韧性			抗冲击性, J	吸水量, g/m²	可操作时间, h	不透水性	适用范围
			原强度	耐冻融强度	抗压强度/抗折强度（水泥基）	开裂应变（非水泥基），%						
抹面胶浆	广骏新材料科技有限公司	MM-18	0.12, 破坏发生在模塑板中	浸水48h, 干燥2h: 0.08；浸水48h, 干燥7d: 0.11	2.6	—		3J	346	放置1.5h, 拉伸粘结强度（与模塑板）为0.11MPa	试样抹面层内侧无水渗透	各气候区

产品名称	生产厂商	产品型号	拉伸粘结强度（与水泥砂浆），MPa		拉伸粘结强度（与模塑板），MPa		可操作时间, h	适用范围
			原强度	耐水强度	原强度	耐水强度		
粘结胶浆	广骏新材料科技有限公司	ZJ-12	0.71	浸水48h, 干燥2h: 0.36；浸水48h, 干燥7d: 0.62	0.13, 破坏发生在模塑板中	浸水48h, 干燥2h: 0.08；浸水48h, 干燥7d: 0.12	放置1.5h, 拉伸粘接强度（与水泥砂浆）为0.68	各气候区

13 预压膨胀密封带

13 预压膨胀密封带

产品名称	生产厂商	产品型号	性能指标							适用范围
			荷载	抗暴风雨强度，Pa	热导率，W/(m·K)	密封透气性，m³/[h·m·(daPa)ⁿ]	抗水蒸气扩散系数	耐候性	与其他材料相容性	燃烧性能等级	
预压缩膨胀密封带	德国博仕格有限公司	预压缩膨胀密封带 COMBBAND300	BG2级	300	$\lambda_{10}=0.048$	$a<0.1$	$\mu\leq100$	−30~+90℃，短时间达到 +120℃	满足BG2	B_1级	各气候区
		预压缩膨胀密封带 COMBBAND600	BG1级	600	$\lambda_{10}=0.045$	$a<0.1$	$\mu<100$	−30~+90℃	满足BG1	B_1级	各气候区

14 防潮保温垫板

14 防潮保温垫板

产品名称	生产厂商	产品型号	性能指标							适用范围
			密度，kg/m³	抗弯强度，N/mm²	导热系数，W/(m·K)	镙钉防脱力，N	厚度膨胀（24h浸水）	吸水性（24h浸水）	尺寸变化（24h浸水）	
防潮保温垫板	德国博仕格有限公司	Phonotherm200	500±50	7.8	0.076	650	1.0%	5%	1%	各气候区
			700±50	10.5	0.10	800	1.0%	4%	1%	各气候区

续表

性能指标

产品名称	生产厂商	产品型号	密度, kg/m³	抗弯强度, N/mm²	抗压强度, N/mm²	导热系数, W/(m·K)	弯曲强度 (MPa)	镙钻防脱力, N	吸水性 (24h浸水)	厚度膨胀(24h浸水)	尺寸变化(24h浸水)	适用范围
防潮保温垫板	德国博仕格有限公司	Phonotherm200	500±50	24.2	E值, N/mm² 500			抗水蒸气扩散值 sd, m 0.27	残余水分	长度膨胀系数（-20至+60℃范围内）28.375·10⁻⁶K⁻¹	建筑材料燃烧等级	各气候区
			700±50	26.3	750			0.37	2%～4%	28.375·10⁻⁶K⁻¹	B₂，不会燃至流状滴下	
									2%～4%		B₂，不会燃至流状滴下	

产品名称	生产厂商	产品型号	密度, kg/m³	导热系数 (25℃) W/(m·K)	抗压强度 (MPa)	镙钻防脱力	吸水率 (%, 24h浸水)	燃烧性能	适用范围
普恩生态仿木板	上海华峰普恩聚氨酯有限公司	PH600	650±100	≤0.10	≥8	≥600	≤5	B₂级	各气候区

15 锚栓

产品名称	生产厂商	产品型号	单个锚栓的抗拉承载力标准值, kN				锚栓圆盘的强度标准值, kN	单个锚栓对系统传热的增加值, W/(m²·K)	防热桥构造	适用范围
			普通混凝土基层墙体	实心砌体基层墙体	多孔砖砌体基层墙体	蒸压加气混凝土基层墙体				
锚栓	利坚美（北京）科技发展有限公司	10×215, 10×275, 10×305, 10×365	0.81	0.55	0.45	0.39	0.53	0.001	锚栓有塑料隔热端帽，或有聚氨酯发泡填充范围断热桥	各气候区

续表

| 产品名称 | 生产厂商 | 产品型号 | 单个锚栓的抗拉承载力标准值，kN ||| 锚栓圆盘的强度标准值，kN | 单个锚栓对系统传热的增加值，W/(m²·K) | 防热桥构造 | 适用范围 |
			普通混凝土基层墙体	实心砌体基层墙体	多孔砖砌体基层墙体	蒸压加气混凝土基层墙体				
锚栓	超思特（北京）科技发展有限公司	10×215, 275, 295, 335, 375	0.86	0.67	0.54	0.38	0.54	≤0.002	锚栓有塑料隔热端帽，或有聚氨酯发泡填充阻断热桥	各气候区
锚栓	北京沃德瑞康科技发展有限公司	10×225; 10×245; 10×275; 10×295; 10×325; 10×350;	0.82	0.64	0.53	0.40	0.54	≤0.002	锚栓有塑料隔热端帽，或有聚氨酯发泡填充阻断热桥	各气候区

16 耐碱网格布

16 耐碱网格布

产品名称	生产厂商	产品型号	单位面积质量，g/m²	化学成分，%	耐碱断裂强力（经、纬向），N/50mm	耐碱断裂强力保有率（经、纬向），%	断裂伸长率（经、纬向），%	适用范围
耐碱网格布	利坚美（北京）科技发展有限公司	网孔4×4	171.8	$\omega(Na_2O)+(K_2O)$ $\omega(SiO_2)$ $\omega(Al_2O_3)$	经向1551 纬向2109	经向75.8 纬向82.8	经向4.0 纬向3.9	各气候区

17 门窗连接条

17 门窗连接条

产品名称	生产厂商	产品型号	耐寒性	耐热性	网布与护角拉力，N/50mm	最低粘网宽度，mm	单位面积质量，g/m²	适用范围
门窗连接条	利坚美（北京）科技发展有限公司	2.2×1.6×1.4	-35℃，48h，无气泡、裂纹、麻点等外观缺陷	50℃，48h，无气泡、裂纹、麻点等外观缺陷	224	100	171.8	各气候区

第三类 设备组

18 新风与空调设备

18 新风与空调设备

产品名称	生产厂商	产品型号	标准/最大新风量，m³/h	最大循环风量，m³/h	显热回收效率，%	全热回收效率，%	制冷量，kW	制热量，kW	通风电力需求，Wh/m³	系统COP	余压，Pa	过滤等级	噪声，dB(A)	适用范围
全热回收除霾抗菌新风空调一体机	中山万得福电子热控科技有限公司	XKD-26D-150	60/120	400	80.1	77.3	2.6	3.4	<0.45	2.8	60	G4或以上	36	各气候区
		XKD-35D-200	90/200	500	80.1	77.3	3.5	4.0	<0.45	2.8	100	G4或以上	36	各气候区

续表

产品名称	生产厂商	产品型号	标准最大新风量, m³/h	最大循环风量, m³/h	显热回收效率, %	全热回收效率, %	性能指标 制冷量, kW	制热量, kW	通风电力需求, Wh/m³	系统COP	余压, Pa	过滤等级	噪声dB(A)	适用范围
全热回收除霾抗菌新风空调一体机	中山万得福电子热控科技有限公司	XKD-51D-300	120/300	600	80.1	77.3	5.1	6.2	<0.45	2.8	120	G4或以上	36	各气候区
		XKD-72D-500	150/500	700	80.1	77.3	7.2	8.6	<0.45	2.8	150	G4或以上	36	各气候区

产品名称	生产厂商	产品型号	标准/最大风量, m³/h	显热回收效率, %	全热回收效率, %	性能指标 输入功率, kW	通风电力需求, Wh/m³	余压, Pa	过滤等级	噪声dB(A)	适用范围
集中式全热回收新风机	中山万得福电子热控科技有限公司	ERV-5000	1000/5000	80.1	77.3	3.0	<0.45	350	G4或以上	46	各气候区

产品名称	生产厂商	产品型号	最大风量, m³/h	热回收效率, %	性能指标 功率, W	电流, A	余压, Pa	适用范围
全热交换器	上海兰舍空气技术有限公司	Comfo350 ERV 全热交换主机	350	85	241	1.78	225	各气候区
		Comfo550 ERV 全热交换主机	550	85	365	2.56	240	各气候区

续表

产品名称	生产厂商	产品型号	性能指标						适用范围
			最大风量, m³/h	显热回收效率, %	热回收效率, %	功率, W	电压, V	重量, kg	设备噪声, dB(A)	
全热交换器	上海兰舍空气技术有限公司	ERV250/GL 全热交换主机	273		76	108	220(50Hz)	29.2	33	
		ERV350/GL 全热交换主机	341		73	126	220(50Hz)	29.2	34	各气候区
		ERV550/GL 全热交换主机	551		74	276	220(50Hz)	35	43	

产品名称	生产厂商	产品型号	性能指标						适用范围
			最大风量, m³/h	显热回收效率, %	制冷量, kW	制热量, kW	通风电力需求, Wh/m³	系统COP	设备噪声, dB(A)	
被动式建筑能源环境与系统设备	同方人工环境有限公司	PA30E/C	600	≥75	2.92	3.01	≤0.45	3.34(制热)	≤42	各气候区
		PA40E/CⅢ	650	≥75	4.17	4.02	≤0.45	3.06(制热)	≤42	各气候区
		PA50E/CⅢ	750	≥75	5.01	5.10	≤0.45	2.97(制热)	≤48	各气候区
		PA58EH/C(内置150L热水箱)	1100	≥75	5.30	5.80	≤0.45	3.07(制热)	≤55	各气候区
		PA40E-D/CⅢ(带除湿功能)	650	≥75	4.20	4.07	≤0.45	3.08(制热)	≤42	有除湿需求的地区
		PA50E-D/CⅢ(带除湿功能)	750	≥75	5.05	5.15	≤0.45	2.98(制热)	≤48	有除湿需求的地区

续表

产品名称	生产厂商	产品型号	性能指标							适用范围
			新风/循环风量，m³/h	显热/全热回收效率，%	制冷量，kW	制热量，kW	通风电力需求，W/(m³/h)	系统COP	设备噪声，dB(A)	
被动式建筑能源环境与系统设备	森德中国暖通设备有限公司	CHM-AC60HB	200/600	85/62	3.5	3.80	≤0.45	制冷4.6，制热5.0	≤42	各气候区
		CHM-GC60HN	200/600	85/62	3.8	4.2	≤0.45	制冷5.6，制热5.6	≤42	各气候区
		CHM-NC60HN	200/600	85/62	3.2	3.5	≤0.45		≤42	各气候区
		CHN-AC120HB	400/1200	85/65	5.0	5.1	≤0.45	制冷4.5，制热5.0	≤50	各气候区

产品名称	生产厂商	产品型号	性能指标						适用范围
			最大风量，m³/h	显热回收效率，%	全热回收效率，%	机外静压，Pa	功率，W	电流，A	
全热回收新风机	森德中国暖通设备有限公司	CA200ERV	215	85	60	100	95	0.43	各气候区
		CA350ERV	350	85	60	225	241	1.1	各气候区
		CA550ERV	550	85	60	240	365	1.66	各气候区
吊顶全热回收处理机	森德中国暖通设备有限公司	CA-D9100	1000	85	60	220	650	2.95	各气候区带空气净化功能
		CA-D9150	1500	85	60	220	990	4.5	各气候区带空气净化功能

续表

产品名称	生产厂商	产品型号	最大风量，m³/h	全热回收效率（制热），%	全热回收效率（制冷），%	噪声值，dB（A）	出口全压	过滤级别	PM2.5过滤率	功率，W	适用范围
管道式热回收新风机	北京朗适新风技术有限公司	WRG-L全热交换空气净化新风机	300	≥75	≥69	39	150	F8以上	≥90%	190	各气候区
蓄放热式热回收新风机		LUNO-e²蓄放热式热回收新风机	30	≥90.6		19（计权隔声量42）		F8以上	≥80%	3.0	除严寒地区外

性能指标

产品名称	生产厂商	产品型号	标准/最大风量，m³/h	显热回收效率，%	制冷量，kW	制热量，kW	通风电力需求，Wh/m³	系统COP	过滤等级	适用范围
中央式热回收除霾能源环境机	河北省建筑科学研究院	JYXFGBR-720	615/720	78	4.2	4.5	≤0.45	3.0（制热）	F9	寒冷及部分严寒地区
		JYXFGBR-930	790/930	78	6.5	7.4	≤0.45	3.0（制热）	F9	寒冷及部分严寒地区

性能指标

产品名称	生产厂商	产品型号	标准/最大风量，m³/h	显热回收效率，%	最大静压，Pa	功率，W	过滤效率，%	有效换气率，%	重量，kg	适用范围
中央式热回收新风换气机	博乐环境系统（苏州）有限公司	Komfort EC SB 350	350/415	80	150/50	173	90	98	56	各气候区

续表

产品名称	生产厂商	产品型号	性能指标				
			风量，m³/h	显热交换效率，%	潜热交换效率，%	全热交换效率，%	压力损失，Pa
全热交换芯块	中山市创思泰新材料科技股份有限公司	TA-334/334-393-2.3	230	80.1	70.9	77.3	54
		TA-199/438/198-440-2.3	260	80.4	65.3	75.2	82
			180	86.4	76.6	83.5	61

产品名称	生产厂商	产品型号	性能指标					适用范围
			最大新风量，m³/h	最大送风量，m³/h	显热交换效率，%	湿交换效率，%	焓交换效率，%	功率，W
多传感变风量全热新风机	杭州龙碧科技有限公司	LB250-1S	200	200	制冷工况：80%±3% 制热工况：91%±3%	制冷工况：71%±3% 制热工况：63%±3%	制冷工况：73%±3% 制热工况：82%±3%	≤75 ≤41.6	各气候区

产品名称	生产厂商	产品型号	性能指标								适用范围
			标准最大新风量，m³/h	最大循环风量，m³/h	显热回收效率，%	制冷量，kW	制热量，kW	通风电力需求，Wh/m³	系统COP	余压，Pa	过滤等级	噪声dB(A)
被动式建筑能源环境与设备	中洁环境科技（西安）有限公司	SC-QT1S32-F15DL（G）A	90~200	750	夏季≥76 冬季≥80	3.25	3.5	≤0.45	制冷3 制热3.2	150	G4+H12	≤42	各气候区
		SC-QT1S14-F27DC（G）A	150~300	300	夏季≥75 冬季≥85	1.44	1.04	≤0.45	制冷3 制热3.2	125	G4+H12	≤42	各气候区

续表

产品名称	生产厂商	产品型号	最大新风量（m³/h）	最大送风量（m³/h）	显热交换效率（%）	制冷量（kW）	制热量（kW）	通风电力需求（Wh/m³）	余压（Pa）	过滤等级	噪声	适用范围
高效热回收新风换气机组	山东美诺邦马节能科技有限公司	HDXF-D2T	200	200	90.9	/	/	<0.45	85	G4或以上	≤39	各气候区

性能指标

产品名称	生产厂商	产品型号	风量（m³/h）	制冷全热回收效率（%）	制热全热回收效率（%）	出口余压，Pa	通风电力需求（Wh/m³）	过滤级别	设备噪声（dB）	适用范围
被动式住宅全热交换器	台州市普瑞泰环境设备科技股份有限公司	ERV250-DCS/1	250	≥70	≥75	≥101	≤0.45	F7+粗效	≤40	各气候区
		ERV350-DCS/1	350	72.1	75.8	116	0.38	H11+粗效	38.3	各气候区

性能指标

产品名称	生产厂商	产品型号	风量（CMH）	显热回收效率，%	制冷量，W	制热量，W	通风电力需求，Wh/m³	出口余压	系统COP	过滤级别	设备噪声（dB）	适用范围
被动式住宅空气调节器	浙江普瑞泰环境设备股份有限公司	DBDF-35B-15D	500	80	3500	3900	≤0.45	100	2.7	高效H11	36	-18℃~43℃
		DBDF-50B-20D	800	80	5000	5400	≤0.45	100	2.7	高效H11	34	-18℃~43℃

续表

产品名称	生产厂商	产品型号	性能指标						
			风量（m³/h）	制冷工况全热回收效率（%）	制热工况全热回收效率（%）	出口余压，Pa	通风电力需求（Wh/m³）	过滤级别	设备噪声（dB）	适用范围
节能变频高效净化全热交换器	厦门冰耐克环境智能科技有限公司	DAR-356（石墨烯全热交换芯体）	250	83.2	71.7	80	≤0.45	G4或以上	31.8	各气候区

产品名称	生产厂商	产品型号	性能指标							
			风量（m³/h）	显热回收效率（%）	制冷量（W）	制热量（W）	有效换气率，%	通风电力需求（Wh/m³）	过滤级别	设备噪声（dB）	适用范围
被动式建筑新风能源环境一体机（五恒机）	厦门冰耐克环境智能科技有限公司	DAQ-800（石墨烯全热交换芯体）	200	≥75	3994	5080	92.8	≤0.45	G4或以上	33.5	各气候区

产品名称	生产厂商	产品型号	性能指标							
			风量（m³/h）	制热工况显热回收效率（%）	制冷量（W）	制热量（W）	出口余压，Pa	有效换气率，%	通风电力需求（Wh/m³）	过滤级别	设备噪声（dB）	适用范围
环境一体机	河北洛卡恩节能科技有限公司	LCN-36BP-150(SC)	150	90.4	3600	4100	112/108	99.4	≤0.45	G4/H11	35.8	各气候区
		LCN-72BP-300(SC)	280	82.3	7200	8300	90/86	99.2	≤0.45	G4/H11	40.5	各气候区
		LCN-52BP-200(SC)	200	81.5	5200	6200	114/117	99.2	≤0.45	G4/H11	40.9	各气候区

续表

产品名称	生产厂商	产品型号	风量(CMH)	性能指标									适用范围
				显热回收效率,%	焓交换效率,%	制冷量,W	制热量,W	制冷制热cop值	出口余压(新风/排风),Pa	有效换气率,%	通风电力需求,Wh/m³	过滤级别	设备噪声(dB)	
通风机(环控机)	浙江曼瑞德环境技术股份有限公司	HK100-3.5D	150	制热工况:82.5 制冷工况:69.2	制热工况:78.8 制冷工况:70.3	4293	4546	3.69/3.84	104/56	96.6	≤0.27	F9与G4	37.2	各气候区

产品名称	生产厂商	产品型号	风量(CMH)	性能指标								适用范围
				显热回收效率,%	功率,W	制冷量,W	制热量,W	系统COP	出口余压	通风电力需求,Wh/m³	过滤级别	设备噪声(dB)	
新风全热交换机	苏州格兰斯柯光电科技有限公司	JW-250-DB-XC	250	75	100			/	120	≤0.45	G4以上	38	各气候区
		JW-350-DB-XC	350	75	180			/	120	≤0.45	G4以上	40	各气候区
能源一体机		JW-NY25-Z	450	75		2500	2800	制冷2.7 制热3.0	80	≤0.45	G4以上	36	各气候区
		JW-NY35-Z	600	75		3500	3700	制冷2.7 制热3.0	80	≤0.45	G4以上	38	各气候区
		JW-NY50-Z	800	75		5000	5400	制冷2.7 制热3.0	80	≤0.45	G4以上	40	各气候区
		JW-NY72-Z	1000	75		7200	7800	制冷2.7 制热3.0	80	≤0.45	G4以上	42	各气候区

续表

产品名称	生产厂商	产品型号	性能指标							适用范围
			风量(CMH)	显热回收率，%	焓交换率，%	出口余压（新风/排风）	有效换气率，%	通风电力需求，Wh/m³	过滤级别	设备噪声（dB）	
智控节能新风系统	致果环境科技（天津）有限公司	SX-200-A-XFK01（石墨烯全热交换芯）	200	制热工况：78 制冷工况：62	制热工况：70 制冷工况：60	110/15	96	≤0.45 功率：84W	G4或以上	≤39	各气候区（机器重量18.55kg）

第四类 其他

19 抽油烟机

19 抽油烟机

产品名称	生产厂商	产品型号	性能指标								适用范围
			风量，m³/min	风压，Pa	噪声，dB(A)	电机功率，W	照明功率，W	风管尺寸，mm	外观主要材质	控制方式	油脂分离度	
抽油烟机	武汉创新环保工程有限公司	CXW-218-JH168A	15±1	280	≤54	218	2×1.5	160	钢化玻璃/冷轧板	感应	98.9%	各气候区

被动式低能耗建筑产业技术创新联盟名单

[理事长单位]

 江苏南通三建集团股份有限公司

[常务理事长单位]

 住房和城乡建设部科技与产业化发展中心

[副理事长单位]

天津格亚德新材料科技有限公司	秦皇岛五兴房地产有限公司
黑龙江辰能盛源房地产开发有限公司	大连博朗房地产开发有限公司
辽宁辰威集团有限公司	哈尔滨森鹰窗业股份有限公司
湖南伟大集团	武汉创新环保工程有限公司
江阴市绿胜节能门窗有限公司	上海森利建筑装饰有限公司
中国玻璃控股有限公司	中国建筑设计院有限公司
瑞士森科（南通）遮阳科技有限公司	中国建材检验认证集团股份有限公司
北京国建联信认证中心有限公司	北京市腾美骐科技发展有限公司
亚松聚氨酯（上海）有限公司	北京海纳联创无机纤维喷涂技术有限公司
极景门窗有限公司	中山市创思泰新材料科技股份有限公司
中洁绿建科技（西安）有限公司	哈尔滨鸿盛建筑材料制造股份有限公司
北京康居认证中心	浙江芬齐涂料密封胶有限公司
德尉达（上海）贸易有限公司	江苏卧牛山保温防水技术有限公司
河北三楷深发科技股份有限公司	中山市万得福电子热控科技有限公司
北京科尔建筑节能技术有限公司	辽宁坤泰实业有限公司
北京东邦绿建科技有限公司	北京米兰之窗公司节能建材有限公司
得高健康家居有限公司	台州市普瑞泰环境设备科技股份有限公司

[理事单位]

 北京金晶智慧有限公司

迪和达商贸（上海）有限公司（德国优尼路科斯有限公司中国国内代表）

 迪和达商贸（上海）有限公司（德国博仕格有限公司中国国内代表）

山海天城建集团 山海大象建设集团

 海东市金鼎房地产开发有限公司

青岛亨达玻璃科技有限公司

 同方人工环境有限公司

NATHER 兰舍 上海兰舍空气技术有限公司

 马鞍山钢铁股份有限公司

上海华峰普恩聚氨酯有限公司

辽宁省建筑标准设计研究院

北京怡好思达软件科技发展有限公司

 圣戈班SWISSPACER舒贝舍TM

中国节能环保集团公司

清华大学建筑设计研究院

 瑞好聚合物（苏州）有限公司

 维卡塑料（上海）有限公司

 Aluplast GmbH

 上海新型建材岩棉有限公司

大连实德科技发展有限公司

河北奥润顺达窗业有限公司

 北京金隅节能保温科技有限公司

博乐环境系统（苏州）有限公司

 天津南玻节能玻璃有限公司

 中亨新型材料科技有限公司

柯梅令（天津）高分子型材有限公司

 北京朗适新风技术有限公司

 南京玻纤院 中材科技股份有限公司

康博达节能科技有限公司 天津耀皮玻璃公司

 大连华鹰玻璃股份有限公司

 北京怡空间被动房装饰工程有限公司

 杭州龙碧科技有限公司

 利坚美（北京）科技发展有限公司

青岛科瑞新型环保材料有限公司

 唐山市思远工程材料检测有限公司

 河北堪森被动式房屋有限公司

 美国QUANEX(柯耐士)建材产品集团

 北京物化天宝安全玻璃有限公司

 北京海阳顺达玻璃有限公司

 北京中慧能建设工程有限公司

 山东三玉窗业有限公司

 瓦克化学

 致果环境科技（天津）有限公司

 北京高分宝树科技有限公司

 北京市开泰钢木制品有限公司

 哈尔滨华兴节能门窗有限公司

被动式低能耗建筑产业技术创新联盟名单

[会员单位]

 河北新华幕墙有限公司　　 北京中筑天和建筑设计有限公司

TYDI 腾远　青岛腾远设计事务所有限公司　　 北京建筑材料科学研究总院有限公司

CAPOL 華陽國際　深圳市华阳国际建筑产业化有限公司　　 台玻天津玻璃有限公司

 堡密特建筑材料（苏州）有限公司　　秦恒　北京秦恒商贸有限公司

XYG 信义玻璃　信义玻璃（天津）有限公司　　D+H　德国D+H

 天津市格瑞德曼建筑装饰工程有限公司　泰诺风泰居安（苏州）隔热材料有限公司

JINGMEI 晶美　北京冠华东方玻璃科技有限公司　　JAYU 嘉寓　北京嘉寓门窗幕墙股份有限公司

北京北方京航铝业有限责任公司　　北京建筑市建设工程质量第一检测所有限责任公司

佑值王　南京南油节能科技有限公司　　 青岛宏海幕墙有限公司

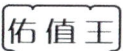 山东华达门窗幕墙有限公司　　建工茵莱　北京建工茵莱玻璃钢制品有限公司

 北京建工新型建材有限责任公司　　JV 绿拓　河北绿拓建筑科技有限公司

中冀广骏 GORGEOUS　广骏新材料科技有限公司　　Stanley　天津斯坦利新型材料有限公司

GriWIND 格兰斯柯　苏州格兰斯柯光电科技有限公司　　胜达型材 SHENGDA PROFILES　河北胜达智通新型建材有限公司

超思特（北京）科技发展有限公司　　建邦新材料科技（廊坊）有限公司

贵州匠盟盟智能工程有限公司　　北京建筑节能研究发展中心

[团体会员]

CIEEMA　中国绝热节能材料协会　　中国防水　中国建筑防水协会

中国建筑装饰装修材料协会建筑遮阳材料分会　　世界绿色设计组织　世界绿色设计组织建筑专业委员会

 山东建筑大学　　 山东城市建设职业学院

合肥经济技术开发区住宅产业化促进中心

 中国玻璃协会　　苏州科技大学

359

后记 | POSTSCRIPT

被动房已经进入快速发展阶段。被动房在我国从无到有，已经经历了10年的建造历程。建造量从每年几栋、十几栋、几十栋到今天的上百栋。或许在不久的将来，每年建设量可望达到上亿平方米。

被动房是引导我国建筑走向高质量发展、节能减排、改善人们生活工作环境的重要手段。推广被动房是功在当代、利在千秋的伟大事业。被动房实际效果已深入人心，其设计建造理念正逐步被人们接受。但应清醒地认识到：目前大量的建设单位是因为政策鼓励而建造被动房，主动建造被动房的建设者毕竟还是少数。市场上已经出现了粗制滥造的被动房，造成了恶劣的影响。被动房的发展任重道远。

我们要引导被动房市场的健康发展，建立良性的竞争机制。避免使用不合要求的材料，以及不正确的设计建造工法用于被动房建设。杜绝抢工期，边设计、边施工等违反基本建设程序的行为。

我国必须尽快构建被动房的产业技术发展体系。在被动房市场迅猛发展的情况下，引导企业升级换代，愿意生产满足被动房性能要求的产品，参与行业的良性竞争。

我们要构建被动房的技术标准体系，包括关键材料标准、关键产品标准、关键数据库标准、建筑体系标准、建筑设计施工标准图。这些标准的建立将会引导产品产业向高品质发展。

我们要培养设计、施工、监理全产业链的从业人员尽快掌握被动房的专业技术知识。通过被动房的建造，提高施工工艺水平，弘扬工匠精神，使我国建造水平和建筑性能获得显著提升。